测 试 技 术

主 编 吴 祥

主 审 周 海

副主编 陈杰来 田晓峰

东南大学出版社
·南京·

内容简介

全书共分 7 章,前 6 章为测试技术的基础部分,介绍了信号的分类与描述、测试系统的特性、常用传感器的变换原理、信号的调理与记录、信号的分析与处理、现代测试系统等;第 7 章为测试技术的应用部分,介绍了常用机械参数的测试,包括位移的测量、力和扭矩的测量、振动的测试等。本书注意强化基础,适当拓宽知识面,提高综合应用能力,加强工程背景,培养学生的创新能力和工程实践能力。反映测试技术领域的新知识、新发展。叙述力求深入浅出,便于自学。

本书为高等学校机械类和机电类专业本科生的教材,特别适合应用型本科专业的教学需要,也可供相关工程技术人员参考。

图书在版编目(CIP)数据

测试技术 / 吴祥主编. —南京:东南大学出版社,
2014.7(2024.8 重印)
 ISBN 978-7-5641-5010-5

Ⅰ.①测… Ⅱ.①吴… Ⅲ.①测试技术-高等学校-教材 Ⅳ.①TB4

中国版本图书馆 CIP 数据核字(2014)第 115559 号

测试技术

出版发行:东南大学出版社
社 址:南京市四牌楼 2 号 邮编:210096
出 版 人:江建中
责任编辑:史建农
网 址:http://www.seupress.com
电子邮箱:press@seupress.com
经 销:全国各地新华书店
印 刷:苏州市古得堡数码印刷有限公司
开 本:787mm×1092mm 1/16
印 张:15.5
字 数:39.6 千字
版 次:2014 年 7 月第 1 版
印 次:2024 年 8 月第 8 次印刷
书 号:ISBN 978-7-5641-5010-5
印 数:9901~10900 册
定 价:35.00 元

前　　言

　　测试技术是现代工程技术发展的基础,是一门蓬勃发展、富有生命力的综合性技术学科。作为一门重要的技术基础课程,测试技术对高等学校机械类专业人才的培养和机电一体化技术的发展具有重要的作用。为了适应应用型工程技术人才培养的需要,充分反映我国测试技术的发展现状,我们以"强化基础、适当拓宽、提高综合应用能力"为原则而编写了本书。

　　本书在编写过程中根据应用型本科的教学特点,着重基本知识的介绍、基本原理的阐述和基本技能的训练,教材的编写切实体现少而精、由浅入深、立足应用的原则,以达到培养应用型技术人才的目的。在体系结构上,本着学用一致的原则,以组成测试系统的环节为线索,以测试技术的基础知识和有关共性问题为主,既有理论,又有工程实例;既有广度,又有深度;既注重目前情况,又反映近年来的科学技术成果和发展趋势。在内容安排上,重点突出,内容连贯。每章内容相对独立,附有习题,以供练习。本书用到的数学公式和有关定理,只引用其结论,主要说明其物理意义和应用方法,不做推导。考虑到机械类学生的知识结构和思维特点,本书在行文叙述上力求深入浅出,便于自学。

　　全书共分7章,前6章为测试技术的基础部分,介绍了信号的分类与描述、测试系统的特性、常用传感器的变换原理、信号的调理与记录、信号的分析与处理、现代测试系统等;第7章为测试技术的应用部分,介绍了常用机械参数的测试,包括位移的测量、力和扭矩的测量、振动的测试等。

　　本书为高等学校机械类和机电类专业本科生的教材,特别适合应用型本科专业的教学需要,也可供相关工程技术人员参考。

　　本书由吴祥任主编,陈杰来、田晓峰任副主编。吴祥编写了绪论、第1章、第2章、第4章和第5章,田晓峰编写了第3章和第6章,陈杰来编写了第7章。全书由吴祥负责统稿和定稿。

　　本书由周海主审。

　　本书编写过程中参考了许多同类的教材和著作,在此对诸位编者和作者表示深深的谢意。本书编写过程中还得到了学校有关部门的关心和教材出版基金的支持,在此一并致谢。

　　由于书中涉及的知识面较广,编者水平有限,欠妥之处在所难免,敬请读者批评指正。

编　者

2014 年 5 月

目　　录

0 绪 论

0.1 测试的基本概念

测试是具有试验性质的测量，或理解为测量和试验的综合。测量是为了确定被测对象量值而进行的操作过程，而试验则是对未知事物探索性认识的实践过程。测试过程是获取有用信息的过程。

从信息论的观点看，信息就是事物存在方式和运动状态的特征。信息一般可认同于消息或情报。在自然科学中，信息是对物理对象的状态或特性的反映。信息是物理现象、过程或系统所固有的。信息有其确定的含义，但它本身不是物质，不具有能量。因此，必须有一定的能量或物质形式来表现信息的含义。而反映信息含义的一些能量或物质形式就是信号。例如"减速器运转异常"这一信息，它本身具有一个客观的确定含义，这个信息会通过减速器的"振动"（物质运动形式）、"油温"（能量形式）、"铁谱"（物质数量形式）等特征信号反映出来。

信号是传载信息的物理量函数。信号中蕴含着信息，这是信号的本质所在，信号是物理性的，并且随时间而变化，信号是有能量的物质。信号是信息的载体，信息则是信号所载的内容。信息与信号是互相联系的两个概念，但是信号不等于信息。人们要获取信息，首先要获取信号，然后通过对信号进行分析和处理，才能最终得到所需的信息。一般来说，对于任何一个信息，总可以找到多个与其对应的信号；反之，一个信号中也往往包含着多种信息。例如，"物体受热"这一信息，反映出来的是温度上升、体积膨胀、磁导率、电阻率变化以及红外线辐射加大等。由于信号的多重信息内涵，人们可以通过信号分析和处理来获取多种信息。

测试的目的是把未知的被测信号转化为可观察的信号，并获得所研究对象的有关信息。

0.2 测试技术的地位与作用

测试属于信息科学的范畴，又被称为信息探测工程学。测试技术是信息技术的三大支柱（测控技术、计算机技术和通信技术）之一。

在科学研究领域中，测试是人类认识客观事物最直接的手段，是科学研究的基本方法。科学的基本目的在于客观地描述自然界。科学探索需要测试技术，用准确而简明的定量关系和数学语言来表述科学规律,检验科学理论和规律的正确性同样也需要测试技术。可以认为精确的测试是科学的根基。通过测试可以揭示事物的内在联系和发展规律,从而去利用它和改造它,推动科学技术的发展。科学技术的发展历史表明,科学上很多新的发现和突破都是以测试为基础的。

在工程技术领域中,工程研究、产品开发、生产监控、质量控制和性能试验等都离不开测试技术。测试技术几乎涉及任何一项工程领域,生物、海洋、气象、地质、通信以及机械、电子等工程,都离不开测试与信息处理。特别是现代工程技术广泛应用着的自动控制技术正在越来越多地运用测试技术。测试装置已成为控制系统的重要组成部分。在日常生活中,也随处可见测试技术应用的例子。例如,空调、电冰箱中的温度测量和压缩机起/停控制装置,洗衣机中的液位测量和洗衣电机起/停控制装置等。

总之,测试技术已广泛应用于国民经济的各个领域,并且起着越来越重要的作用。现代测试技术既是促进科技发展的重要技术,又是科学技术发展的结果。现代科技的发展不断地向测试技术提出新的要求,推动测试技术的发展。与此同时,测试技术迅速吸取和综合各个科技领域(如物理学、微电子学、计算机科学和化学、生物学、材料科学等)的新成就,开拓出新的方法和装置。测试技术的发展水平已成为科技与经济发展现代化的重要标志之一。

0.3　测试技术的内容和任务

0.3.1　测试技术的内容

测试技术研究的主要内容为被测量的测量原理、测量方法、测量系统以及数据处理四个方面。

测量原理是指实现测量所依据的物理、化学、生物等现象及有关定律的总体。例如,压电晶体测振动加速度时所依据的是压电效应;电涡流位移传感器测静态位移和振动位移时所依据的是电磁效应;热电偶测量温度时所依据的是热电效应等。不同性质的被测量用不同的原理去测量,同一性质的被测量亦可用不同的原理去测量。

测量原理确定后,根据对测量任务的具体要求和现场实际情况,需要采用不同的测量方法,如直接测量法或间接测量法、电测法或非电测法、模拟量测量法或数字量测量法、等精度或不等精度测量法等。

在确定了被测量的测量原理和测量方法以后,就要设计或选用装置组成测量系统。

最后,实际测试得到的数据必须加以处理,才能得到正确可靠的结果。

0.3.2　测试技术的任务

测试技术的任务主要有以下五个方面:

(1) 在设备设计中,通过对新旧产品的模型试验或现场实测,为产品质量和性能提供客观的评价,为技术参数的优化和效率的提高提供基础数据。

(2)在设备改造中,为了挖掘设备的潜力,以便提高产量和质量,经常需要实测设备或零件的载荷、应力、工艺参数和电机参数,为设备强度校验和承载能力的提高提供依据。

(3)在工作和生活环境的净化及监测中,经常需要测量振动和噪声的强度及频谱,经过分析找出振源,并采取相应的减振、防噪措施,改善劳动条件与工作环境,保证人的身心健康。

(4)科学规律的发现和新的定律、公式的诞生都离不开测试技术。从实验中可以发现规律,验证理论研究结果,实验与理论可以相互促进,共同发展。

(5)在工业自动化生产中,通过对工艺参数的测试和数据采集,实现对设备的状态监测、质量控制和故障诊断。

0.4 测试过程和测试系统的组成

测试的过程就是获得信号并提取所需信息的过程。通常,测试工作的全过程包含着若干不同功能的环节:激励被测对象、信号的传感与变换、传输与调理、分析与处理、显示与记录等。测试过程既可以在人工干预和控制下进行,也可以借助计算机技术自动实现。

测试系统是指由相关的器件、仪器和测试装置有机组合而成的具有获取某种信息之功能的整体,见图0.1。

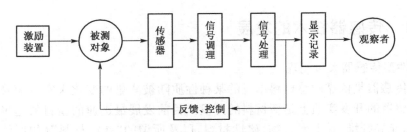

图 0.1 测试系统的组成

一个被测对象的信息总是通过一定的物理量——信号所表现出来。有些信息可以在被测对象处于自然状态时所表现出的物理量中显现出来,而有些信息却无法显现或显现得不明显。在后一种情况下,需要通过激励装置作用于被测对象,使之产生出我们要获取的信息载于其中的一种新的信号。

传感器是将被测信息转换成某种电信号的器件。它包括敏感器和转换器两部分。敏感器一般是将被测量如温度、压力、位移、振动、噪声、流量等转换成某种容易检测的信号,而转换器则是将这种信号变成某种易于传输、记录、处理的电信号。

信号调理环节是把来自传感器的信号转换成更适合于进一步传输和处理的形式。这种信号的转换,多数是电信号之间的转换。如幅值放大,将阻抗的变化转换成电压的变化或频率的变化等。

信号处理环节是对来自信号调理环节的信号进行各种运算、滤波和分析。

显示记录环节是将来自信号处理环节的信号以观察者易于观察的形式来显示或存储

测试的结果。

反馈、控制环节主要用于闭环控制系统中的测试系统。

图中信号调理、信号处理、反馈控制、显示记录等环节,目前的发展趋势是经 A/D 转换后采用计算机等进行分析、处理,并经 D/A 转换控制被测对象。

以上所列测试系统各组成部分是按"功能块"给出的,实际中的这些功能块所对应的具体装置或仪器的伸缩性很大。例如,信号调理部分有时可以是多种仪器组合成的、完成多种功能的复杂群体,有时却可能简单到仅有一个变换电路,甚至可能仅是一根导线。

在这里,需要指出的是为了准确地获得被测对象的信息,要求测试系统中的每一个环节的输出量与输入量之间必须具有一一对应关系。而且,其输出的变化能够准确地反映出其输入的变化,即实现不失真的测试。

0.5 测试技术的发展

现代测试技术的发展和其他科学技术的发展相辅相成、相互促进。测试技术既是促进科技发展的重要技术,又是科学技术发展的结果。现代测试技术的发展趋势是:在不断提高灵敏度、精度和可靠性的基础上,主要向小型化、非接触化、多功能化、智能化和网络化方向发展。

近年来测试技术引人瞩目的是传感器技术和计算机测试技术的发展。

0.5.1 传感器技术的发展

(1)物性型传感器大量涌现

物性型传感器是依靠敏感材料本身的某种性质随被测量的变化来实现信号的转换的。因此这类传感器的开发实质上是新材料的开发。目前发展最迅速的新材料是半导体、金属氧化物陶瓷、光导纤维、导电聚合物、磁性材料,以及所谓的"智能材料"(如形状记忆合金、具有自增殖功能的生物体材料)等。这些材料的开发,不仅使可测量迅速增多,使力、热、光、磁、湿度、气体、离子等方面的一些参量的测量成为现实,也使集成化、小型化、高性能传感器的出现成为可能。

(2)微型化、智能化、多功能化传感器的开发

微型传感器是利用集成电路技术、微机械加工与封装技术制成的体积非常微小的传感器,其尺寸可小到微米数量级。微型传感器具有体积小、重量轻、响应快、灵敏度高以及成本低等优点。

智能传感器是由传感器和微处理器相结合而构成的。它充分利用计算机的计算和存储能力,对传感器的数据进行处理,并能对它的内部工作进行调节。随着科学技术的发展,智能传感器的功能将不断增强。它将利用人工神经网络和人工智能技术以及模糊理论等信息处理技术,使传感器具有更高级的智能,例如具有分析、判断、自适应、自学习的功能,可以完成图像识别、特征检测和多维检测等复杂任务。

多功能传感器由两种以上功能不相同的敏感元件组成,可以用来同时测量多种参数。

例如将热敏元件和湿敏元件配置在一起，制成一种新的传感器，能够同时测量温度和湿度。

这类传感器一般都属于集成化传感器，而且同一传感器可以既是多功能化的也是智能化的，或者既是微型化的也是多功能化的。

（3）新型传感器的开发

随着科学技术的飞速发展，用于信号探测的传感器正面临着许多全新的问题和新的需求，在这种情况下，光纤传感器、固体图像传感器、红外传感器、化学传感器和生物传感器等新型传感器不断出现和发展。近年来，在工农业生产、环境检测、医疗卫生和日常生活等领域，气体传感器、湿度传感器和离子传感器等化学传感器的应用日益广泛。目前一些商品化的智能化学传感器已经出现。

0.5.2 计算机测试技术的发展

由于计算机对信号采集和处理具有速度快、信息量大和存储方便等传统测试方法不可比拟的优点，因此随着计算机技术的飞跃发展和微机的大规模普及，以计算机为中心的自动测试系统得到迅速发展与应用。计算机技术和测试技术的深层次结合，使测试技术与仪器突破了原有的概念和结构，形成了虚拟仪器、远程测试、网络化测试的架构，这些都是现代测试技术发展的重要方面。

虚拟仪器技术是当今计算机测试领域的一项重要的新技术，虚拟仪器是在通用计算机平台上，用户根据自己的需求定义和设计仪器的测试功能，通过图形界面（通常称为虚拟前面板）进行操作的新一代仪器。其实质是将仪器硬件和计算机充分结合起来，以实现并扩展传统仪器的功能。它是一种基于图形开发、调试和运行程序的集成化环境。

虚拟仪器是对传统仪器概念的重大突破。它利用计算机系统的强大功能、结合相应的仪器硬件，采用模块式结构，大大突破了传统仪器在数据处理、显示、传送、存储等方面的限制，使用户可以方便地对其进行维护、扩展和升级。虚拟仪器具有功能软件化、功能软件模块化、仪器控件模块化、硬件接口标准化、系统集成化、程序设计图形化、计算可视化等特点。虚拟仪器系统经过多年的发展，已经显示出极大的灵活性和强大的生命力，成为测控系统发展的方向。

0.6 本课程的特点和学习要求

测试技术课程属于高等院校机械类及其他相关专业的一门技术基础课。通过本课程的学习，要求学生初步掌握动态测试与信号处理的基本知识与技能，培养正确选用和分析测试装置及系统的能力，为进一步学习、研究和解决机械工程动态测试问题打下基础。

学习本课程需要了解和掌握其特点，本课程主要有以下几个方面的特点：

（1）发展迅速。测试技术学科发展极为迅速，新型的传感技术与电路、新型记录仪器及新的测试方法和手段、新的信号分析与处理的理论与方法不断出现，层出不穷。因此，我们应当将主要精力放在掌握动态测试的基本概念、结论、原理以及基本的分析和综合方法上，从而为能够进一步学习本学科更新、更广泛的内容奠定基础。

（2）理论性强。由于被测信号是随时间变化的动态量，必须对信号和所用测试装置及系统进行定量的描述、分析和研究。因此，经常需要用到有关的数学知识，这就使得课程中的有关内容理论性较强，较为抽象。此外，本课程还经常需要在频率域中研究问题，可能会由于陌生感而给初学者带来一定的难度。针对本课程的这些特殊性，学习过程中应当特别重视定量内容的物理概念及意义，只有在对基本概念深入理解的基础上，才能对本课程内容深入把握。此外，对于有关数学内容的把握应侧重于物理概念的理解和方法的运用上，防止单纯地研究数学内容本身。

（3）工具性强。对于动态测试工作者而言，本课程是解决问题的一种工具，我们是使用测试仪器的，而不是研究开发测试仪器的，学过本课程后，应能达到的基本要求是"选得准、用得好"。要能"选得准"就要了解各种测试仪器的功能与应用特点，重点放在它们的外特性及影响测试精度的因素上，至于具体的电路原理和实现的方法等则不在本课程的要求范围内。要能"用得好"就必须十分重视培养自己的实际动手能力。

（4）边缘性、综合性强。测试技术是一门年轻的边缘性学科，是一门综合性技术。它是综合运用其他多学科的内容与成果而发展起来的。现代测试系统常常是集机电于一体，软硬件相结合的，具有智能化、自动化的系统。它涉及传感技术、微电子技术、控制技术、计算机技术、信号处理技术、精密机械设计技术等众多技术。因此，要求测试工作者具有深厚的多学科知识，如力学、电学、信号处理、自动控制、机械振动、计算机、数学等。因此，本课程所涉及的学科范围较广，与多门课程有关，具体包括数学（高等数学、工程数学）、物理学、电工电子学、力学、控制工程、微机原理、机械设计等。此外，还需要机械工程方面的专业知识。这就要求在学习过程中，主动地对先修课程的有关内容进行关联和回顾。

（5）实践性强。测试技术本质上是一门实验技术。本课程具有很强的实践性。只有在学习中密切联系实际，加强实验，注意物理概念，才能真正掌握有关理论。学生只有通过足够和必要的实验才能受到应有的实验能力的训练，才能获得关于动态测试工作的比较完整的概念，也只有这样，才能初步具有处理实际测试工作的能力。

通过本课程的学习，要求学生能达到以下要求：

（1）掌握测试技术的基本理论，包括信号的时域和频域的描述方法、频谱分析和相关分析的原理和方法、信号调理和信号处理基本概念和方法。

（2）了解常用传感器、常用信号调理电路和记录仪器的工作原理和性能，并能较合理地选用。

（3）具有测试系统的机、电、计算机方面的总体设计的初步能力。

（4）对动态测试的基本问题有一个比较完整的概念，并能初步运用于机械工程中某些参量的测量和产品的试验。

1 信号及其描述

在生产实践和科学研究中,经常要对许多客观存在的物体或物理过程进行观测,就是为了获取有关研究对象状态与运动等特征方面的信息。从信息论的观点看,信息就是事物存在方式和运动状态的特征。被研究对象的信息量往往是非常丰富的,测试工作是按一定的目的和要求,获取感兴趣的、有限的某些特定信息,而不是全部信息。

工程测试信息总是通过某些物理量的形式表现出来,这些物理量就是信号。信号是信息的载体,信息则是信号所载的内容。信息与信号是互相联系的两个概念,但是信号不等于信息。可以说,工程测试就是信号的获取、加工、处理、显示记录及分析的过程,因此深入地了解信号及其描述是工程测试的基础。

1.1 信号的分类与描述

1.1.1 信号的分类

信号按数学关系、取值特征、能量功率、处理分析等,可以分为确定性信号和非确定性信号、连续信号和离散信号、能量信号和功率信号、时域信号与频域信号等。

1) 确定性信号和非确定性信号

其分类如下:

$$
\text{信号}
\begin{cases}
\text{确定性信号}
\begin{cases}
\text{周期信号}
\begin{cases}
\text{谐波信号} \\
\text{一般周期信号}
\end{cases} \\
\text{非周期信号}
\begin{cases}
\text{准周期信号} \\
\text{一般非周期信号}
\end{cases}
\end{cases} \\
\text{非确定性信号}
\begin{cases}
\text{平稳随机信号}
\begin{cases}
\text{各态历经信号} \\
\text{非各态历经信号}
\end{cases} \\
\text{非平稳随机信号}
\end{cases}
\end{cases}
$$

(1) 确定性信号

能用明确的数学关系式或图像表达的信号称为确定性信号。例如单自由度的无阻尼质量-弹簧振动系统,如图 1.1(a)所示。其位移信号 $x(t)$ 可以写为

$$x(t) = A\cos\left(\sqrt{\frac{k}{m}}\,t + \varphi_0\right) \tag{1.1}$$

式中:A——振幅(最大值);

k——弹簧刚度；

m——质量；

φ_0——初始相位。

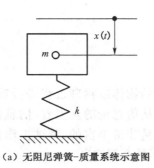

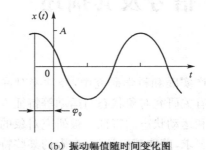

（a）无阻尼弹簧-质量系统示意图　　　（b）振动幅值随时间变化图

图 1.1　弹簧-质量系统

该信号可用图 1.1(b) 的 $x(t)$-t 曲线表示为位移 $x(t)$ 随时间 t 的变化情况。

确定性信号可以分为周期信号和非周期信号两类。当信号按一定时间间隔周而复始重复出现时称为周期信号，否则称为非周期信号。

周期信号的数学表达式为

$$x(t) = x(t + nT_0) \tag{1.2}$$

式中：$n = \pm 1, \pm 2, \cdots$；

T_0——周期，$T_0 = 2\pi/\omega_0 = 1/f_0$；

ω_0——角频率；

f_0——频率。

式(1.1)表达的信号显然是周期信号，其角频率 $\omega_0 = \sqrt{k/m}$，周期为 $T_0 = 2\pi/\omega_0 = 2\pi/\sqrt{k/m}$，这种频率单一的正弦或余弦信号称为谐波信号。周期信号的常用特征参量有均值、绝对均值、均方差值、均方根值（有效值）和均方值（平均功率）等。

一般周期信号（如周期方波、周期三角波等）是由多个乃至无穷多个频率成分（频率不同的谐波分量）叠加所组成，叠加后存在公共周期。典型的周期信号见表 1.1。

准周期信号也是由多个频率成分叠加的信号，但叠加后不存在公共周期。

一般非周期信号是在有限时间段存在，或随着时间的增加而幅值衰减至零的信号，又称为瞬变非周期信号。

当图 1.1 所示的振动系统有阻尼时，其位移信号 $x(t)$ 就成为瞬变非周期信号，其 $x(t)$-t 曲线为衰减的谐波。

（2）非确定性信号

非确定性信号又称为随机信号，是无法用明确的数学关系式表达的信号。如加工零件的尺寸、机械振动、环境的噪声等，这类信号需要采用数理统计理论来描述，无法准确预见某一瞬时的信号幅值。根据是否满足平稳随机过程的条件又可以分成平稳随机信号和非平稳随机信号。

表 1.1 典型的周期信号

信号名称	时域波形	傅里叶级数三角展开式	幅频谱图
周期方波（奇函数）		$x(t) = \dfrac{4}{\pi}\left(\sin\omega_0 t + \dfrac{1}{3}\sin 3\omega_0 t + \dfrac{1}{5}\sin 5\omega_0 t + \cdots\right)$	
周期方波（偶函数）		$x(t) = \dfrac{4}{\pi}\left(\cos\omega_0 t - \dfrac{1}{3}\cos 3\omega_0 t + \dfrac{1}{5}\cos 5\omega_0 t - \cdots\right)$	
周期三角波		$x(t) = \dfrac{8}{\pi^2}\left(\cos\omega_0 t + \dfrac{1}{9}\cos 3\omega_0 t + \dfrac{1}{25}\cos 5\omega_0 t + \cdots\right)$	
周期锯齿波		$x(t) = \dfrac{2}{\pi}\left(-\sin\omega_0 t - \dfrac{1}{2}\sin 2\omega_0 t - \dfrac{1}{3}\sin 3\omega_0 t - \cdots\right)$	
全波整流		$x(t) = \dfrac{2}{\pi}\left(1 - \dfrac{2}{3}\cos 2\omega_0 t - \dfrac{2}{15}\cos 4\omega_0 t - \cdots - \dfrac{2}{4n^2-1}\cos 2n\omega_0 t - \cdots\right)$	

2）连续信号和离散信号

其分类如下：

$$
信号
\begin{cases}
连续信号
\begin{cases}
模拟信号（信号的幅值与独立变量均连续）\\
一般连续信号（独立变量连续）
\end{cases}\\
离散信号
\begin{cases}
一般离散信号（独立变量离散）\\
数字信号（信号的幅值与独立变量均离散）
\end{cases}
\end{cases}
$$

若信号的独立变量取值连续，则是连续信号；若信号的独立变量取值离散，则是离散信号，如图 1.2 所示。信号幅值也可分为连续的和离散的两种，若信号的幅值和独立变量均连续，则称为模拟信号；若信号幅值和独立变量均离散，则称为数字信号。目前，数字计算机所使用的信号都是数字信号。

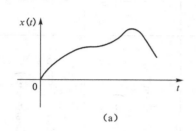
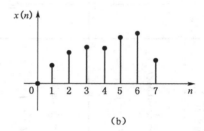

图 1.2 连续信号和离散信号

3）能量信号和功率信号

在非电量测量中，常将被测信号转换为电压或电流信号来处理。显然，电压信号加在单位电阻（$R = 1$ 时）上的瞬时功率为：$P(t) = x^2(t)/R = x^2(t)$。瞬时功率对时间积分即是信号在该时间内的能量。因此，人们通常不考虑信号实际的量纲，而直接把信号的平方及其对时间的积分分别称为信号的功率和能量。当 $x(t)$ 满足

$$\int_{-\infty}^{\infty} x^2(t)\mathrm{d}t < \infty \tag{1.3}$$

时，则认为信号的能量有限，称为能量有限信号，简称能量信号，如各类瞬变信号。满足能量有限条件，实际上就满足了绝对可积条件。

若 $x(t)$ 在区间 $(-\infty, \infty)$ 的能量无限，不满足式（1.3）条件，但在有限区间 $(-T/2, T/2)$ 满足平均功率有限的条件

$$\lim_{T\to\infty} \frac{1}{T}\int_{-T/2}^{T/2} x^2(t)\mathrm{d}t < \infty \tag{1.4}$$

则称为功率有限信号，简称功率信号，如各种周期信号、常值信号、阶跃信号等。

但是必须注意，信号的功率和能量，未必具有真实功率和能量的量纲。

1.1.2 信号的描述方法

直接检测或记录到的信号一般是随时间变化的物理量，称作信号的时域描述。这种以

时间作为独立变量的方式能反映信号幅值随时间变化的关系,而不能揭示信号的频率结构特征。为了更加全面深入地研究信号,从中获得更多有用信息,常把时域描述的信号进行变换。以频率作为独立变量的方式,称作信号的频域描述,也就是所谓信号的频谱分析。频域描述可以反映信号的各频率成分的幅值和相位特征。

信号的时、频域描述是可以相互转换的,而且包含有同样的信息量。一般将从时域数学表达式转换为频域表达式称为频谱分析,相对应的图形分别称为时域图和频谱图。以频率(ω 或 f)为横坐标,幅值或相位为纵坐标的图形,分别称为幅频谱图和相频谱图。

信号时域描述直观地反映出信号瞬时值随时间变化的情况;频域描述则反映信号的频率组成及其幅值、相角之大小。为了解决不同问题,往往需要掌握信号不同方面的特征,因而可采用不同的描述方式。例如,评定机器振动烈度,需用振动速度的均方根值来作为判据。若速度信号采用时域描述,就能很快求得均方根值。而在寻找振源时,需要掌握振动信号的频率分量,这就需采用频域描述。

1.2　周期信号的描述

1.2.1　周期信号的频域描述

谐波信号是最简单的周期信号,只有一种频率成分。一般周期信号可以利用傅里叶级数展开成多个乃至无穷多个不同频率的谐波信号的线性叠加。

1) 傅里叶级数的三角函数展开式

在有限区间上,对于满足狄里赫利条件[函数在($-T/2, T/2$)区间连续或只有有限个第一类间断点,且只有有限个极值点]的周期信号,都可以展开成傅里叶级数。傅里叶级数的三角函数展开式如下:

$$x(t) = a_0 + \sum_{n=1}^{\infty} (a_n \cos n\omega_0 t + b_n \sin n\omega_0 t) \tag{1.5}$$

式中常值分量、余弦分量的幅值、正弦分量的幅值分别为

$$
\begin{aligned}
a_0 &= \frac{1}{T_0} \int_{-T_0/2}^{T_0/2} x(t)\mathrm{d}t, \\
a_n &= \frac{2}{T_0} \int_{-T_0/2}^{T_0/2} x(t)\cos n\omega_0 t \mathrm{d}t, \\
b_n &= \frac{2}{T_0} \int_{-T_0/2}^{T_0/2} x(t)\sin n\omega_0 t \mathrm{d}t
\end{aligned}
\tag{1.6}
$$

式中: a_0, a_n, b_n ——傅里叶系数;

T_0 ——信号的周期,也是信号基波成分的周期;

ω_0 ——信号的基频, $\omega_0 = \dfrac{2\pi}{T_0}$;

$n\omega_0$ —— n 次谐频。

由三角函数变换,将式(1.5)的正、余弦同频项合并,可改写为

$$x(t) = A_0 + \sum_{n=1}^{\infty} A_n \sin(n\omega_0 t + \varphi_n)$$

$$= A_0 + A_1 \sin(\omega_0 t + \varphi_1) + A_2 \sin(2\omega_0 t + \varphi_2) + A_3 \sin(3\omega_0 t + \varphi_3) + \cdots$$

$$(1.7)$$

式中:常值分量 $\qquad\qquad\qquad A_0 = a_0$

各谐波分量的幅值

$$A_n = \sqrt{a_n^2 + b_n^2} \tag{1.8}$$

各谐波分量的初相角

$$\varphi_n = \arctan\left(\frac{a_n}{b_n}\right) \tag{1.9}$$

从式(1.7)可见,周期信号是由一个或几个,乃至无穷多个不同频率的谐波叠加而成的。以圆频率 ω 为横坐标,幅值 A_n 或相角 φ_n 为纵坐标作图,则分别得其幅频谱图和相频谱图,A_n - ω 图为幅频谱图,φ_n - ω 图为相频谱图。

由于 n 是整数序列,各频率成分都是 ω_0 的整倍数,相邻频率的间隔 $\Delta\omega = \omega_0 = 2\pi/T_0$,因而谱线是离散的。通常把 ω_0 称为基频,并把成分 $A_n \sin(n\omega_0 t + \varphi_n)$ 称为 n 次谐波。$n = 1$ 时的谐波称为基波。频谱中的每一根谱线对应其中一种谐波,频谱比较形象地反映了周期信号的频率结构及其特征。

例 1.1 求周期方波(见图 1.3(a))的频谱,并画出频谱图。

解 $x(t)$ 在一个周期内可表示为

$$x(t) = \begin{cases} A & 0 \leqslant t \leqslant T_0/2 \\ -A & -T_0/2 \leqslant t \leqslant 0 \end{cases}$$

因该函数 $x(t)$ 是奇函数,奇函数在对称区间积分值为 0,所以

$$a_0 = 0, a_n = 0$$

$$b_n = \frac{2}{T_0} \int_{-T_0/2}^{T_0/2} x(t) \sin n\omega_0 t \, \mathrm{d}t$$

$$= \frac{2}{T_0} \left[\int_{-T_0/2}^{0} (-A) \sin n\omega_0 t \, \mathrm{d}t + \int_{0}^{T_0/2} A \sin n\omega_0 t \, \mathrm{d}t \right]$$

$$= \frac{2A}{T_0} \left[\frac{\cos n\omega_0 t}{n\omega_0} \Big|_{-T_0/2}^{0} + \frac{-\cos n\omega_0 t}{n\omega_0} \Big|_{0}^{T_0/2} \right]$$

$$= \frac{2A}{n\omega_0 T_0} \left[1 - \cos(-n\omega_0 T_0/2) - \cos(n\omega_0 T_0/2) + 1 \right]$$

$$= \frac{4A}{n\omega_0 T_0} \left[1 - \cos(n\omega_0 T_0/2) \right]$$

$$= \begin{cases} \dfrac{4A}{n\pi} & n = 1,3,5,\cdots \\ 0 & n = 2,4,6,\cdots \end{cases}$$

因此,有

$$x(t) = \frac{4A}{\pi}\left(\sin\omega_0 t + \frac{1}{3}\sin 3\omega_0 t + \frac{1}{5}\sin 5\omega_0 t + \cdots\right)$$

根据上式,幅频谱和相频谱分别如图 1.3(b)、(c)所示。幅频谱只包含基波和奇次谐波的频率分量,且谐波幅值以 $1/n$ 的规律收敛;相频谱中各次谐波的初相位 φ_n 均为零。

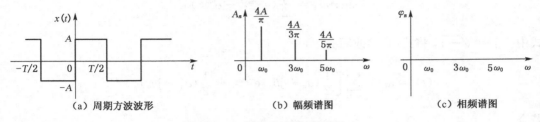

| （a）周期方波波形 | （b）幅频谱图 | （c）相频谱图 |

图 1.3　周期方波时、频域图

若将上式中第 1、3 次谐波叠加,则有图 1.4(b)所示图形,若将上式中第 1、3、5 次谐波逐次叠加,则有图 1.4(c)所示图形。显然叠加项愈多,叠加后愈接近周期方波,当叠加项无限多时,叠加后的波形就是周期方波。

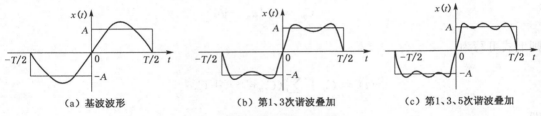

| （a）基波波形 | （b）第1、3次谐波叠加 | （c）第1、3、5次谐波叠加 |

图 1.4　周期方波的谐波成分叠加

图 1.5 为周期方波的时域、频域两者间的关系图。采用波形分解方式形象地说明了周期方波的时域表述和频域表述及其相互关系。

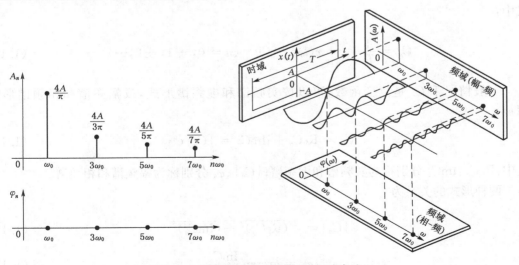

图 1.5　周期方波信号的时域、频域表述

2) 傅里叶级数的复指数函数展开式

利用欧拉公式

$$e^{\pm jn\omega_0 t} = \cos n\omega_0 t \pm j\sin n\omega_0 t$$

$$\cos n\omega_0 t = \frac{1}{2}(e^{-jn\omega_0 t} + e^{jn\omega_0 t})$$

$$\sin n\omega_0 t = \frac{j}{2}(e^{-jn\omega_0 t} - e^{jn\omega_0 t})$$

(1. 10)

式中 $j = \sqrt{-1}$，将式(1.5)改写为

$$x(t) = a_0 + \sum_{n=1}^{\infty}\left[\frac{1}{2}(a_n + jb_n)e^{-jn\omega_0 t} + \frac{1}{2}(a_n - jb_n)e^{jn\omega_0 t}\right]$$

若令

$$C_0 = a_0$$

$$C_{-n} = \frac{1}{2}(a_n + jb_n)$$

$$C_n = \frac{1}{2}(a_n - jb_n)$$

则上式可写为

$$x(t) = C_0 + \sum_{n=1}^{\infty}(C_{-n}e^{-jn\omega_0 t} + C_n e^{jn\omega_0 t})$$

即

$$x(t) = \sum_{n=-\infty}^{\infty} C_n e^{+jn\omega_0 t} \quad (n = 0, \pm 1, \pm 2, \cdots)$$

(1. 11)

式中：

$$C_n = \frac{1}{T_0}\int_{-T_0/2}^{T_0/2} x(t)e^{-jn\omega_0 t}dt \quad (n = 0, \pm 1, \pm 2, \cdots)$$

(1. 12)

一般情况下 C_n 是复变函数，可以按实频谱和虚频谱形式，或幅频谱和相频谱形式写成

$$C_n = \mathrm{Re}C_n + j\mathrm{Im}C_n = |C_n|e^{j\varphi_n}$$

(1. 13)

式中：$\mathrm{Re}C_n$、$\mathrm{Im}C_n$ 分别称为实频谱和虚频谱；$|C_n|$、φ_n 分别称为幅频谱和相频谱。

两种形式的关系为

$$|C_n| = \sqrt{(\mathrm{Re}C_n)^2 + (\mathrm{Im}C_n)^2}$$

(1. 14)

$$\varphi_n = \arctan\frac{\mathrm{Im}C_n}{\mathrm{Re}C_n}$$

(1. 15)

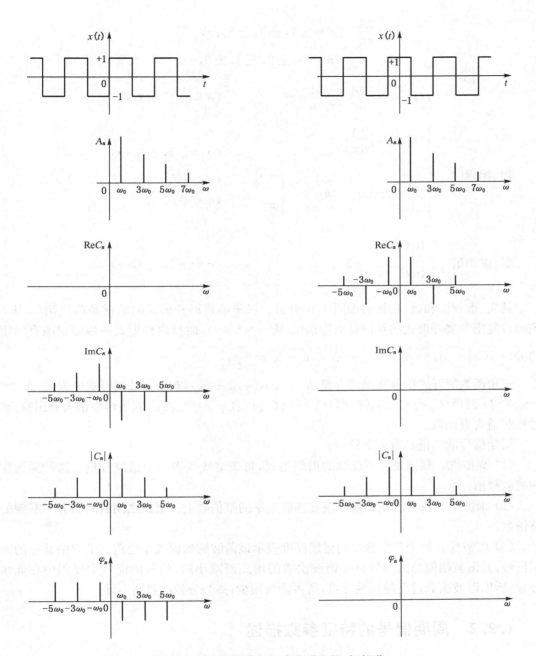

图 1.6　周期方波的实、虚频谱和幅、相频谱

例 1.2　对图 1.3 所示周期方波，以复指数展开形式求频谱，并作频谱图。

解

$$C_n = \frac{1}{T_0} \int_{-T_0/2}^{T_0/2} x(t) \mathrm{e}^{-\mathrm{j}n\omega_0 t} \mathrm{d}t$$

$$= \frac{1}{T_0} \int_{-T_0/2}^{T_0/2} x(t)(\cos n\omega_0 t - \mathrm{j}\sin n\omega_0 t) \mathrm{d}t$$

$$= \begin{cases} -\mathrm{j}\dfrac{2A}{n\pi} & (n = \pm 1, \pm 3, \pm 5, \cdots) \\ 0 & (n = 0, \pm 2, \pm 4, \pm 6, \cdots) \end{cases}$$

$$x(t) = -\mathrm{j}\frac{2A}{\pi}\sum_{n=-\infty}^{\infty}\frac{1}{n}\mathrm{e}^{\mathrm{j}n\omega_0 t} \qquad (n = \pm 1, \pm 3, \cdots)$$

幅、相频谱 $\begin{cases} |C_n| = \left|\dfrac{2A}{n\pi}\right| & (n = \pm 1, \pm 3, \cdots) \\ \varphi_n = \arctan\left(\dfrac{-\dfrac{2A}{n\pi}}{0}\right) = \begin{cases} -\dfrac{\pi}{2} & (n > 0) \\ \dfrac{\pi}{2} & (n < 0) \end{cases} \end{cases}$

实、虚频谱 $\begin{cases} \mathrm{Re}\,C_n = 0 \\ \mathrm{Im}\,C_n = -\dfrac{2A}{n\pi} \end{cases} \qquad (n = \pm 1, \pm 3, \cdots)$

其实、虚频谱和幅、相频谱如图 1.6 所示。三角函数展开形式的频谱是单边谱(ω 从 0 到 ∞);复指数展开形式的频谱是双边谱(ω 从 $-\infty$ 到 ∞),而且两种形式的幅频谱图有确定的关系 $|C_0| = A_0 = a_0$,$|C_n| = \dfrac{1}{2}\sqrt{a_n^2 + b_n^2} = \dfrac{A_n}{2}$。

三角函数展开式中 n 次谐波分量 $A_n = \cos(n\omega_0 t + \varphi_n)$,在复指数展开式中为($C_{-n}\mathrm{e}^{-\mathrm{j}n\omega_0 t} + C_n\mathrm{e}^{\mathrm{j}n\omega_0 t}$)两项($C_n$ 与 C_{-n} 共轭,即 $|C_n| = |C_{-n}|$,且 $\varphi_{-n} = -\varphi_n$),双边幅频谱为偶函数,双边相频谱为奇函数。

周期信号的频谱具有如下特点:

(1) 离散性。频谱是由不连续的谱线组成,每条谱线代表一个谐波分量。这种频谱称为离散频谱。

(2) 谐波性。每条谱线只能出现在基波频率的整倍数上。谱线之间的间隔等于基频的整倍数。

(3) 收敛性。每个频率分量的谱线高度表示该谐波的幅值或相位角。工程中常见的周期信号,其谐波幅值总的趋势是随谐波次数的增高而减小的,信号的能量主要集中在低频分量,所以谐波次数过高的那些分量,所占能量很少,高频分量可忽略不计。

1.2.2 周期信号的特征参数描述

以时间为独立变量的周期信号 $x(t)$ 的幅值特征,通常用峰值、均值、有效值等特征参数来表示(图 1.7),人们一旦掌握了这些特征值,就会对信号有一个初步的认识。

1) 峰值 x_p

峰值 x_p 是信号可能出现的最大瞬时值,即

$$x_p = |x(t)|_{\max} \tag{1.16}$$

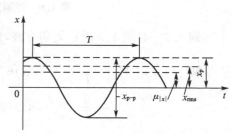

图 1.7 周期信号的特征参数

测试过程中如能充分估计峰值大小,就便于确定测试仪器的动态工作范围。对峰值估计不足,将造成削波失真,甚至导致仪器损坏。

峰—峰值 $x_{\mathrm{p-p}}$ 是在一个周期中最大瞬时值与最小瞬时值之差。

2) 平均值 μ_x

周期信号的平均值(简称均值)μ_x,是指信号在一周(或若干个整周期)内幅值对时间的平均,记为

$$\mu_x = \frac{1}{T}\int_0^T x(t)\,\mathrm{d}t \tag{1.17}$$

均值是信号 $x(t)$ 的稳定分量,常值分量,对电信号而言即直流分量。

周期信号 $x(t)$ 的绝对值的均值称绝对均值,即

$$\mu_{|x|} = \frac{1}{T}\int_0^T |x(t)|\,\mathrm{d}t \tag{1.18}$$

对交流电信号进行全波整流后的均值就是绝对均值。

3) 有效值 x_{rms}

周期信号 $x(t)$ 的有效值是信号的均方根值,记为

$$x_{\mathrm{rms}} = \sqrt{\frac{1}{T}\int_0^T x^2(t)\,\mathrm{d}t} \tag{1.19}$$

有效值的平方——均方值是信号的平均功率 P_{av}。即

$$P_{\mathrm{av}} = \frac{1}{T}\int_0^T x^2(t)\,\mathrm{d}t \tag{1.20}$$

故有效值从平均功率的角度反映信号的等效幅值。

1.3 非周期信号的描述

从信号合成的角度看,频率之比为有理数的多个谐波分量,其叠加后由于有公共周期,所以为周期信号。当信号中各个频率比不是有理数时,则信号叠加后是准周期信号。如 $x(t) = \cos\omega_0 t + \cos\sqrt{3}\omega_0 t$ 其频率比为 $\dfrac{1}{\sqrt{3}}$,不是有理数,合成后没有频率的公约数,没有公共的周期。不过由于这类信号频谱仍具有离散性(在 ω_0 与 $\sqrt{3}\omega_0$ 处分别有两条谱线),故称之为"准周期"信号。在工程实践中,准周期信号还是十分常见的,如两个或多个彼此无关联的振源,激励同一个被测对象时的振动响应,就属于此类信号。

一般非周期信号是指瞬变信号。如图 1.8 所示为瞬变信号的一个例子,其特点是函数沿独立变量

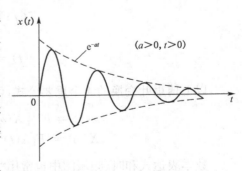

图 1.8 瞬变信号举例

时间 t 衰减,因而积分存在有限值,属于能量有限信号。

1.3.1 傅里叶变换

非周期信号可以看成是周期 T_0 趋于无穷大的周期信号转化而来的。当周期 T_0 延拓时,区间从 $(-T_0/2, T_0/2)$ 趋于 $(-\infty, \infty)$,频谱的频率间隔 $\Delta\omega = \omega_0 = 2\pi/T_0 \to d\omega$,离散的 $n\omega_0$ 变为连续的 ω,展开式的叠加关系变为积分关系。则式(1.11)可以改写为

$$
\begin{aligned}
\lim_{T_0 \to \infty} x(t) &= \lim_{T_0 \to \infty} \sum_{n=-\infty}^{\infty} C_n e^{jn\omega_0 t} \\
&= \lim_{T_0 \to \infty} \frac{1}{T_0} \sum_{n=-\infty}^{\infty} \left(\int_{-T_0/2}^{T_0/2} x(t) e^{-jn\omega_0 t} dt \right) e^{jn\omega_0 t} \\
&= \int_{-\infty}^{\infty} \frac{d\omega}{2\pi} \left(\int_{-\infty}^{\infty} x(t) e^{-j\omega t} dt \right) e^{j\omega t} \\
&= \frac{1}{2\pi} \int_{-\infty}^{\infty} \left(\int_{-\infty}^{\infty} x(t) e^{-j\omega t} dt \right) e^{j\omega t} d\omega
\end{aligned}
\tag{1.21}
$$

在数学上,此式称为傅里叶积分。严格地说,非周期信号 $x(t)$ 傅里叶积分存在的条件是:

(1) $x(t)$ 在有限区间上满足狄里赫利条件。

(2) 积分 $\int_{-\infty}^{\infty} |x(t)| dt$ 收敛,即 $x(t)$ 绝对可积。

式(1.21)括号内对时间 t 积分之后,仅是角频率 ω 的函数,记作 $X(\omega)$

$$
X(\omega) = \int_{-\infty}^{\infty} x(t) e^{-j\omega t} dt
\tag{1.22}
$$

$$
x(t) = \frac{1}{2\pi} \int_{-\infty}^{\infty} X(\omega) e^{j\omega t} d\omega
\tag{1.23}
$$

式(1.22)表达的 $X(\omega)$ 称为 $x(t)$ 的傅里叶变换(FT);式(1.23)表达的 $x(t)$ 称为 $X(\omega)$ 的傅里叶逆变换(IFT)。两者互为傅里叶变换对。当以 $\omega = 2\pi f$ 代入式(1.22)和式(1.23)后,式(1.23)中减少了 $\frac{1}{2\pi}$ 因子,使公式简化为

$$
X(f) = \int_{-\infty}^{\infty} x(t) e^{-j2\pi ft} dt
\tag{1.24}
$$

$$
x(t) = \int_{-\infty}^{\infty} X(f) e^{j2\pi ft} df
\tag{1.25}
$$

以上傅里叶变换的 4 个重要公式,可用符号简记为

$$
\begin{cases} x(t) = F^{-1}[X(\omega)] \\ X(\omega) = F[x(t)] \end{cases}, \qquad
\begin{cases} x(t) = F^{-1}[X(f)] \\ X(f) = F[x(t)] \end{cases}
$$

数学表达式和时、频域图中也常用"$\Leftrightarrow$"表示傅里叶变换的对应关系

$$
x(t) \Leftrightarrow X(\omega), \qquad x(t) \Leftrightarrow X(f)
$$

$X(f)$一般是频率 f 的复变函数,可以用实、虚频谱形式和幅、相频谱形式写为

$$X(f) = \text{Re}X(f) + j\text{Im}X(f) = |X(f)|e^{j\varphi(f)} \tag{1.26}$$

两种形式之间的关系为

$$|X(f)| = \sqrt{[\text{Re}X(f)]^2 + [\text{Im}X(f)]^2} \tag{1.27}$$

$$\varphi(f) = \arctan\frac{\text{Im}X(f)}{\text{Re}X(f)} \tag{1.28}$$

需要指出,尽管非周期信号的幅频谱 $|X(f)|$ 和周期信号的幅频谱 $|C_n|$ 很相似,但是两者量纲不同。$|C_n|$ 为信号幅值的量纲,而 $|X(f)|$ 为信号单位频宽上的幅值。所以确切地说,$X(f)$ 是频谱密度函数。工程测试中为方便起见,仍称 $X(f)$ 为频谱。一般非周期信号的频谱具有连续性和衰减性等特性。

例 1.3 求矩形窗函数(如图 1.9(a)所示)$w_R(t)$ 的频谱,并作频谱图。

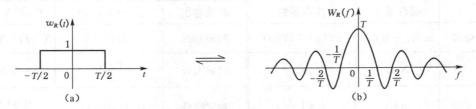

图 1.9 矩形窗函数及其频谱

解 矩形窗函数 $W_R(t)$ 的定义为

$$w_R(t) = \begin{cases} 1 & |t| \leqslant T/2 \\ 0 & |t| > T/2 \end{cases}$$

其频谱为

$$\begin{aligned} W_R(f) &= \int_{-\infty}^{\infty} w_R(t)e^{-j2\pi ft}\,\mathrm{d}t \\ &= \int_{-T/2}^{T/2} e^{-j2\pi ft}\,\mathrm{d}t \\ &= \frac{1}{-j2\pi f}(e^{-j2\pi ft} - e^{j2\pi ft}) \end{aligned}$$

利用欧拉公式,代入上式后

$$W_R(f) = T\frac{\sin(\pi fT)}{\pi fT} = T\text{sinc}(\pi fT)$$

$$|W_R(f)| = T|\text{sinc}(\pi fT)|$$

这里定义森克函数 $\text{sinc}(x) = \sin(x)/x$,该函数是以 2π 为周期,并随 x 增加而衰减的振荡函数,在 $x = n\pi(n = \pm 1, \pm 2, \pm 3, \cdots)$ 时,幅值为零,如图 1.9(b)所示。

1.3.2 傅里叶变换的主要性质

傅里叶变换是信号分析与处理中时域与频域之间转换的基本数学工具。掌握傅里叶变换的主要性质,有助于了解信号在某一域中变化时在另一域中相应的变化规律,从而使复杂信号的计算分析得以简化。表1.2中列出了傅里叶变换的主要性质,以下对主要性质进行必要的证明和解释。

表 1.2 傅里叶变换的主要性质

性质	时域	频域	性质	时域	频域
函数的奇偶虚实性	实偶函数	实偶函数	频　移	$x(t)\mathrm{e}^{\mp\mathrm{j}2\pi f_0 t}$	$X(f\pm f_0)$
	实奇函数	虚奇函数	翻　转	$x(-t)$	$X(-f)$
	虚偶函数	虚偶函数	共　轭	$x^*(t)$	$X^*(-f)$
	虚奇函数	实奇函数	时域卷积	$x_1(t)*x_2(t)$	$X_1(f)X_2(f)$
线性叠加	$ax(t)+by(t)$	$aX(f)+bY(f)$	频域卷积	$x_1(t)x_2(t)$	$X_1(f)*X_2(f)$
对　称	$X(t)$	$x(-f)$	时域微分	$\dfrac{\mathrm{d}^n x(t)}{\mathrm{d}t^n}$	$(\mathrm{j}2\pi f)^n X(f)$
尺度改变	$x(kt)$	$\dfrac{1}{k}X\left(\dfrac{f}{k}\right)$	频域微分	$(-\mathrm{j}2\pi t)^n x(t)$	$\dfrac{\mathrm{d}^n X(f)}{\mathrm{d}t^n}$
时　移	$x(t\pm t_0)$	$X(f)\mathrm{e}^{\pm\mathrm{j}2\pi ft_0}$	积　分	$\displaystyle\int_{-\infty}^{t}x(t)\mathrm{d}t$	$\dfrac{1}{\mathrm{j}2\pi f}X(f)$

1) 奇偶虚实性

函数 $x(t)$ 的傅里叶变换 $X(f)$ 为实变量 f 的复变函数,即

$$\begin{aligned}
X(f) &= \int_{-\infty}^{\infty}x(t)\mathrm{e}^{-\mathrm{j}2\pi ft}\mathrm{d}t \\
&= \int_{-\infty}^{\infty}x(t)\cos 2\pi ft\,\mathrm{d}t - \mathrm{j}\int_{-\infty}^{\infty}x(t)\sin 2\pi ft\,\mathrm{d}t \\
&= \mathrm{Re}X(f) + \mathrm{j}\mathrm{Im}X(f)
\end{aligned}$$

由于其实部为变量 f 的偶函数,虚部为变量 f 的奇函数,即

$$\mathrm{Re}X(f) = \mathrm{Re}X(-f), \qquad \mathrm{Im}X(f) = -\mathrm{Im}X(-f)$$

若 $x(t)$ 为实偶函数,则 $\mathrm{Im}X(f)=0$,$X(f)=\mathrm{Re}X(f)$ 为实偶函数;若 $x(t)$ 为实奇函数,则 $\mathrm{Re}X(f)=0$,$X(f)=\mathrm{Im}X(f)$ 为虚奇函数。

如果 $x(t)$ 为虚函数,则以上结论的虚实位置互换。

了解这个性质,可以直接判断变换对相应图形的特征。实际上,该性质也可以推广到傅里叶级数。

2) 线性叠加性

若　　　　　$x(t)\Leftrightarrow X(f),y(t)\Leftrightarrow Y(f)$

且　　　　　a、b 为常数

则

$$ax(t) + by(t) \Leftrightarrow aX(f) + bY(f) \qquad (1.29)$$

即两函数线性叠加的傅里叶变换等于两函数傅里叶变换的线性叠加。

证明：

$$
\begin{aligned}
F[ax(t) + by(t)] &= \int_{-\infty}^{\infty} [ax(t) + by(t)] e^{-j2\pi ft} dt \\
&= a \int_{-\infty}^{\infty} x(t) e^{-j2\pi ft} dt + b \int_{-\infty}^{\infty} y(t) e^{-j2\pi ft} dt \\
&= aX(f) + bY(f)
\end{aligned}
$$

进一步可以推广：

$$\sum_{i=1}^{n} a_i x_i(t) \Leftrightarrow \sum_{i=1}^{n} a_i X_i(f)$$

这个性质表明，对复杂信号的频谱分析处理，可以分解为对一系列简单信号的频谱分析处理。

3) 对称性

若

$$x(t) \Leftrightarrow X(f)$$

则

$$X(t) \Leftrightarrow x(-f) \qquad (1.30)$$

证明：由于

$$x(t) = \int_{-\infty}^{\infty} X(f) e^{j2\pi ft} df$$

若以 $-t$ 代替 t，有

$$x(-t) = \int_{-\infty}^{\infty} X(f) e^{-j2\pi ft} df$$

再将 t 与 f 互换，则有

$$x(-f) = \int_{-\infty}^{\infty} X(t) e^{-j2\pi ft} dt = F[X(t)]$$

应用这个性质，利用已知的博里叶变换对即可得出相应的变换对。如时域的矩形窗函数对应频域的森克函数，则时域的森克函数对应频域的矩形窗函数。图 1.10 是对称性应用示例。

4) 尺度改变性

若

$$x(t) \Leftrightarrow X(f), k \text{ 为常数}(k > 0)$$

则

$$x(kt) \Leftrightarrow \frac{1}{k} X\left(\frac{f}{k}\right) \qquad (1.31)$$

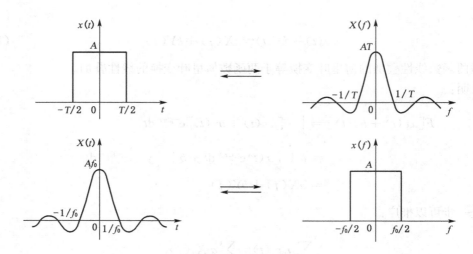

图 1.10 对称性示例

证明：

$$F[x(kt)] = \int_{-\infty}^{\infty} x(kt) e^{-j2\pi ft} dt$$

$$= \frac{1}{k} \int_{-\infty}^{\infty} x(kt) e^{-j2\pi \frac{f}{k}(kt)} d(kt)$$

$$= \frac{1}{k} X\left(\frac{f}{k}\right)$$

这个性质说明，当时域尺度压缩（$k > 1$）时，对应的频域展宽且幅值减小；当时域尺度展宽（$k < 1$）时，对应的频域压缩且幅值增加，如图 1.11 所示。

工程测试中利用磁带来记录的信号。当慢录快放时，时间尺度被压缩，虽可以提高处理信号的效率，但重放的信号频带会展宽，倘若后续处理信号设备的通频带不够宽，将导致失真。反之，快录慢放时，时间尺度被扩展，重放的信号频带会变窄，对后续处理设备的通频带要求可降低，但这是以牺牲信号处理的效率为代价的。

5）时移性

若 $\qquad\qquad x(t) \Leftrightarrow X(f), t_0$ 为常数

则

$$x(t \pm t_0) \Leftrightarrow X(f) e^{\pm j2\pi ft_0} \qquad\qquad (1.32)$$

证明：

$$F[x(t \pm t_0)] = \int_{-\infty}^{\infty} x(t \pm t_0) e^{-j2\pi ft} dt$$

$$= \int_{-\infty}^{\infty} x(t \pm t_0) e^{-j2\pi f(t \pm t_0)} e^{\pm j2\pi ft_0} d(t \pm t_0)$$

$$= X(f) e^{\pm j2\pi ft_0}$$

此性质表明，在时域中信号沿时间轴平移一个常值 t_0 时，对应的频谱函数将乘因子

$e^{\pm j2\pi ft_0}$，即只改变相频谱，不会改变幅频谱，如图 1.12 所示。

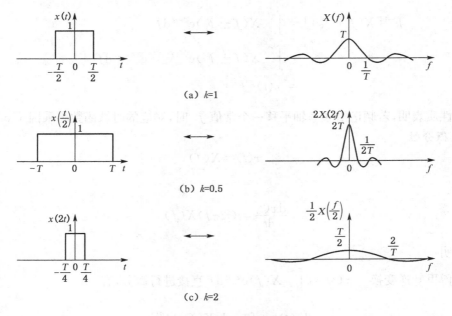

（a）$k=1$

（b）$k=0.5$

（c）$k=2$

图 1.11　尺度改变性质举例

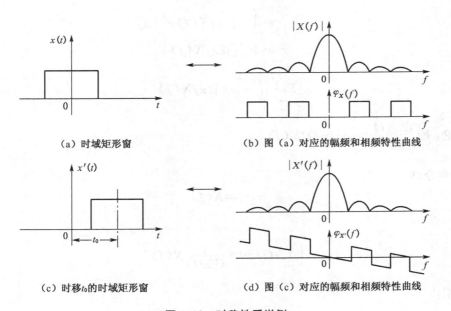

（a）时域矩形窗

（b）图（a）对应的幅频和相频特性曲线

（c）时移t_0的时域矩形窗

（d）图（c）对应的幅频和相频特性曲线

图 1.12　时移性质举例

6）频移性

　　若　　　　　　　$x(t) \Leftrightarrow X(f)$，$f_0$ 为常数

　　则

$$X(f \pm f_0) = x(t)\mathrm{e}^{\mp j2\pi f_0 t} \tag{1.33}$$

证明：

$$F^{-1}[X(f \pm f_0)] = \int_{-\infty}^{\infty} X(f \pm f_0) e^{j2\pi ft} df$$

$$= \int_{-\infty}^{\infty} X(f \pm f_0) e^{j2\pi(f \pm f_0)t} e^{\mp j2\pi f_0 t} df$$

$$= x(t) e^{\mp j2\pi f_0 t}$$

此性质表明，若频谱沿频率轴平移一个常值 f_0 时，对应的时域函数将乘因子 $e^{\mp j2\pi f_0 t}$。

7）微分性

若
$$x(t) \Leftrightarrow X(f)$$
则

$$\frac{dx(t)}{dt} \Leftrightarrow (j2\pi f) X(f) \tag{1.34}$$

证明：

对傅里叶逆变换　$x(t) = \int_{-\infty}^{\infty} X(f) e^{j2\pi ft} df$　直接进行微分，有

$$\frac{dx(t)}{dt} = \int_{-\infty}^{\infty} \frac{d[X(f) e^{j2\pi ft}]}{dt} df$$

$$= \int_{-\infty}^{\infty} j2\pi f X(f) e^{j2\pi ft} df$$

$$= F^{-1}[j2\pi f X(f)]$$

$$F\left[\frac{dx(t)}{dt}\right] = j2\pi f X(f)$$

推论：$F\left[\dfrac{d^n x(t)}{dt^n}\right] = (j2\pi f)^n X(f)$

8）积分性

若
$$x(t) \Leftrightarrow X(f)$$
则

$$\int_{-\infty}^{t} x(t) dt \Leftrightarrow \frac{1}{(j2\pi f)} X(f) \tag{1.35}$$

证明：

因为　
$$\frac{d\left[\int_{-\infty}^{t} x(t) dt\right]}{dt} = x(t)$$

在等式两边取傅里叶变换，利用上述微分性质，有

$$(j2\pi f) F\left[\int_{-\infty}^{t} x(t) dt\right] = X(f)$$

所以

$$F\left[\int_{-\infty}^{t} x(t)\mathrm{d}t\right] = \frac{1}{(\mathrm{j}2\pi f)}X(f)$$

推论：

$$F\left[\underbrace{\int_{-\infty}^{t} x(t)\mathrm{d}t \cdots x(t)\mathrm{d}t}_{n\text{重积分}}\right] = \frac{1}{(\mathrm{j}2\pi f)^n}X(f)$$

以上两个性质用于振动测试时，如果测得同一对象的位移、速度、加速度中任一个参量的频谱，则可获得其余两个参量的频谱。

9）卷积特性

两个函数 $x(t)$ 与 $y(t)$ 的卷积记作 $x(t)*y(t)$，定义为

$$x(t)*y(t) \triangleq \int_{-\infty}^{\infty} x(\tau)y(t-\tau)\mathrm{d}\tau \tag{1.36}$$

卷积计算适用于交换律、结合律、分配律

$$x(t)*y(t) = y(t)*x(t)$$

$$x_1(t)*[x_2(t)*x_3(t)] = [x_1(t)*x_2(t)]*x_3(t)$$

$$x_1(t)*[x_2(t)+x_3(t)] = x_1(t)*x_2(t)+x_1(t)*x_3(t)$$

通常卷积的计算比较困难，但是利用卷积性质可以使卷积计算大为简化，因此卷积性质（又称卷积定理）在信号分析及经典控制理论中占有重要位置。

若　　　　$x(t)\Leftrightarrow X(f), y(t)\Leftrightarrow Y(f)$

则

$$x(t)*y(t)\Leftrightarrow X(f)Y(f) \qquad \text{（时域卷积性质）} \tag{1.37}$$

$$x(t)y(t)\Leftrightarrow X(f)*Y(f) \qquad \text{（频域卷积性质）} \tag{1.38}$$

证明：

这里仅就时域卷积性质进行证明。

$$F[x(t)*y(t)] = \int_{-\infty}^{\infty}\left[\int_{-\infty}^{\infty} x(\tau)y(t-\tau)\mathrm{d}\tau\right]\mathrm{e}^{-\mathrm{j}2\pi ft}\mathrm{d}t$$

$$= \int_{-\infty}^{\infty} x(\tau)\left[\int_{-\infty}^{\infty} y(t-\tau)\mathrm{e}^{-\mathrm{j}2\pi ft}\mathrm{d}t\right]\mathrm{d}\tau$$

$$= \int_{-\infty}^{\infty} x(\tau)Y(f)\mathrm{e}^{-\mathrm{j}2\pi ft}\mathrm{d}\tau$$

$$= X(f)Y(f)$$

该性质表明：时域乘积对应频域卷积，时域卷积对应频域乘积。

1.3.3　几种典型信号的频谱

1）单位脉冲函数(δ函数)的频谱

(1) δ 函数定义

在 ε 时间内矩形脉冲(或三角形脉冲及其他形状脉冲)$\delta_\varepsilon(t)$，其面积为 1，当 $\varepsilon\to0$ 时，$\delta_\varepsilon(t)$ 的极限 $\lim\limits_{\varepsilon\to0}\delta_\varepsilon(t)\underline{\underline{\triangle}}\delta(t)$，称为 δ 函数，如图 1.13 所示。δ 函数用标有 1 的箭头表示。

显然 $\delta(t)$ 的函数值和面积(通常表示能量或强度)分别为

$$\delta(t)=\lim_{\varepsilon\to0}\delta_\varepsilon(t)=\begin{cases}\infty & t=0\\0 & t\neq0\end{cases} \tag{1.39}$$

$$\int_{-\infty}^{\infty}\delta(t)\mathrm{d}t=\int_{-\infty}^{\infty}\lim_{\varepsilon\to0}\delta_\varepsilon(t)\mathrm{d}t=\lim_{\varepsilon\to0}\int_{-\infty}^{\infty}\delta_\varepsilon(t)\mathrm{d}t=1 \tag{1.40}$$

图 1.13　矩形脉冲和 δ 函数

某些具有冲击性的物理现象，如电网线路中的短时冲击干扰，数字电路中的采样脉冲，力学中的瞬间作用力，材料的突然断裂以及撞击、爆炸等都是通过 δ 函数来分析的，只是函数面积(能量或强度)不一定为 1，而是某一常数 K。由于引入 δ 函数，运用广义函数理论，傅里叶变换就可以推广到并不满足绝对可积条件的功率有限信号范畴。

(2) δ 函数的性质

① 乘积性

若 $x(t)$ 为一连续信号，则有

$$x(t)\delta(t)=x(0)\delta(t) \tag{1.41}$$

$$x(t)\delta(t\pm t_0)=x(\mp t_0)\delta(t\pm t_0) \tag{1.42}$$

乘积结果为 $x(t)$ 在发生 δ 函数位置的函数值与 δ 函数的乘积。

② 筛选性

$$\int_{-\infty}^{\infty}x(t)\delta(t)\mathrm{d}t=x(0)\int_{-\infty}^{\infty}\delta(t)\mathrm{d}t=x(0) \tag{1.43}$$

$$\int_{-\infty}^{\infty}x(t)\delta(t\pm t_0)\mathrm{d}t=x(t\mp t_0)\int_{-\infty}^{\infty}\delta(t\pm t_0)\mathrm{d}t=x(t\mp t_0) \tag{1.44}$$

筛选结果为 $x(t)$ 在发生 δ 函数位置的函数值(又称为采样值)。

③ 卷积性

$$x(t)*\delta(t)=\int_{-\infty}^{\infty}x(t)\delta(t-\tau)\mathrm{d}\tau=\int_{-\infty}^{\infty}x(\tau)\delta(\tau-t)\mathrm{d}\tau=x(t) \tag{1.45}$$

$$x(t) * \delta(t \pm t_0) = \int_{-\infty}^{\infty} x(\tau)\delta[\tau - (t \pm t_0)]d\tau = \int_{-\infty}^{\infty} x(\tau)\delta((t \pm t_0) - \tau)d\tau = x(t \pm t_0)$$

$$(1.46)$$

工程上经常遇到的是频谱卷积运算。

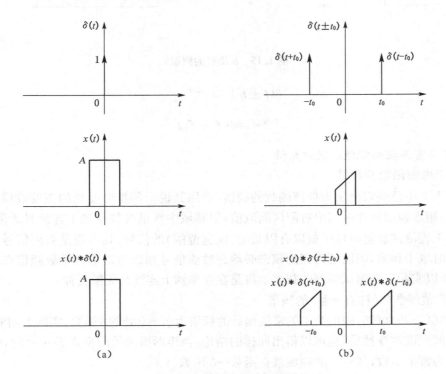

图 1.14 频域 δ 函数的卷积性

$$X(f) * \delta(f) = X(f) \tag{1.47}$$

$$X(f) * \delta(f \pm f_0) = X(f \pm f_0) \tag{1.48}$$

可见函数 $X(f)$ 和 δ 函数卷积的结果,就是 $X(f)$ 图形搬迁(以发生 δ 函数的位置作为新坐标原点的重新构图),如图 1.14 所示。

(3) δ 函数的频谱

对 $\delta(t)$ 取傅里叶变换

$$\Delta(f) = \int_{-\infty}^{\infty} \delta(t)e^{-j2\pi ft} dt = e^{-j2\pi f \cdot 0} = 1 \tag{1.49}$$

$$\delta(t) = \int_{-\infty}^{\infty} 1 \cdot e^{j2\pi ft} df \tag{1.50}$$

可见 δ 函数具有等强度、无限宽广的频谱,这种频谱常称为"均匀谱"(图 1.15)。

δ 函数是偶函数,即 $\delta(-t) = \delta(t)$、$\delta(-f) = \delta(f)$,则利用对称、时移、频移性质,还可以得到以下傅里叶变换对。

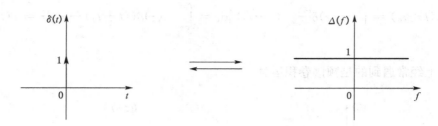

图 1.15 δ 函数的频谱

$$\delta(t \pm t_0) \Longleftrightarrow e^{\pm j2\pi ft_0} \tag{1.51}$$

$$e^{\mp j2\pi f_0 t} \Longleftrightarrow \delta(f \pm f_0) \tag{1.52}$$

2) 矩形窗函数和常值函数的频谱

(1) 矩形窗函数的频谱

在例 1.3 中已经求出了矩形窗函数的频谱,并用其说明傅里叶变换的主要性质。需要强调的是,矩形窗函数在时域中有限区间取值,但频域中频谱在频率轴上连续且无限延伸。由于实际工程测试总是时域中截取有限长度(窗宽范围)的信号,其本质是被测信号与矩形窗函数在时域中相乘,因而所得到的频谱必然是被测信号频谱与矩形窗函数频谱在频域中的卷积,所以实际工程测试得到的频谱也将是在频率轴上连续且无限延伸。

(2) 常值函数(又称直流量)的频谱

根据式(1.40)可知,幅值为 1 的常值函数的频谱为 $f = 0$ 处的 δ 函数。实际上,利用傅里叶变换时间尺度改变性质,也可以得出同样的结论:当矩形窗函数的窗宽 $T \to \infty$ 时,矩形窗函数就成为常值函数,其对应的频域森克函数 $\to \delta$ 函数。

3) 指数函数的频谱

(1) 双边指数衰减函数的频谱

双边指数衰减函数表达式为

$$x(t) = \begin{cases} -e^{at} & (a > 0, t < 0) \\ e^{-at} & (a > 0, t \geqslant 0) \end{cases}$$

其傅里叶变换为

$$\begin{aligned}
X(f) &= \int_{-\infty}^{\infty} x(t) e^{-j2\pi ft} \, dt \\
&= \int_{-\infty}^{0} -e^{at} \cdot e^{-j2\pi ft} \, dt + \int_{0}^{\infty} e^{-at} \cdot e^{-j2\pi ft} \, dt \\
&= \frac{-e^{at} \cdot e^{-j2\pi ft}}{(a - j2\pi f)} \bigg|_{-\infty}^{0} + \frac{e^{-at} \cdot e^{-j2\pi ft}}{-(a + j2\pi f)} \bigg|_{0}^{\infty} \\
&= \frac{-1}{(a - j2\pi f)} + \frac{1}{(a + j2\pi f)} \\
&= \frac{-j4\pi f}{a^2 + (2\pi f)^2}
\end{aligned}$$

（2）单边指数衰减函数的频谱

单边指数衰减函数表达式为

$$x(t) = \begin{cases} 0 & (t < 0) \\ \mathrm{e}^{-at} & (t \geqslant 0, a > 0) \end{cases}$$

其傅里叶变换为

$$\begin{aligned} X(f) &= \int_{-\infty}^{\infty} \mathrm{e}^{-at} \cdot \mathrm{e}^{-\mathrm{j}2\pi ft} \mathrm{d}t \\ &= \frac{1}{(a + \mathrm{j}2\pi f)} \\ &= \frac{a - \mathrm{j}2\pi f}{a^2 + (2\pi f)^2} \end{aligned}$$

单边指数衰减函数及其频谱如图 1.16 所示。

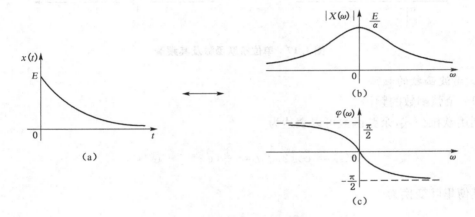

图 1.16 单边指数衰减函数及其频谱

4）符号函数和单位阶跃函数的频谱

（1）符号函数的频谱

符号函数可以看作是双边指数衰减函数当 $a \to 0$ 时的极限形式，即

$$x(t) = \begin{cases} -1 = \lim\limits_{a \to 0}(-\mathrm{e}^{at}) & (a > 0, t < 0) \\ 1 = \lim\limits_{a \to 0}(\mathrm{e}^{-at}) & (a > 0, t \geqslant 0) \end{cases}$$

$$\begin{aligned} X(f) &= \int_{-\infty}^{0} \lim\limits_{a \to 0}(-\mathrm{e}^{at}) \cdot \mathrm{e}^{-\mathrm{j}2\pi ft} \mathrm{d}t + \int_{0}^{\infty} \lim\limits_{a \to 0}(\mathrm{e}^{-at}) \cdot \mathrm{e}^{-\mathrm{j}2\pi ft} \mathrm{d}t \\ &= \lim\limits_{a \to 0} \frac{-1}{(a - \mathrm{j}2\pi f)} + \lim\limits_{a \to 0} \frac{1}{(a + \mathrm{j}2\pi f)} \\ &= \frac{-\mathrm{j}}{\pi f} \end{aligned}$$

（2）单位阶跃函数的频谱

单位阶跃函数可以看作是单边指数衰减函数 $a \to 0$ 时的极限形式。

$$x(t) = \begin{cases} 0 = \dfrac{1}{2} + \dfrac{1}{2} \lim\limits_{a \to 0}(-\,\mathrm{e}^{at}) & (a > 0, t < 0) \\ 1 = \dfrac{1}{2} + \dfrac{1}{2} \lim\limits_{a \to 0}(\mathrm{e}^{-at}) & (a > 0, t > 0) \end{cases}$$

$$X(f) = \frac{1}{2}\delta(f) + \frac{-\mathrm{j}}{2\pi f}$$

单位阶跃函数及其频谱如图 1.17 所示。

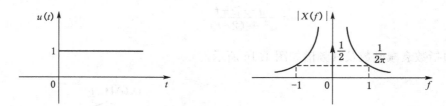

图 1.17　单位阶跃函数及其频谱

5）谐波函数的频谱

（1）余弦函数的频谱

利用欧拉公式，余弦函数可以表达为

$$x(t) = \cos 2\pi f_0 t = \frac{1}{2}(\mathrm{e}^{-\mathrm{j}2\pi f_0 t} + \mathrm{e}^{\mathrm{j}2\pi f_0 t})$$

其傅里叶变换为

$$X(f) = \frac{1}{2}[\delta(f + f_0) + \delta(f - f_0)]$$

（2）正弦函数的频谱

同理，利用欧拉公式及其傅里叶变换有

$$x(t) = \sin 2\pi f_0 t = \frac{\mathrm{j}}{2}(\mathrm{e}^{-\mathrm{j}2\pi f_0 t} - \mathrm{e}^{\mathrm{j}2\pi f_0 t})$$

$$X(f) = \frac{\mathrm{j}}{2}[\delta(f + f_0) - \delta(f - f_0)]$$

根据傅里叶变换的奇偶虚实性质，余弦函数在时域中为实偶函数，在频域中也为实偶函数；正弦函数在时域中为实奇函数，在频域中为虚奇函数，如图 1.18 所示。

6）周期单位脉冲序列的频谱

周期单位脉冲序列函数（又称采样函数）表达式为

$$g(t) = \sum_{n=-\infty}^{\infty} \delta(t - nT_s) \quad (n = 0, \pm 1, \pm 2, \cdots)$$

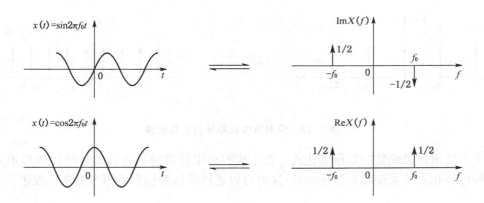

图 1.18　谐波函数及其频谱

式中 T_s 为周期，频率 $f_s = \dfrac{1}{T_s}$。因为周期脉冲序列函数为周期函数，所以可以写成傅里叶级数的复数形式

$$g(t) = \sum_{n=-\infty}^{\infty} C_n \mathrm{e}^{\mathrm{j}2\pi n f_s t}$$

利用 δ 函数的筛选特性，系数 C_n 为

$$
\begin{aligned}
C_n &= \frac{1}{T_s} \int_{-T_s/2}^{T_s/2} g(t) \mathrm{e}^{-\mathrm{j}2\pi n f_s t} \mathrm{d}t \\
&= \frac{1}{T_s} \int_{-T_s/2}^{T_s/2} \delta(t) \mathrm{e}^{-\mathrm{j}2\pi n f_s t} \mathrm{d}t \\
&= \frac{1}{T_s}
\end{aligned}
$$

因此，有周期单位脉冲序列函数的傅里叶级数的复数表达式

$$g(t) = \frac{1}{T_s} \sum_{n=-\infty}^{\infty} \mathrm{e}^{\mathrm{j}2\pi n f_s t}$$

根据式(1.52)

$$\mathrm{e}^{\mp \mathrm{j}2\pi f_0 t} \Longleftrightarrow \delta(f \pm f_0)$$

可得周期单位脉冲序列函数的频谱，即

$$G(f) = \frac{1}{T_s} \sum_{n=-\infty}^{\infty} \delta(f - n f_s) = \frac{1}{T_s} \sum_{n=-\infty}^{\infty} \delta\left(f - \frac{n}{T_s}\right)$$

周期单位脉冲序列及其频谱如图 1.19 所示。可见周期单位脉冲序列的频谱仍是周期脉冲序列。时域周期为 T_s，频域周期则为 $\dfrac{1}{T_s}$；时域脉冲强度为 1，频域脉冲强度则为 $\dfrac{1}{T_s}$。

图 1.19 周期单位脉冲序列及其频谱

上面给出常见函数的频谱表达式。在工程实际中经常遇到多种信号线性叠加形式,以及多种信号相乘等复杂函数分析问题,这时可以通过线性叠加和卷积方法获得频谱。

1.4 随机信号的描述

1.4.1 随机信号的概念及分类

随机信号是工程中经常遇到的一种信号,其特点为:(1)不能用确定的数学关系式来描述;(2)不能预测它未来任何时刻的准确值;(3)对这种信号的每次观测结果都不同,但大量地重复试验可以看到它具有统计规律性,因而可用概率统计方法来描述和研究。

在工程实际中,随机信号随处可见,如气温的变化、机器振动的变化等,即使同一机床同一工人加工相同零部件,其尺寸也不尽相同。图 1.20 是汽车在水平柏油路上行驶时,车架主梁上一点的应变时间历程,可以看到在工况完全相同(车速、路面、驾驶条件等)的情况下,各时间历程的样本记录是完全不同的,这种信号就是随机信号。

产生随机信号的物理现象称为随机现象。对随机信号按时间历程所作的各次长时间观测记录称为样本函数,记作 $x_i(t)$(图 1.21)。样本函数在有限时间区间上的部分称为样本

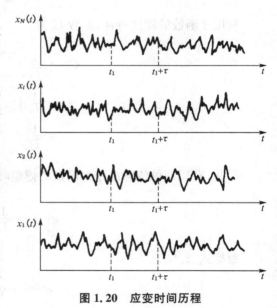

图 1.20 应变时间历程

记录。在同一试验条件下,某随机现象可能产生的全部样本函数的集合(总体)就是随机过程,记作 $\{x(t)\}$,即

$$\{x(t)\} = \{x_1(t), x_2(t), \cdots x_i(t), \cdots, x_N(t)\} \tag{1.53}$$

随机过程可分为平稳过程和非平稳过程两类。平稳随机过程又分为各态历经(又叫遍历性)和非各态历经两类。非平稳随机过程可按其性质分成不同的类型。

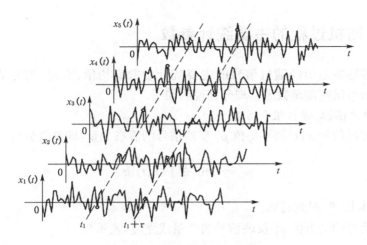

图 1.21 随机过程的样本函数

随机过程在任何时刻 t_k 的各统计特性采用总体平均方法来描述。所谓总体平均就是将全部样本函数在某时刻之值 $x_i(t)$ 相加后再除以样本函数的个数。例如要求图 1.21 中 t_1 时的均值就是将全部样本函数在 t_1 时的值 $\{x(t_1)\}$ 加起来后除以样本数目 N，即

$$\mu_x(t_1) = \lim_{N \to \infty} \frac{1}{N} \sum_{k=1}^{N} x_k(t_1) \tag{1.54}$$

随机过程在 t_1 和 $t_1 + \tau$ 两个不同时刻的相关性可用相关函数表示为

$$R_x(t_1, t_1 + \tau) = \lim_{N \to \infty} \frac{1}{N} \sum_{k=1}^{N} x_k(t_1) x_k(t_1 + \tau) \tag{1.55}$$

一般情况下，$\mu_x(t_1)$ 和 $R_x(t_1, t_1 + \tau)$ 都随 t_1 改变而变化，这种随机过程为非平稳随机过程。若随机过程的统计特征参数不随时间变化，则称之为平稳随机过程。如果平稳随机过程的任何一个样本函数的时间平均统计特征均相同，且等于总体统计特征，则该过程叫各态历经过程。如图 1.21 中第 i 个样本的时间平均为

$$\mu_x(i) = \lim_{T \to \infty} \frac{1}{T} \int_0^T x_i(t) \mathrm{d}t = \mu_x \tag{1.56}$$

$$R_x(\tau, i) = \lim_{T \to \infty} \frac{1}{T} \int_0^T x_i(t) x_i(t + \tau) \mathrm{d}t = R_x(\tau) \tag{1.57}$$

在工程中所遇到的多数随机信号具有各态历经性，有的虽不算严格的各态历经过程，但亦可当作各态历经随机过程来处理。从理论上说，求随机过程的统计参量需要无限多个样本，这是难以办到的。实际测试工作常把随机信号按各态历经过程来处理，以测得的有限个函数的时间平均值来估计整个随机过程的集合平均值。严格地说，只有平稳随机过程才能是各态历经的，只有证明随机过程是平稳的，各态历经的才能用样本函数统计量代替随机过程总体统计量。

1.4.2 随机过程的主要统计参数

通常用于描述各态历经随机信号的主要统计参数有均值、方差、均方值、概率密度函数、相关函数、功率谱密度函数等。现分别说明如下。

1) 均值、均方值、均方根值和方差

各态历经随机信号 $x(t)$ 的平均值 μ_x 反映信号的静态分量,即常值分量

$$\mu_x = \lim_{T \to \infty} \frac{1}{T} \int_0^T x(t) \mathrm{d}t \tag{1.58}$$

式中,T——样本长度,观测时间。

各态历经信号的均方值 ψ_x^2 反映信号的能量或强度,表示为

$$\psi_x^2 = \lim_{T \to \infty} \frac{1}{T} \int_0^T x^2(t) \mathrm{d}t \tag{1.59}$$

均方根值 x_{rms} 为 ψ_x^2 的算术平方根,即

$$x_{\mathrm{rms}} = \sqrt{\psi_x^2} \tag{1.60}$$

方差 σ_x^2 描述随机信号的动态分量,反映 $x(t)$ 偏离均值的波动情况,表示为

$$\sigma_x^2 = \lim_{T \to \infty} \frac{1}{T} \int_0^T [x(t) - \mu_x]^2 \mathrm{d}t = \psi_x^2 - \mu_x^2 \tag{1.61}$$

标准差 σ_x 为方差的算术平方根:

$$\sigma_x = \sqrt{\sigma_x^2} = \sqrt{\psi_x^2 - \mu_x^2} \tag{1.62}$$

2) 概率密度函数

随机信号的概率密度函数表示瞬时幅值落在某指定范围内的概率。它随所取幅值的范围而变化,因此是幅值的函数。图 1.22 为一随机信号 $x(t)$ 的时间历程,幅值落在 $(x, x + \Delta x)$ 区间的总时间为 $T_x = \sum_{i=1}^{k} \Delta t_i$,当观测时间 T 趋于无穷大时,比例 T_x / T 就是事件 $[x < x(t) < x + \Delta x]$ 的概率,记为

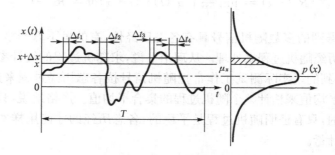

图 1.22 随机信号的概率密度函数

$$P[x < x(t) < x + \Delta x] = \lim_{T \to \infty}(T_x/T) \tag{1.63}$$

定义概率密度函数为

$$p(x) = \lim_{\Delta x \to 0} \frac{P[x < x(t) \leqslant x + \Delta x]}{\Delta x}$$

$$= \lim_{\Delta x \to 0} \frac{1}{\Delta x}\Big[\lim_{T \to \infty}\Big(\frac{T_x}{T}\Big)\Big] = \lim_{\substack{\Delta x \to 0 \\ T \to \infty}}\Big(\frac{1}{T\Delta x}\sum_{i=1}^{k}\Delta t_i\Big) \tag{1.64}$$

由上式可以看出,概率密度函数是概率相对于幅值的变化率。因此,可以从对概率密度函数积分而得到概率,即

$$P(x_1 < x < x_2) = \int_{x_1}^{x_2} p(x)\mathrm{d}x \tag{1.65}$$

式中,$P(x_1 < x < x_2)$ 为幅值 $x \in (x_1, x_2)$ 的概率。上式亦表明概率密度函数是概率分布函数的导数。概率密度函数 $p(x)$ 恒为实值非负函数。它给出随机信号沿幅值域分布的统计规律。不同的随机信号有不同的概率密度函数图形,可以借此判别信号的性质。

此外,信号的相关函数、功率谱密度函数及传递函数的分析及应用将在第 5 章讲述。

习　题

1.1　以下信号,哪个是周期信号？哪个是准周期信号？哪个是瞬变信号？它们的频谱各具有哪些特征？

(1) $\cos 2\pi f_0 t \cdot \mathrm{e}^{-|\pi t|}$

(2) $\sin 2\pi f_0 t + 4\sin f_0 t$

(3) $\cos 2\pi f_0 t + 2\cos 3\pi f_0 t$

1.2　求信号 $x(t) = \sin 2\pi f_0 t$ 的绝对均值 $\mu_{|x|}$、有效值(均方根值)x_{rms} 和均方值 ψ_x^2。

1.3　用傅里叶级数的三角函数展开式和复指数展开式,求周期三角波(题 1.3 图)的频谱,并作频谱图。

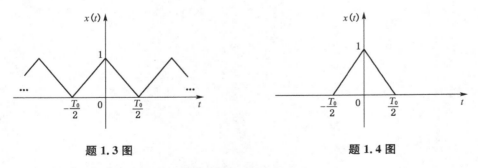

题 1.3 图　　　　　　　　题 1.4 图

1.4　求三角窗函数(题 1.4 图)的频谱,并作频谱图。

1.5 求指数衰减振荡函数 $x(t) = \mathrm{e}^{-at}\sin\omega_0 t$ $(a > 0$ 为常数$)$（题 1.5 图）的频谱，并作频谱图。

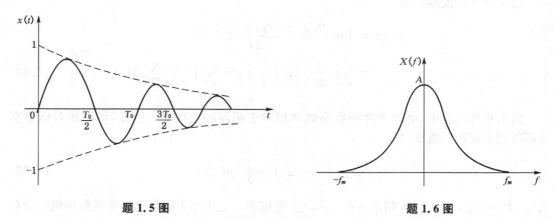

题 1.5 图   题 1.6 图

1.6 已知某信号 $x(t)$ 的频谱 $X(f)$（题 1.6 图），求 $x(t)\cos 2\pi f_0 t$ $(f_0 \gg f_m)$ 的频谱，并作频谱图。若 $f_0 < f_m$，频谱图会出现什么情况？

1.7 求被矩形窗函数截断的余弦函数 $\cos\omega_0 t$（题 1.7 图）的频谱，并作频谱图。

$$x(t) = \begin{cases} \cos\omega_0 t & (|t| < T) \\ 0 & (|t| \geqslant T) \end{cases}$$

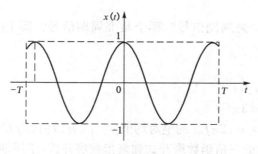

题 1.7 图

2 测试系统的基本特性

测试系统是由传感器、信号调理、信号传输、信号处理、显示记录等环节组成,见图 0.1。测试系统的复杂程度取决于被测信息检测的难易程度以及所采用的实验方法。对测试系统的基本要求是:可靠、实用、通用、经济。这亦应成为考虑测试系统组成的前提条件。

本章将讨论测试系统及其与输入、输出的关系。

2.1 概述

2.1.1 测试系统与线性系统

测试装置就是一个系统。所谓"系统",通常是指相关事物按一定关系组成的能够完成人们指定任务的整体。这里所说的测试系统,依据所研究对象的不同,复杂程度的伸缩性很大。例如,图 0.1 所示的测试系统,其本身各环节的组成就相当复杂,而简单的温度测试系统只有一个液柱式温度计。因此,本章中所称的"测试系统"既可能是指由众多环节所构成的一个复杂的测试装置,也可能是指该测试系统的各组成环节,例如传感器、放大器、信号调理电路、记录器等,甚至是一个很简单的 RC 滤波单元等。

一般来说,把外界对系统的作用称为系统的输入或激励,而将系统对输入的反映称为系统的输出或响应,见图 2.1。

图 2.1 测试系统方框图

图中:$x(t)$ 表示测试系统随时间而变化的输入,$y(t)$ 表示测试系统随时间而变化的输出。

理想的测试系统应该具有单值的、确定的输入—输出关系。即,对应于每一输入量,都应只有单一的输出量与之对应。知道其中的一个量就可以确定另外一个量。其中以输出与输入呈线性关系为最佳。实际测试系统大多不可能在整个工作范围内完全保持线性,而只能在一定的工作范围内和一定的(误差)条件下作线性处理。因此,把测试系统在一定条件下看成为一个线性系统,具有重要的现实意义。我们可以把对线性系统的分析、处理方法应用到测试系统上。

2.1.2 线性系统及其主要性质

1) 线性系统的概念

当系统的输入 $x(t)$ 和输出 $y(t)$ 之间的关系可用常系数线性微分方程式(2.1)来描述时,则称该系统为定常线性系统或时不变线性系统。

$$a_n \frac{\mathrm{d}^n y(t)}{\mathrm{d}t^n} + a_{n-1} \frac{\mathrm{d}^{n-1} y(t)}{\mathrm{d}t^{n-1}} + \cdots + a_1 \frac{\mathrm{d}y(t)}{\mathrm{d}t} + a_0 y(t)$$
$$= b_m \frac{\mathrm{d}^m x(t)}{\mathrm{d}t^m} + b_{m-1} \frac{\mathrm{d}^{m-1} x(t)}{\mathrm{d}t^{m-1}} + \cdots + b_1 \frac{\mathrm{d}x(t)}{\mathrm{d}t} + b_0 x(t) \tag{2.1}$$

式中:t 为时间自变量;系数 a_n, a_{n-1}, $\cdots$, a_0 和 b_m, b_{m-1}, $\cdots$, b_0 均为不随时间而变化的常数。

对于测试系统,其结构及其所用元器件的参数决定了系数 a_n, a_{n-1}, $\cdots$, a_0 和 b_m, b_{m-1}, $\cdots$, b_0 的大小及其量纲。所以,一个实际的物理系统由于其组成中的各元器件的物理参数并非能保持常数,如电子元件中的电阻、电容、半导体器件的特性等都会受温度的影响,这些都会导致系统微分方程系数 a_n, a_{n-1}, $\cdots$, a_0 和 b_m, b_{m-1}, $\cdots$, b_0 的时变性,所以理想的定常线性系统是不存在的。在工程实际中,常常以足够的精确度认为多数常见物理系统的系数 a_n, $\cdots$, a_0 和 b_m, $\cdots$, b_0 是时不变的常数,而把一些时变线性系统当作定常线性系统来处理。本书以下的讨论限于定常线性系统,简称线性系统。

2) 线性系统的主要性质

若以 $x(t) \rightarrow y(t)$ 表示定常线性系统输入与输出的对应关系,则定常线性系统具有以下主要性质。

(1) 叠加原理:当几个输入同时作用于线性系统时,则其响应等于各个输入单独作用于该系统的响应之和。即

若　　　　$x_1(t) \rightarrow y_1(t)$
　　　　　$x_2(t) \rightarrow y_2(t)$

则

$$[x_1(t) \pm x_2(t)] \rightarrow [y_1(t) \pm y_2(t)] \tag{2.2}$$

叠加原理表明,对于线性系统,一个输入的存在并不影响另一个输入的响应,各个输入产生的响应是互不影响的。因此,对于一个复杂的输入,就可以将其分解成一系列简单的输入之和,系统对复杂激励的响应便等于这些简单输入的响应之和。

(2) 比例特性:若线性系统的输入扩大 k 倍,则其响应也将扩大 k 倍,即对于任意常数 k,必有

$$kx(t) \rightarrow ky(t) \tag{2.3}$$

(3) 微分特性:线性系统对输入导数的响应等于对该输入响应的导数,即

$$\frac{\mathrm{d}x(t)}{\mathrm{d}t} \rightarrow \frac{\mathrm{d}y(t)}{\mathrm{d}t} \tag{2.4}$$

(4) 积分特性:若线性系统的初始状态为零(即当输入为零时,其响应也为零),则对输

入积分的响应等于对该输入响应的积分,即

$$\int_0^t x(t)\mathrm{d}t \rightarrow \int_0^t y(t)\mathrm{d}t \qquad (2.5)$$

(5) 频率保持性:若线性系统的输入为某一频率的简谐信号,则其稳态响应必是同一频率的简谐信号。证明如下:

若

$$x(t) \rightarrow y(t)$$

设 ω 为已知频率,则根据线性系统的比例特性和微分特性,有

$$\omega^2 x(t) \rightarrow \omega^2 y(t)$$

$$\frac{\mathrm{d}^2 x(t)}{\mathrm{d}t^2} \rightarrow \frac{\mathrm{d}^2 y(t)}{\mathrm{d}t^2}$$

由线性系统的叠加原理,有

$$\frac{\mathrm{d}^2 x(t)}{\mathrm{d}t^2} + \omega^2 x(t) \rightarrow \frac{\mathrm{d}^2 y(t)}{\mathrm{d}t^2} + \omega^2 y(t)$$

设输入信号 $x(t)$ 为单一频率 ω 的简谐信号,即 $x(t) = X_0 \mathrm{e}^{j\omega t}$,则有

$$\frac{\mathrm{d}^2 x(t)}{\mathrm{d}t^2} = (\mathrm{j}\omega)^2 X_0 \mathrm{e}^{j\omega t} = -\omega^2 x(t)$$

由此,得

$$\frac{\mathrm{d}^2 x(t)}{\mathrm{d}t^2} + \omega^2 x(t) = 0$$

相应的输出也应为

$$\frac{\mathrm{d}^2 y(t)}{\mathrm{d}t^2} + \omega^2 y(t) = 0$$

于是输出 $y(t)$ 的唯一的可能解只能是

$$y(t) = y_0 \mathrm{e}^{j(\omega t + \varphi_0)} \qquad (2.6)$$

线性系统的频率保持性,在测试工作中具有非常重要的作用。因为在实际测试中,测试得到的信号常常会受到其他信号或噪声的干扰,这时依据频率保持特性可以认定测得信号中只有与输入信号相同的频率成分才是真正由输入引起的输出。同样,在故障诊断中,根据测试信号的主要频率成分,在排除干扰的基础上,依据频率保持特性推出输入信号也应包含该频率成分,通过寻找产生该频率成分的原因,就可以诊断出故障的原因。

2.1.3 测试系统的特性

测试系统的特性也称传递特性、传输特性、外部特性,简称特性。它描述了系统输入输出之间的对应关系的性能。了解系统的特性对于提高测试的精确性和正确选用装置或校准装置特性是十分重要的。

测量不随时间变化(或变化很慢,以至于可以忽略)的量叫做静态测量;测量随时间而变化的量叫做动态测量。与此相应,测试系统的特性分为静态特性和动态特性。描述系统静态测量时输入输出函数关系的方程、图形、参数称为系统的静态特性。描述系统动态测量时的输入输出函数关系的方程、图形、参数称为系统的动态特性。

对于那些用于静态测量的系统,一般只需利用静态特性指标来考察其质量。在动态测量中,不仅需要用静态特性指标而且需要用动态特性指标来描述测试仪器的质量,因为两方面的特性都将影响测量结果。

尽管两方面的特性都影响测试结果,并且两者彼此也有某些联系,但是它们的分析和测试方法都有明显的差异,因此为了简明、方便,在目前阶段,通常仍然把它们分开处理。

2.2　测试系统的静态特性

在式(2.1)描述的线性系统中,当系统的输入 $x(t) = x_0$ (常数),即输入信号的幅值不随时间变化或其随时间变化的周期远远大于测试时间时,式(2.1)变成

$$y = \frac{b_0}{a_0}x = Sx \tag{2.7}$$

也就是说,理想线性系统其输出与输入之间是呈单调、线性比例的关系,即输入、输出关系是一条理想的直线,斜率 $S = \dfrac{b_0}{a_0}$ 为常数。

但是实际测试系统并非是理想定常线性系统,输入、输出曲线并不是理想的直线,式(2.7)实际上变成

$$y = S_1 x + S_2 x^2 + S_3 x^3 + \cdots$$
$$= (S_1 + S_2 x + S_3 x^2 + \cdots)x$$

测试系统的静态特性就是在静态测量情况下描述实际测试装置与理想定常线性系统的接近程度。下面用定量指标来研究实际测试系统的静态特性。

2.2.1　非线性度

非线性度是指测试系统的输入、输出关系保持常值线性比例关系的程度。在静态测量中,通常用实验测定的办法求得系统的输入输出关系曲线,称之为定度曲线。定度曲线偏离其拟合直线的程度即为非线性度(图2.2),常用百分数表示。即在系统的标称输出范围(全量程)A 内,定度曲线与该拟合直线的最大偏差 B 与 A 的百分比,也即

$$\text{非线性度} = \frac{B}{A} \times 100\% \tag{2.8}$$

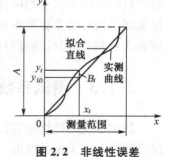

图 2.2　非线性误差

测试系统的非线性度是无量纲的,通常用百分数来表示,它是测试系统的一个非常重要的精度指标。至于拟合直线的确定,目前国内外还没有统一的标准。常用的主要有两种,即端基直线和独立直线。

端基直线是指通过测量范围的上下限点的直线,如图 2.3 所示。显然,用端基直线来代替实际的输入、输出曲线,其求解过程比较简单,但是其非线性度较差。

独立直线是指使输入与输出曲线上各点的线性误差 B_i 的平方和最小,即 $\sum B_i^2$ 最小的直线。一般用最小二乘法进行直线拟合。

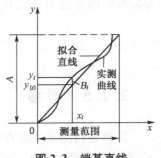

图 2.3 端基直线

2.2.2 灵敏度

灵敏度表征的是测试系统对输入信号变化的一种反应能力。若系统的输入有一个增量 Δx,引起输出产生相应增量 Δy,则定义灵敏度 S 为

$$S = \frac{\Delta y}{\Delta x} \tag{2.9}$$

对于定常线性系统,其灵敏度恒为常数。但是,实际的测试系统并非是定常线性系统,因此其灵敏度也不为常数。通常在工作频率范围内的幅频特性曲线以最平坦为好,对具有代表性的频率点进行标定。对于具有低通特性的测试系统,一般在静态下作标定。

灵敏度的量纲取决于输入—输出的量纲。当输入与输出的量纲相同时,则灵敏度是一个无量纲的数,常称之为"放大倍数"。

2.2.3 分辨力

分辨力是指测试系统所能检测出来的输入量的最小变化量,通常是以最小单位输出量所对应的输入量来表示。分辨力与灵敏度有密切的关系,即为灵敏度的倒数。

一个测试系统的分辨力越高,表示它所能检测出的输入量最小变化量值越小。对于数字测试系统,其输出显示系统的最后一位所代表的输入量即为该系统的分辨力;对于模拟测试系统,是用其输出指示标尺最小分度值的一半所代表的输入量来表示其分辨力。分辨力也称为灵敏阈或灵敏限。

2.2.4 回程误差

由于仪器仪表中的磁性材料的磁滞、弹性材料迟滞现象,以及机械结构中的摩擦和游隙等原因,反映在测试过程中输入量在递增过程中的定度曲线与输入量在递减过程中的定度曲线往往不重合,如图 2.4 所示。

两者对应于同一输入量的两输出量之差的最大值 $|h_i|_{\max}$

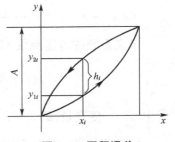

图 2.4 回程误差

与标称的输出范围 A 之比称为回程误差,即

$$回程误差 = \frac{|h_i|_{max}}{A} \times 100\% \tag{2.10}$$

2.2.5 漂移

漂移是指测试系统在输入不变的条件下,输出随时间而变化的趋势。在规定的条件下,当输入不变时在规定时间内输出的变化,称为点漂。在测试系统测试范围最低值处的点漂,称为零点漂移,简称零漂。

产生漂移的原因有两个方面:一是仪器自身结构参数的变化;另一个是周围环境的变化(如温度、湿度等)对输出的影响。最常见的漂移是温漂,即由于周围的温度变化而引起输出的变化,进一步引起测试系统的灵敏度和零位发生漂移,即灵敏度漂移和零点漂移。

以上是描述测试系统静态特性的常用指标。在选择或者设计一个测试系统时,要根据被测对象的情况、精度要求、测试环境等因素经济合理地选取各项指标。

2.3 测试系统的动态特性

测试系统的动态特性是指输入量随时间变化时,其输出随输入而变化的关系。一般来说,在所考虑的测量范围内,测试系统都可以认为是线性系统,因此就可以用式(2.1)这一定常线性系统微分方程来描述测试系统以及和输入 $x(t)$、输出 $y(t)$ 之间的关系,如果通过拉普拉斯变换建立与其相应的"传递函数",通过傅里叶变换建立与其相应的"频率响应函数",就可以更简便、更有效地来描述测试系统的特性。

2.3.1 传递函数

当线性系统的初始状态为零时,即在考察时刻以前,其输入量、输出量及其各阶导数均为零。设 $X(s)$ 和 $Y(s)$ 分别为输入 $x(t)$ 和输出 $y(t)$ 的拉普拉斯变换,则对式(2.1)进行拉普拉斯变换,得

$$(a_n s^n + a_{n-1} s^{n-1} + \cdots + a_1 s + a_0)Y(s) = (b_m s^m + b_{m-1} s^{m-1} + \cdots + b_1 s + b_0)X(s)$$

定义系统的传递函数 $H(s)$ 为输出量和输入量的拉普拉斯变换之比,即

$$H(s) = \frac{Y(s)}{X(s)} = \frac{b_m s^m + b_{m-1} s^{m-1} + \cdots + b_1 s + b_0}{a_n s^n + a_{n-1} s^{n-1} + \cdots + a_1 s + a_0} \tag{2.11}$$

式中:s——复变量,即 $s = \sigma + j\omega$。

传递函数是一种对系统特性的解析描述。它包含了瞬态、稳态时间响应和频率响应的

全部信息。传递函数有以下几个特点：

（1）$H(s)$ 描述了系统本身的动态特性，而与输入量 $x(t)$ 及系统的初始状态无关。

（2）$H(s)$ 是对物理系统特性的一种数学描述，而与系统的具体物理结构无关。$H(s)$ 是通过对实际的物理系统抽象成数学模型式（2.1）后，经过拉普拉斯变换后所得出的，所以同一传递函数可以表征具有相同传输特性的不同物理系统。

（3）$H(s)$ 中的分母取决于系统的结构，而分子则表示系统同外界之间的联系，如输入点的位置、输入方式、被测量以及测点布置情况等。分母中 s 的幂次 n 代表系统微分方程的阶数，如当 $n=1$ 或 $n=2$ 时，分别称为一阶系统或二阶系统。

一般测试系统都是稳定系统，其分母中 s 的幂次总是高于分子中 s 的幂次（$n>m$）。

2.3.2　频率响应函数

传递函数是在复数域中来描述和考察系统的特性的，比在时域中用微分方程来描述和考察系统特性有许多优点。但是工程中的许多系统却极难建立其微分方程式和传递函数，而且传递函数的物理概念也很难理解。

频率响应函数是在频率域中描述和考察系统特性的。与传递函数相比较，频率响应函数的物理概念明确，也易通过实验来建立；利用它和传递函数的关系，由它极易求出传递函数。因此频率响应函数是实验研究系统的重要工具。

1）频率响应函数的概念

在系统传递函数 $H(s)$ 已经知道的情况下，若系统是稳定的，令 $H(s)$ 中 s 的实部为零，即令 $s=\mathrm{j}\omega$ 代入 $H(s)$，可以得到系统的频率响应函数 $H(\omega)$。对于定常线性系统，有

$$H(\omega)=\frac{Y(\omega)}{X(\omega)}=\frac{b_m\,(\mathrm{j}\omega)^m+b_{m-1}\,(\mathrm{j}\omega)^{m-1}+\cdots+b_1(\mathrm{j}\omega)+b_0}{a_n\,(\mathrm{j}\omega)^n+a_{n-1}\,(\mathrm{j}\omega)^{n-1}+\cdots+a_1(\mathrm{j}\omega)+a_0} \tag{2.12}$$

式中：$\mathrm{j}=\sqrt{-1}$。

若在 $t=0$ 时刻将输入信号接入定常线性系统，令 $s=\mathrm{j}\omega$ 代入拉普拉斯变换中，实际上是将拉普拉斯变换变成傅里叶变换。又由于系统的初始条件为零，因此系统的频率响应函数 $H(\omega)$ 就成为输出 $y(t)$、输入 $x(t)$ 的傅里叶变换 $Y(\omega)$、$X(\omega)$ 之比，即

$$H(\omega)=\frac{Y(\omega)}{X(\omega)} \tag{2.13}$$

上式告诉我们，在测得输出 $y(t)$ 和输入 $x(t)$ 后，由其傅里叶变换 $Y(\omega)$ 和 $X(\omega)$ 可求得频率响应函数 $H(\omega)=Y(\omega)/X(\omega)$。

需要注意的是，频率响应函数是描述系统的简谐输入和其稳态输出的关系，在测量系统频率响应函数时，必须在系统响应达到稳态阶段时才能测量。

频率响应函数是复数，因此可以改写为

$$H(\omega)=A(\omega)\mathrm{e}^{\mathrm{j}\varphi(\omega)}=P(\omega)+\mathrm{j}Q(\omega) \tag{2.14}$$

式中：$A(\omega)$——系统的幅频特性；

$\varphi(\omega)$——系统的相频特性；

$P(\omega)$——系统的实频特性；

$Q(\omega)$——系统的虚频特性。

显然有

$$A(\omega) = \sqrt{P^2(\omega) + Q^2(\omega)}$$

$$\varphi(\omega) = \arctan \frac{Q(\omega)}{P(\omega)}$$

由上可见，系统的幅频特性 $A(\omega)$、相频特性 $\varphi(\omega)$、实频特性 $P(\omega)$、虚频特性 $Q(\omega)$ 都是输入频率 ω 的实函数。

2）频率响应函数的意义

根据定常线性系统的频率保持性，系统在简谐信号 $x(t) = X_0 \sin \omega t$ 的激励下，所产生的稳态输出也是简谐信号 $y(t) = Y_0 \sin(\omega t + \varphi)$。此时输入和输出虽为同频率的简谐信号，但两者的幅值并不一样，其幅值比 $A = Y_0/X_0$ 随频率 ω 而变，是 ω 的函数。相位差 φ 也是频率 ω 的函数。

可以证明，定常线性系统在简谐信号的激励下，其稳态输出信号和输入信号的幅值比就是该系统的幅频特性，即 $A(\omega) = Y_0/X_0$；稳态输出对输入的相位差就是该系统的相频特性，即 $\varphi(\omega) = \varphi$。两者统称为系统的频率特性。因此，系统的频率特性就是系统在简谐信号激励下，其稳态输出对输入的幅值比、相位差随激励频率 ω 变化的特性。

尽管频率响应函数是对简谐激励而言的，但是任何信号都可分解成简谐信号的叠加。因而在任何复杂信号输入下，系统频率特性也是适用的。这时，幅频、相频特性分别表征系统对输入信号中各个频率分量幅值的缩放能力和相位角前后移动的能力。

其实，用频率响应函数来描述系统的最大优点是它可以通过实验来求得。实验求得频率响应函数的原理，比较简单明了。可依次用不同频率 ω_i 的简谐信号去激励被测系统，同时测出激励和系统的稳态输出的幅值 X_{0i}、Y_{0i} 和相位差 φ_i。这样对于某个 ω_i，便有一组 $\frac{Y_{0i}}{X_{0i}} = A_i$ 和 φ_i，全部的 $A_i - \omega_i$ 和 $\varphi_i - \omega_i$，$i = 1, 2, \cdots$，便可表达系统的频率响应函数。

上述逐点改变简谐信号频率，测出频率响应函数的实验方法是一种基本的传统方法。显然这是十分繁琐费时的。近代随着计算机以及数字信号分析技术的飞速发展，可利用脉冲信号或随机噪声（如白噪声）信号作为系统的输入，运用快速傅里叶变换（FFT）技术，可很快得到频率响应函数。

3）频率响应函数的图形表示法

（1）幅频特性曲线和相频特性曲线

以 ω 为自变量，以 $A(\omega)$ 和 $\varphi(\omega)$ 为因变量画出的曲线 $A(\omega) - \omega$ 曲线和 $\varphi(\omega) - \omega$ 曲线分别称为系统的幅频特性曲线和相频特性曲线。它表示输出与输入的幅值比和相位差随频率 ω 的变化关系。

（2）伯德图

对自变量 ω 取对数 $\lg \omega$ 作为横坐标，以 $20 \lg A(\omega)$ 和 $\varphi(\omega)$ 作纵坐标，画出的曲线，即作

$20 \lg A(\omega)-\lg \omega$ 和 $\varphi(\omega)-\lg \omega$ 曲线,两者分别称为对数幅频特性曲线和对数相频特性曲线,总称为伯德图(Bode 图)。它把 ω 轴按对数进行了压缩,便于对较宽范围的信号进行研究,观察起来一目了然,绘制容易,使用方便。

(3) 奈魁斯特图

曲线 $P(\omega)-\omega$ 和 $Q(\omega)-\omega$ 分别称为系统的实频特性和虚频特性曲线。如果将 $H(\omega)$ 的虚部和实部分别作为纵、横坐标,则曲线 $Q(\omega)-P(\omega)$ 称为奈魁斯特图(Nyquist 图),它反映了频率变化过程中系统响应 $H(\omega)$ 的变化。

2.3.3 脉冲响应函数

若输入为单位脉冲,即 $x(t)=\delta(t)$ 时,则 $X(s)=1$。因此,有

$$H(s)=Y(s)$$

经拉普拉斯逆变换,有

$$y(t)=h(t)$$

$h(t)$ 常称为系统的脉冲响应函数。脉冲响应函数可作为系统特性的时域描述。

至此,系统特性在时域可以用 $h(t)$ 来描述,在频域可以用 $H(\omega)$ 来描述,在复数域可以用 $H(s)$ 来描述。三者的关系是一一对应的。

2.3.4 环节的串联和并联

一个测试系统,通常是由若干个环节所组成,系统的传递函数与各环节的传递函数之间的关系取决于各环节之间的结构形式。

图 2.5 为由两个传递函数分别为 $H_1(s)$ 和 $H_2(s)$ 的环节经串联后组成的测试系统 $H(s)$,其传递函数为

$$H(s)=\frac{Y(s)}{X(s)}=\frac{Z(s)}{X(s)} \cdot \frac{Y(s)}{Z(s)}=H_1(s) \cdot H_2(s)$$

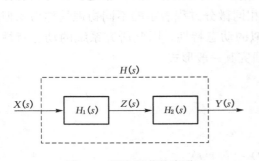

图 2.5　两个环节的串联

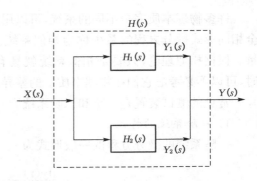

图 2.6　两个环节的并联

类似地,由 n 个环节串联组成的系统的传递函数为

$$H(s) = \prod_{i=1}^{n} H_i(s) \tag{2.15}$$

图 2.6 为由两个传递函数分别为 $H_1(s)$ 和 $H_2(s)$ 的环节经并联后组成的测试系统 $H(s)$,其传递函数为

$$H(s) = \frac{Y(s)}{X(s)} = \frac{Y_1(s) + Y_2(s)}{X(s)} = \frac{Y_1(s)}{X(s)} + \frac{Y_2(s)}{X(s)} = H_1(s) + H_2(s)$$

同样的,由 n 个环节经并联组成的系统的传递函数为

$$H(s) = \sum_{i=1}^{n} H_i(s) \tag{2.16}$$

对于稳定的测试系统,在式(2.12)中,$n > m$,其分母可以分解为 s 的一次和二次实系数因子式,即

$$a_n s^n + a_{n-1} s^{n-1} + \cdots + a_1 s + a_0 = a_n \prod_{i=1}^{r} (s + p_i) \prod_{i=1}^{(n-r)/2} (s^2 + 2\zeta_i \omega_{ni} s + \omega_{ni}^2)$$

其中 $\zeta_i < 1$,因此式(2.12)可改写成

$$H(s) = \sum_{i=1}^{r} \frac{q_i}{s + p_i} + \sum_{i=1}^{(n-r)/2} \frac{\alpha_i s + \beta_i}{s^2 + 2\zeta_i \omega_{ni} s + \omega_{ni}^2} \tag{2.17}$$

或

$$H(s) = \prod_{i=1}^{r} \frac{q_i}{s + p_i} \prod_{i=1}^{(n-r)/2} \frac{\alpha_i s + \beta_i}{s^2 + 2\zeta_i \omega_{ni} s + \omega_{ni}^2} \tag{2.18}$$

其中 α_i、β_i 和 ζ_i 均为实常数。

由式(2.17)和式(2.18)可见,任何一个高于二阶的系统都可以看成是若干个一阶和二阶系统的并联或串联。因此,一阶和二阶系统是分析和研究高阶、复杂系统的基础。

2.3.5　一阶和二阶系统的特性

许多物理本质完全不同的系统,可以用完全相同形式的微分方程来描述。这种具有完全相同形式微分方程的系统称为相似系统。以相同微分方程表示的不同物理量称为相似量。根据相似理论,只要是相似系统就具有相似的动态特性。因此研究系统的动态特性时,可以不必考虑它们在物理本质上的差异,只研究其一般形式。

常见的测试装置是一阶和二阶系统。

1)一阶系统的特性

一阶系统的微分方程的一般形式为

$$a_1 \frac{\mathrm{d}y(t)}{\mathrm{d}t} + a_0 y(t) = b_0 x(t)$$

可以改写为

$$\tau \frac{\mathrm{d}y(t)}{\mathrm{d}t} + y(t) = Sx(t)$$

式中 $\tau = a_1/a_0$ 为时间常数；$S = b_0/a_0$ 为装置的灵敏度，对于具体装置而言，S 是一个常数，考察动态特性时，为分析方便起见，令 $S=1$，并以这种归一化的一阶装置作为研究对象，即

$$\tau \frac{\mathrm{d}y(t)}{\mathrm{d}t} + y(t) = x(t)$$

其传递函数为

$$H(s) = \frac{1}{\tau s + 1} \qquad (2.19)$$

其频率响应函数为

$$H(\omega) = \frac{1}{\mathrm{j}\tau\omega + 1} = \frac{1}{1 + (\tau\omega)^2} - \mathrm{j}\frac{\tau\omega}{1 + (\tau\omega)^2} \qquad (2.20)$$

其幅频和相频特性为

$$A(\omega) = \frac{1}{\sqrt{1 + (\tau\omega)^2}} \qquad (2.21)$$

$$\varphi(\omega) = -\arctan(\tau\omega) \qquad (2.22)$$

其中负号表示输出信号滞后于输入信号。

而其脉冲响应函数为

$$h(t) = \frac{1}{\tau}\mathrm{e}^{-t/\tau} \qquad (2.23)$$

图 2.7～图 2.10 分别是 $S=1$ 时，一阶系统的伯德图、奈奎斯特图，幅频和相频特性曲线以及脉冲响应曲线。

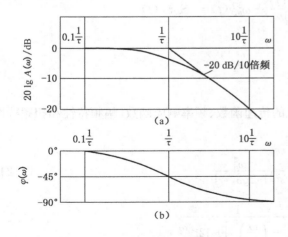

图 2.7　一阶系统的伯德图

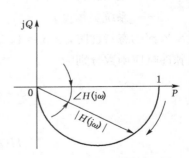

图 2.8　一阶系统的奈奎斯特图

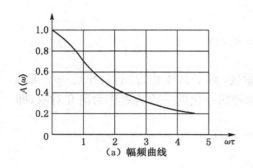
(a) 幅频曲线

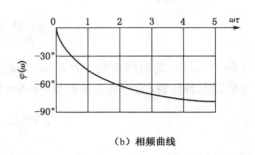
(b) 相频曲线

图 2.9　一阶系统的幅频和相频曲线

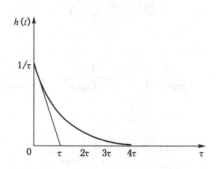

图 2.10　一阶系统的脉冲响应函数

2) 二阶系统的特性

二阶系统的微分方程的一般形式为

$$a_2 \frac{\mathrm{d}^2 y(t)}{\mathrm{d}t^2} + a_1 \frac{\mathrm{d}y(t)}{\mathrm{d}t} + a_0 y(t) = b_0 x(t)$$

可以改写为标准形式

$$\frac{\mathrm{d}^2 y(t)}{\mathrm{d}t^2} + 2\zeta\omega_n \frac{\mathrm{d}y(t)}{\mathrm{d}t} + \omega_n^2 y(t) = S\omega_n^2 x(t)$$

式中：ζ——系统阻尼比，$\zeta < 1$；

ω_n——系统固有频率；

S——系统灵敏度。

考察动态特性时，令 $S = 1$，二阶系统的传递函数、频率响应函数、幅频特性和相频特性及脉冲响应函数分别为

$$H(s) = \frac{\omega_n^2}{s^2 + 2\zeta\omega_n s + \omega_n^2} \tag{2.24}$$

$$H(\omega) = \frac{1}{\left[1 - \left(\dfrac{\omega}{\omega_n}\right)^2\right] + \mathrm{j}2\zeta\dfrac{\omega}{\omega_n}} \tag{2.25}$$

$$A(\omega) = \frac{1}{\sqrt{\left[1 - \left(\dfrac{\omega}{\omega_n}\right)^2\right]^2 + 4\zeta^2 \left(\dfrac{\omega}{\omega_n}\right)^2}} \tag{2.26}$$

$$\varphi(\omega) = -\arctan \frac{2\zeta\left(\dfrac{\omega}{\omega_n}\right)}{1 - \left(\dfrac{\omega}{\omega_n}\right)^2} \tag{2.27}$$

$$h(t) = \frac{\omega_n}{\sqrt{1 - \zeta^2}} \cdot e^{\zeta\omega_n t} \sin\left(\sqrt{1 - \zeta^2}\,\omega_n t\right) \tag{2.28}$$

图 2.11~图 2.14 为 $S = 1$ 时的二阶系统的伯德图、奈奎斯特图、幅频和相频特性曲线以及脉冲响应函数曲线。

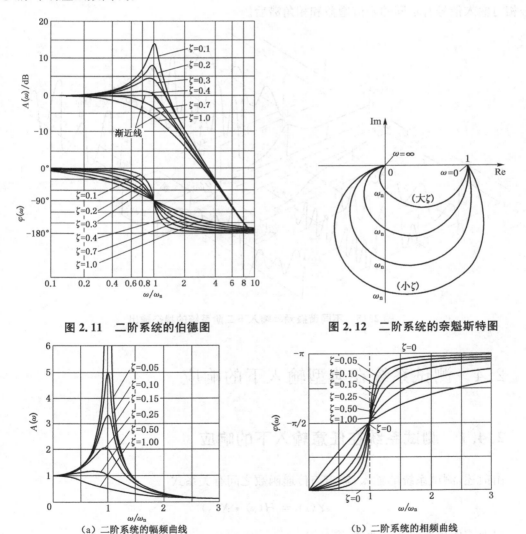

图 2.11　二阶系统的伯德图　　　　　　图 2.12　二阶系统的奈奎斯特图

（a）二阶系统的幅频曲线　　　　　　　（b）二阶系统的相频曲线

图 2.13　二阶系统的幅频、相频特性曲线

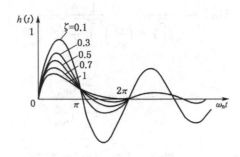

图 2.14 二阶系统脉冲响应函数

图 2.15 所示为不同谐振频率输入作用下二阶系统的稳态输出。四个输入信号都是正弦信号(包括直流信号),在某参考时刻 $t = 0$,初始相角均为零。图中形象地显示各输出信号相对输入信号有不同的幅值增益和相角滞后。

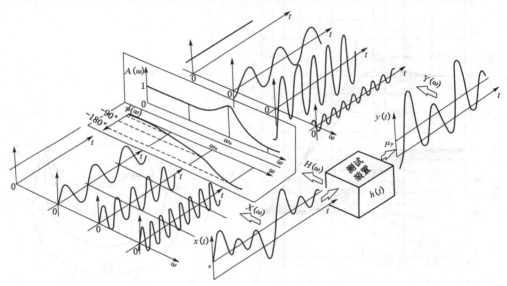

图 2.15 不同谐振频率输入下二阶系统的稳态输出

2.4 测试系统在典型输入下的响应

2.4.1 测试系统在任意输入下的响应

由前述,测试系统的输入、输出与传递函数之间有关系式

$$Y(s) = H(s) \cdot X(s)$$

对上式作拉普拉斯逆变换,有

$$y(t) = L^{-1}[Y(s)] = L^{-1}[H(s) \cdot X(s)]$$

式中：L^{-1}——拉普拉斯逆变换。

另一方面，根据拉普拉斯变换的卷积特性，有

$$y(t) = x(t) * h(t) \qquad (2.29)$$

此式表明，从时域看，系统的输出就是输入与系统的脉冲响应函数的卷积。它也是系统输入输出关系的最基本表达式，其形式简明，含义明确。但是，卷积计算却是一件麻烦事。利用 $h(t)$ 同 $H(s)$、$H(\omega)$ 的关系，以及拉普拉斯变换、傅里叶变换的卷积定理，可以将卷积运算变换成复数域、频率域的乘法运算，从而大大简化计算工作。

下面讨论测试系统在单位阶跃输入和单位正弦输入下的响应，并假设系统的静态灵敏度 $S = 1$。

2.4.2　测试系统在单位阶跃输入下的响应

单位阶跃输入的定义为（图2.16）

$$x(t) = \begin{cases} 0, & t < 0 \\ 1, & t \geqslant 0 \end{cases}$$

其拉氏变换　　$X(s) = \dfrac{1}{s}$

一阶系统的响应（图2.17）

$$y(t) = 1 - e^{-t/\tau} \qquad (2.30)$$

二阶系统的响应（图2.18）

$$y(t) = 1 - \frac{e^{-\zeta\omega_n t}}{\sqrt{1-\zeta^2}}\sin(\omega_d t + \varphi) \qquad (2.31)$$

其中　$\omega_d = \omega_n \sqrt{1-\zeta^2}, \varphi = \arctan\dfrac{\sqrt{1-\zeta^2}}{\zeta} \qquad (\zeta < 1)$

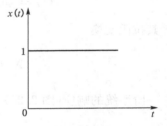

图2.16　单位阶跃输入

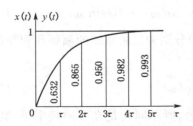

图2.17　一阶系统的单位阶跃响应

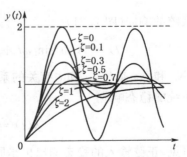

图2.18　二阶系统的单位阶跃响应

由图可见，一阶系统在单位阶跃激励下的稳态输出误差为零，并且，进入稳态的时间 $t \to \infty$。但是，当 $t = 4\tau$ 时，$y(4\tau) = 0.982$，误差小于 2%；当 $t = 5\tau$ 时，$y(5\tau) = 0.993$，误差小于 1%。所以对于一阶系统来说，时间常数 τ 越小越好。

二阶系统在单位阶跃激励下的稳态输出误差也为零。进入稳态的时间取决于系统的固有频率 ω_n 和阻尼比 ζ。ω_n 越高，系统响应越快。阻尼比主要影响超调量和振荡次数。当 $\zeta = 0$ 时，超调量为 100%，且振荡持续不息，永无休止；当 $\zeta \geqslant 1$ 时，实质为两个一阶系统的串联，虽无振荡，但达到稳态的时间较长；通常取 $\zeta = 0.6 \sim 0.8$，此时，最大超调量不超过 10%～2.5%，达到稳态的时间最短，约为 $(5 \sim 7)/\omega_n$，稳态误差在 5%～2%。

在工程中，对系统的突然加载或者突然卸载都视为对系统施加一阶跃输入。由于施加这种输入，既简单易行，又可以反映出系统的动态特性，因此，常被用于系统的动态标定。

2.4.3　测试系统在单位正弦输入下的响应

单位正弦输入信号的定义为（图 2.19）

$$x(t) = \sin \omega t \qquad (t > 0)$$

其拉氏变换

$$X(s) = \frac{\omega}{s^2 + \omega^2}$$

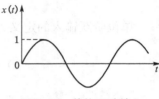

图 2.19　单位正弦输入

一阶系统的响应（图 2.20）

$$y(t) = \frac{1}{\sqrt{1 + (\omega\tau)^2}} \left[\sin(\omega t + \varphi_1) - e^{-t/\tau} \cos \varphi_1 \right] \tag{2.32}$$

$$\varphi_1 = -\arctan \omega\tau \tag{2.33}$$

一阶系统的稳态响应

$$y(t) = \frac{1}{\sqrt{1 + (\omega\tau)^2}} \left[\sin(\omega t + \varphi_1) \right] \tag{2.34}$$

$$\varphi_1 = -\arctan \omega\tau \tag{2.35}$$

二阶系统的响应（图 2.21）

$$y(t) = A(\omega)\sin[\omega t + \varphi(\omega)] - e^{-\zeta\omega_n t}[K_1 \cos \omega_d t + K_2 \sin \omega_d t] \tag{2.36}$$

其中：K_1 和 K_2 是与 ω_n 和 ζ 有关的系数，$A(\omega)$ 和 $\varphi(\omega)$ 分别为二阶系统的幅频和相频特性。二阶系统的稳态响应

$$y(t) = A(\omega)\sin[\omega t + \varphi(\omega)] \tag{2.37}$$

可见，正弦输入的稳态输出也是同频率的正弦信号，所不同的是在不同频率下，其幅值响应和相位滞后都不相同，它们都是输入频率的函数。因此，可以用不同频率的正弦信号去激励测试系统，观察其输出响应的幅值变化和相位滞后，从而得到系统的动态特性。这

是系统动态标定常用的方法之一。

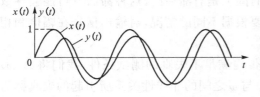

图 2.20　一阶系统的正弦响应

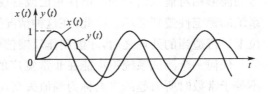

图 2.21　二阶系统的正弦响应

2.5　实现不失真测试的条件

测试的目的是为了获得被测对象的原始信息。这就要求在测试过程中采取相应的技术手段,使测试系统的输出信号能够真实、准确地反映出被测对象的信息。这种测试称为不失真测试。

设测试系统的输入为 $x(t)$,若实现不失真测试,则该测试系统的输出 $y(t)$ 应满足

$$y(t) = A_0 x(t - t_0) \tag{2.38}$$

式中:A_0、t_0 均为常数。

式(2.38)即为测试系统在时域内实现不失真测试的条件。此时,测试系统的输出波形精确地与输入波形相似,只是幅值放大到 A_0 倍,相位产生了位移 t_0,如图 2.22 所示。

将式(2.21)进行傅里叶变换,得

$$Y(\omega) = A_0 \mathrm{e}^{-\mathrm{j}\omega t_0} X(\omega)$$

当测试系统的初始状态为零时,即当 $t < 0$ 时,$x(t) = 0, y(t) = 0$,测试系统的频率响应函数为

$$H(\omega) = A(\omega) \mathrm{e}^{\mathrm{j}\varphi(\omega)} = \frac{Y(\omega)}{X(\omega)} = A_0 \mathrm{e}^{-\mathrm{j}\omega t_0}$$

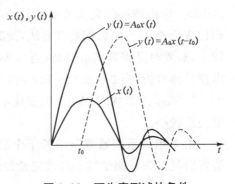

图 2.22　不失真测试的条件

其幅频特性和相频特性为

$$A(\omega) = A_0 = 常数 \tag{2.39}$$

$$\varphi(\omega) = -t_0 \omega \tag{2.40}$$

由此可见,式(2.39)和式(2.40)即为测试系统在频域内实现不失真测试的条件,即幅频特性曲线是一条平行于 ω 轴的直线,相频特性曲线是斜率为 $-t_0$ 的直线。

应该指出的是,上述不失真测试的条件是指波形不失真的条件,而幅值和相位都发生了变化。因此,在测试过程中要根据不同的测试目的,合理地利用这个条件,否则将会得到相反的结果。如果测试的目的只是精确地测出输入波形,那么上述条件完全可以满足要

求；但如果测试的结果要用来作为反馈控制信息，这时就要特别注意在上述条件中，输出信号的波形相对输入信号的波形在相位或者说在时间上是有滞后的，这种滞后有可能会导致系统的稳定性遭到破坏。因此，在这种情况下，要根据不同的情况，对输出信号在幅值和相位上进行适当的处理之后，才能用作反馈信号。

任何一个测试系统不可能在非常宽广的频带内满足不失真的测试条件，我们将 $A(\omega)$ 不等于常数时所引起的失真称为幅值失真，$\varphi(\omega)$ 与 ω 之间的非线性关系所引起的失真称为相位失真。一般情况下，测试系统既有幅值失真又有相位失真。为此，我们只能尽量地采取一定的技术手段将波形失真控制在一定的误差范围之内。

在实际的测试过程中，为了减小由于波形失真而带来的测试误差，除了要根据被测信号的频带，选择合适的测试系统之外，通常还要对输入信号进行一定的前置处理，以减少或消除干扰信号，尽量提高信噪比。另外，在选用和设计某一测试系统时，还要根据所需测试的信息内容来合理地选择恰当的参数。例如，在振动测试或故障诊断时，常常只需测试出振动中的频率成分及其强度，而不必研究其变化波形，在这种情况下，幅频特性或幅值失真是最重要的指标，而其相频特性或相位失真的指标无需要求过高。

对于一阶系统来说，如果时间常数 τ 愈小，则测试系统的响应速度愈快，可以在较宽的频带内有较小的波形失真误差。所以一阶系统的时间常数 τ 愈小愈好。

对于二阶系统来说，当 $\omega < 0.3\omega_n$ 或 $\omega > (2.5 \sim 3)\omega_n$ 时，其频率特性受阻尼比的影响就很小。当 $\omega < 0.3\omega_n$ 时，$\varphi(\omega)$ 的数值较小，$\varphi(\omega) - \omega$ 特性曲线接近直线，$A(\omega)$ 的变化不超过 10%，输出波形的失真较小；当 $\omega > (2.5 \sim 3)\omega_n$ 时，$\varphi(\omega) \approx 180°$，此时可以通过减去固定相位或反相 $180°$ 的数据处理方法，使其相频特性基本上满足不失真的测试条件，但 $A(\omega)$ 值较小，必要时需将其增益提高；当 $0.3\omega_n < \omega < 2.5\omega_n$ 时，其频率特性受阻尼比的影响较大，需作具体分析；当 $\zeta = 0.6 \sim 0.8$ 时，二阶系统具有较好的综合特性。例如，当 $\zeta = 0.7$ 时，在 $0 \sim 0.58\omega_n$ 的带宽内，$A(\omega)$ 的变化不超过 5%，同时 $\varphi(\omega) - \omega$ 也接近于直线，所以，此时波形失真较小。

由于测试系统通常是由若干个测试装置所组成，因此，只有保证所使用的每一个测试装置满足不失真测试的条件才能使最终的输出波形不失真。

2.6　测试系统特性参数的测定

为了保证测试结果的精度，测试系统在出厂前或使用前需要进行定度或定期校准。根据上述分析知，测试系统特性的测定应该包括静态特性和动态特性的测定。

2.6.1　测试系统静态特性参数的测定

测试系统静态特性参数的测定是一种特殊的测试，它是选择经过校准的"标准"静态量作为测试系统的输入，求出其输入、输出特性曲线。所采用的"标准"输入量误差应当是所要求测试结果误差的 $\frac{1}{3} \sim \frac{1}{5}$ 或更小。具体的标定过程如下：

1）作输入—输出特性曲线

将"标准"输入量在满量程的测量范围内均匀地等分成 n 个输入点 $x_i(i = 1, 2, \cdots, n)$，按正反行程进行相同的 m 次测量（一次测量包括一个正行程和一个反行程），得到 $2m$ 条输入—输出特性曲线，如图 2.23 所示。

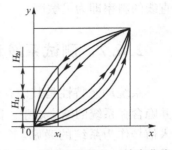

图 2.23　正反行程输入—输出曲线

2）求重复性误差 H_1 和 H_2

正行程的重复性误差为

$$H_1 = \frac{\{H_{1i}\}_{\max}}{A} \times 100\% \qquad (2.41)$$

式中：H_{1i}——输入量 x_i 所对应正行程的重复性误差 $(i = 1, 2, \cdots, n)$；

　A——测试系统的满量程值；

　$\{H_{1i}\}_{\max}$——在满量程 A 内正行程中各点重复性误差的最大值。

反行程的重复性误差为

$$H_2 = \frac{\{H_{2i}\}_{\max}}{A} \times 100\% \qquad (2.42)$$

式中：H_{2i}——输入量 x_i 所对应的反行程的重复性误差 $(i = 1, 2, \cdots, n)$；

　$\{H_{2i}\}_{\max}$——在满量程 A 内反行程中各点重复性误差的最大值。

3）求作正反行程的平均输入—输出曲线

计算正行程曲线 $\overline{y}_{1i}$ 和反行程曲线 $\overline{y}_{2i}$：

$$\overline{y}_{1i} = \frac{1}{m} \sum_{j=1}^{m} (y_{1ij})$$

$$\overline{y}_{2i} = \frac{1}{m} \sum_{j=1}^{m} (y_{2ij})$$

式中：y_{1ij}, y_{2ij}——分别为第 j 次正行程曲线和反行程曲线，$j = 1, 2, \cdots, m$。

4）求回程误差

$$h = \frac{|\overline{y}_{2i} - \overline{y}_{1i}|_{\max}}{A} \times 100\%$$

5）求作定度曲线

定度曲线

$$y_i = \frac{1}{2}(\overline{y}_{1i} + \overline{y}_{2i})$$

将定度曲线作为测试系统的实际输入—输出特性曲线，这样，可以消除各种误差的影响,使其更接近实际输入—输出曲线。

6) 求作拟合直线,计算非线性误差和灵敏度

根据定度曲线,按最小二乘法求作拟合直线。然后根据式(2.8)求非线性误差。拟合直线的斜率即为灵敏度。

2.6.2 测试系统动态特性参数的测定

系统动态特性是其内在的一种属性,这种属性只有系统受到激励之后才能显现出来,并隐含在系统的响应之中。因此,研究测试系统动态特性的测定,应首先研究采用何种输入信号作为系统的激励,其次要研究如何从系统的输出响应中提取出系统的动态特性参数。

常用的动态特性参数测定方法有阶跃响应法和频率响应法。

1) 阶跃响应法

阶跃响应法是以阶跃信号作为测试系统的输入,通过对系统输出响应的测试,从中计算出系统的动态特性参数。这种方法实质上是一种瞬态响应法。即通过对输出响应的过渡过程来测定系统的动态特性。

(1) 一阶系统动态特性参数的求取

对于一阶系统来说,时间常数 τ 是唯一表征系统动态特性的参数。由图 2.17 可见,当输出响应达到稳态值的 63.2% 时,所需要的时间就是一阶系统的时间常数。显然,这种方法很难做到精确的测试。同时,又没涉及测试的全过程,所以求解的结果精度较低。

为获得较高精度的测试结果,一阶系统的响应式(2.30)可以改写成

$$1 - y(t) = \mathrm{e}^{-t/\tau}$$

或

$$\ln[1 - y(t)] = -\frac{1}{\tau} \cdot t$$

通过求直线 $\ln[1 - y(t)] = -\frac{1}{\tau} \cdot t$ 的斜率,即可求出时间常数 τ。

(2) 二阶系统动态特性参数的求取

由典型二阶系统的输出响应式(2.31)可知,其瞬态响应是以 $\omega_{\mathrm{d}} = \omega_{\mathrm{n}} \sqrt{1 - \zeta^2}$ 的圆频率作衰减振荡的,其各峰值所对应的时间 $t_{\mathrm{p}} = 0, \pi/\omega_{\mathrm{d}}, 2\pi/\omega_{\mathrm{d}}, \cdots$。

显然,当 $t_{\mathrm{p}} = \pi/\omega_{\mathrm{d}}$ 时,$y(t)$ 取最大值,则最大超调量 M 与阻尼比 ζ 的关系式为

$$M = y(t)_{\max} - 1 = \mathrm{e}^{-\left(\frac{\zeta\pi}{\sqrt{1-\zeta^2}}\right)} \tag{2.43}$$

或

$$\zeta = \sqrt{\frac{1}{\left(\frac{\pi}{\ln M}\right)^2 + 1}} \tag{2.44}$$

因此,当从输出曲线(图 2.24)上测出 M 后,由式(2.43)或式(2.44)即可求出阻尼比 ζ,或从图 2.25 曲线上求出阻尼比 ζ。

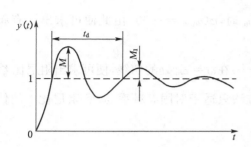

图 2.24　欠阻尼二阶系统的阶跃响应

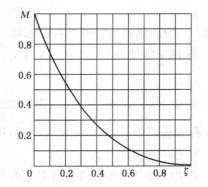

图 2.25　欠阻尼二阶系统的 M-ζ 关系图

如果测得响应的较长瞬变过程,则可以利用任意两个相隔 n 个周期数的超调量 M_i 和 M_{i+n} 来求取阻尼比 ζ。设 M_i 和 M_{i+n} 所对应的时间分别为 t_i 和 t_{i+n},则

$$t_{i+n} = t_i + \frac{2n\pi}{\omega_n \sqrt{1-\zeta^2}}$$

将其代入二阶系统的阶跃响应表达式(2.31),可得

$$\ln \frac{M_i}{M_{i+n}} = \frac{2n\pi\zeta}{\sqrt{1-\zeta^2}}$$

整理后可得

$$\zeta = \sqrt{\frac{\delta_n^2}{\delta_n^2 + 4\pi^2 n^2}}$$

式中:$\delta_n = \ln \dfrac{M_i}{M_{i+n}}$。

而固有频率 ω_n,可由下式求得

$$\omega_n = \frac{\omega_d}{\sqrt{1-\zeta^2}} = \frac{2\pi}{t_d \sqrt{1-\zeta^2}}$$

其中振荡周期 t_d 可从图 2.24 上直接测得。

2) 频率响应法

频率响应法是以一组频率可调的标准正弦信号作为系统的输入,通过对系统输出幅值和相位的测试,获得系统的动态特性参数。这种方法实质上是一种稳态响应法,即通过输出的稳态响应来标定系统的动态特性。

(1) 一阶系统动态特性参数的求取

对于一阶系统直接利用下式求取时间常数 τ。即

$$A(\omega) = \frac{1}{\sqrt{1+(\omega\tau)^2}}$$

或 $\qquad\qquad\qquad\qquad\varphi(\omega) = -\arctan(\omega\tau)$

（2）二阶系统动态特性参数的求取

① 在相频特性曲线 $\varphi(\omega) - \omega$ 上，当 $\omega = \omega_n$ 时，$\varphi(\omega_n) = -90°$ 由此便可求出固有频率 ω_n。

② 由于 $\varphi'(\omega) = -\dfrac{1}{\zeta}$，所以，作出曲线 $\varphi(\omega) - \omega$ 在 $\omega = \omega_n$ 处的切线，便可求出阻尼比 ζ。

这种方法简单易行，但是精度较差，所以该方法只适于对固有频率 ω_n 和阻尼比 ζ 的估算。较为精确的求解方法如下：

① 求出 $A(\omega)$ 的最大值及所对应的频率 ω_1。

② 由 $\dfrac{A(\omega_1)}{A(0)} = \dfrac{1}{2\zeta\sqrt{1-\zeta^2}}$，求出阻尼比 ζ。

③ 根据 $\omega_n = \dfrac{\omega_1}{\sqrt{1-2\zeta^2}}$，求出固有频率 ω_n。

由于这种方法中 $A(\omega_1)$ 和 ω_1 的测量可以达到一定的精度，所以由此求解出的固有频率 ω_n 和阻尼比 ζ 具有较高的精度。

习 题

2.1 在使用灵敏度为 80 nC/MPa 的压电式力传感器进行压力测量时，首先将它与增益为 5 mV/nC 的电荷放大器相连，电荷放大器接到灵敏度为 25 mm/V 的笔式记录仪上，试求该压力测试系统的灵敏度。当记录仪的输出变化为 30 mm 时，压力变化为多少？

2.2 把灵敏度为 404×10^{-4} pC/Pa 的压电式力传感器与一台灵敏度调到 0.226 mV/pC 的电荷放大器相接，求其总灵敏度。若要将总灵敏度调到 10×10^6 mV/Pa，电荷放大器的灵敏度应作如何调整？

2.3 用一时间常数为 2 s 的温度计测量炉温时，当炉温在 200~400℃ 之间，以 150 s 为周期，按正弦规律变化时，温度计输出的变化范围是多少？

2.4 气象气球携带一种时间常数为 15 s 的一阶温度计，以 5 m/s 的上升速度通过大气层，设温度随温度计所处的高度按每升高 30 m 下降 0.15℃ 的规律而变化，气球将温度和高度的数据用无线电送回地面，在 3 000 m 处所记录的温度为 −1℃。试问实际出现 −1℃ 时的真实高度是多少？

2.5 求周期信号 $x(t) = 0.5\cos10t + 0.2\cos(100t - 45°)$ 通过传递函数为 $H(s) = \dfrac{1}{0.005s+1}$ 的装置后所得到的稳态响应。

2.6 用一阶系统对 100 Hz 的正弦信号进行测量时，如果要求振幅误差在 10% 以内，时间常数应为多少？ 如果用该系统对 50 Hz 的正弦信号进行测试，则此时的幅值误差和相位误差是多少？

2.7 某一阶测量装置的传递函数为 $1/(0.04s+1)$，若用它测量频率为 0.5 Hz、1 Hz、

2 Hz 的正弦信号,试求其幅值误差。

2.8 用传递函数为 1/(0.002 5 s＋1) 的一阶测量装置进行周期信号测量。若将幅值误差限制在 5% 以下,试求所能测量的最高频率成分。此时的相位差又是多少?

2.9 设一力传感器可作为二阶系统处理。已知该传感器的固有频率为 800 Hz,阻尼比为 0.14,问使用该传感器作频率为 400 Hz 正弦变化的外力测试时,其幅值误差和相位差各为多少? 若该传感器的阻尼比改为 $\zeta = 0.7$,问其幅值误差和相位差又各为多少?

2.10 对一个二阶系统输入单位阶跃信号后,测得响应中产生的第一个过冲量 M 的数值为 1.5,同时测得其周期为 6.28 s。设已知装置的静态增益为 3,试求该装置的传递函数和装置在无阻尼固有频率处的频率响应。

3　常用传感器

3.1　传感器概述

3.1.1　传感器的概念

根据国家标准《传感器通用术语》(GB/T 7665—2005),传感器的定义为:能感受被测量并按照一定的规律转换成可用输出信号的器件或装置,通常由敏感元件和转换元件组成。敏感元件是指传感器中能直接感受或响应被测量的部分;转换元件是指传感器中能将敏感元件感受或响应的被测量转换成适于传输或测量的电信号的部分。由于电信号是易于传输、检测和处理的物理量,所以过去也常将非电量转换成电量的器件或装置称为传感器。应该说明,并不是所有的传感器都能明显区分敏感元件与转换元件两个部分的,有的是二者合为一体的。例如,半导体气体、湿度传感器等,它们一般都是将感受的被测量直接转换为电信号,没有中间转换环节。

在工程测试中,传感器处于测试装置的输入端,是测试系统的第一个环节,它把温度、压力、流量、应变、位移、速度、加速度等信号转换成电的能量信号(如电流、电压)或电的参数信号(如电阻、电容、电感等)。因此传感器的性能如动态特性、灵敏度、非线性度等都会直接影响到整个测试系统的质量。

随着测试、控制与信息技术的发展,传感器作为这些领域里的一个重要构成因素受到了普遍重视。深入研究传感器的原理和应用,研制开发新型传感器,对于社会生产、经济交往、科学技术和日常生活中自动测量和自动控制的发展,以及人类观测研究自然界的深度和广度都具有重要的实际意义。

传感器主要依赖于构成传感器的敏感元件的物理效应(如光电效应、压电效应、热电效应等)和物理原理(如电感原理、电容原理和电阻原理等)进行信息转换。随着各种新的传感材料和物理效应的开发和发现,各种具有不同功能、结构、特性和用途的传感器大量涌现。

3.1.2　传感器的分类

传感器的种类繁多,性能各异。一种被测量可以用不同的传感器来测量;而同一原理的传感器,通常又可测量多种被测量。为了更好地掌握和应用传感器,需要进行科学的分类。常见的有下列几种分类方法。

（1）按传感器的工作机理，分为物理型、化学型和生物型。

（2）按传感器的构成原理，分为物性型和结构型。

物性型传感器是依靠敏感元件材料本身的物理特性的变化及其各种物理、化学效应来实现信号转换的。例如利用水银的热胀冷缩现象制成水银温度计来测温；利用石英晶体的压电效应制成压电测力计等。

结构型传感器是依靠传感器结构参数的变化来实现信号转换的。例如，电容式传感器依靠极板间距离变化引起电容量变化；电感式传感器依靠衔铁位移引起自感或互感变化等。

（3）按传感器的能量转换情况，分为能量转换型和能量控制型。

能量转换型传感器是直接由被测对象输入能量使其工作的，例如，热电偶温度计、弹性压力计等。但由于这类传感器有被测对象与传感器之间的能量传输，必然导致被测对象状态的变化，从而造成测量误差。

能量控制型传感器是从外部供给辅助能量使其工作的，并由被测量来控制外部供给能量的变化。例如，电阻应变测量中，应变计接于电桥上，电桥工作能源由外部供给，而由被测量变化所引起应变计的电阻变化来控制电桥的不平衡程度。此外，电感式测微仪、电容式测振仪等均属此种类型。

能量控制型的另一种形式是被测对象对激励信号的响应，它反映了被测对象的性质或状态。例如，超声波探伤、用X射线测残余应力、用激光散斑技术测量应变等。

（4）按传感器的物理原理可分为：

① 电参量式传感器，包括电阻式、电容式、电感式三个基本形式，以及由此派生出来的电触式、差动变压器式、涡流式、压磁式、感应同步器式、容栅式等。

② 压电式传感器。

③ 磁电式传感器，包括磁电感应式、霍尔式、磁栅式等。

④ 光电式传感器，包括一般光电式、光栅式、激光式、光电码盘式、光纤式、红外式、摄像式等。

⑤ 气电式传感器。

⑥ 热电式传感器，包括热电偶、热电阻及热敏电阻等。

⑦ 射线式传感器。

⑧ 波式传感器，包括超声波式、微波式等。

⑨ 半导体式传感器。

⑩ 其他原理传感器，如振筒式、振弦式、力平衡式传感器等。

（5）按传感器的输出量形式，分为模拟式传感器和数字式传感器。

（6）按转换过程是否可逆，分为双向传感器、单向传感器。

表3.1列出了常用传感器的基本类型。

3.1.3　传感器的性能要求

各种传感器，它们的原理、结构不同，使用环境、条件、目的不同，其技术指标也不尽相

同,但基本要求却是相同的。对传感器的性能要求主要有:

(1)灵敏度高,输入和输出之间应具有较好的线性关系。

(2)噪声小,并且具有抗外部噪声的性能。

(3)滞后、漂移误差小。

(4)动态特性良好。

(5)接入测量系统时,对被测量产生影响小。

(6)功耗小,复现性好,有互换性。

(7)防水及抗腐蚀等性能好,能长期使用。

(8)结构简单,容易维修和校正。

(9)低成本,通用性强。

表3.2为常见传感器的技术指标。

表 3.1　常用传感器的基本类型

类型	名称	变换量	被测量	应用举例	性能指标(参考)
机械式	测力环	力—位移	力	三等标准测力仪	测量范围 $10\sim10^5$ N 示值误差 $\pm(0.3\sim0.5)$%
	弹簧	力—位移	力	弹簧秤	
	波纹管	压力—位移	压力	压力表	测量范围 500 Pa~0.5 MPa
	波登管	压力—位移	压力	压力表	测量范围 0.5 Pa~1 000 MPa
	波纹膜片	压力—位移	压力	压力表	测量范围<500 Pa
	双金属片	温度—位移	温度	温度计	测量范围 0~300℃
电磁及电子式	电位计	位移—电阻	位移	直线电位计	分辨力 0.025~0.05 mm 非线性 0.05%~0.1%
	电阻应变计	变形—电阻	力、位移、应变	应变仪	最小应变 $1\sim2\ \mu\varepsilon$ 最小测力(0.1~1)N
	半导体应变计	变形—电阻	力、加速度	应变仪	
	电容	位移—电容	位移、力	电容测微仪	分辨力 0.025 μm
	电感	位移—自感	位移、力	电感测微仪	分辨力 0.5 μm
	电涡流	位移—自感	位移、测厚	涡流测振仪	测量范围 0~15 mm 分辨力 1 μm
	差动变压器	位移—互感	位移、力	电感比较仪	分辨力 0.5 μm
	压电元件	力—电荷	力、加速度	测力计	分辨力 0.01 N
	压电元件	力—电荷	力、加速度	加速度计	频率 0.1 Hz~20 kHz
	压磁元件	力—磁导率	力、扭矩	测力计	
	热电偶	温度—电势	温度	热电偶温度计	测量范围 0~1 600℃
	霍尔元件	位移—电势	位移	位移传感器	测量范围 0~2 mm 非线性 1%
	热敏电阻	温度—电阻	温度	半导体温度计	测量范围 -10~300℃
	气敏电阻	气体—温度	可燃气体	气敏检测仪	

续表 3.1

类型	名称	变换量	被测量	应用举例	性能指标（参考）
	光敏电阻	光—电阻	开、关量		
	光电池	光—电压		硒光电池	灵敏度 500 μA/lm
	光敏晶体管	光—电流	转速—位移	光电转速仪	最大截止频率 50 kHz
辐射式	红外	热—电	温度、物体有无	红外测温仪	测量范围 $-10\sim1\,300℃$ 分辨力 0.1℃
	X 射线	散射、干涉	测厚、探伤、应力	X 射线应力仪	
	γ 射线	对物质穿透	测厚、探伤	γ 射线测厚仪	
	激光	光被干涉	长度、位移转角	激光测长仪	测距 2 m 分辨力 0.2 μm
	超声	超声波反射穿透	厚度、探伤	超声测厚仪	测量范围 4~40 mm 测量精度±0.25 mm
	β 射线	穿透作用	厚度、成分分析		
流体式	气动	尺寸—压力	尺寸、物体大小	气动量仪	可测最小直径 0.05~0.076 mm
	气动	间隙—压力	距离	气动量仪	测量间隙 6 mm 分辨力 0.025 mm
	液体	压力平衡	压力	活塞压力计	测量精度 0.02%~0.2%
	液体	液体静压变化	流量	节流式流量计	
	液体	流体阻力变化	流量	转子式流量计	

表 3.2　传感器的技术指标

基本参数指标	环境参数指标	可靠性指标	其他指标
量程指标： 量程范围、过载能力等 **灵敏度指标：** 灵敏度、分辨力、满量程输出、输入输出阻抗等 **精度有关指标：** 精度、误差、线性、滞后、重复性、灵敏度误差、稳定性等 **动态性能指标：** 固有频率、阻尼比、时间常数、频率响应范围、频率特性、临界频率、临界速度、稳定时间、过冲量、稳态误差等	**温度指标：** 工作温度范围、温度误差、温度漂移、温度系数、热滞后等 **抗冲振指标：** 允许各向抗冲振的频率、振幅及加速度、冲振所引入的误差等 **其他环境参数：** 抗潮湿、抗介质腐蚀能力、抗电磁干扰能力等	工作寿命、平均无故障时间、保险期、疲劳性能、绝缘电阻、耐压及抗飞弧等	**使用有关指标：** 供电方式（直流、交流、频率及波形等）、功率、各项分布参数值、电压范围与稳定度等 **结构方面指标：** 外形尺寸、重量、壳体材质、结构特点等 **安装连接方面指标：** 安装方式、馈线电缆等

3.2 电阻式传感器

电阻式传感器是将被测量的变化转换成电阻变化的传感器。它的种类繁多,应用广泛,按其工作原理又可分为电阻应变式传感器、压阻式传感器和变阻式传感器三类。

3.2.1 电阻应变式传感器

电阻应变式传感器是基于测量物体受力变形所产生应变的一种传感器,最常用的为电阻应变片。将电阻应变片粘贴在被测试件表面或各种弹性敏感元件上,可构成测量位移、加速度、力、力矩、压力等各种参数的电阻应变式传感器。

电阻应变式传感器具有以下特点:

(1) 精度高,测量范围广。

(2) 使用寿命长,性能稳定可靠。

(3) 结构简单,体积小,重量轻。

(4) 频率响应较好,既可用于静态测量又可用于动态测量。

(5) 价格低廉,品种多样,便于选择和大量使用。

1) 电阻应变式传感器的工作原理

(1) 金属的电阻应变效应

电阻应变式传感器的工作原理是基于电阻应变效应。所谓电阻应变效应是指金属导体在外力作用下发生机械变形时,其电阻值随着它所受机械变形的变化而发生变化的现象。

若金属丝的长度为 L,截面积为 A,电阻率为 ρ,其未受力时的电阻为 R,则

$$R = \rho \frac{L}{A} \tag{3.1}$$

如果金属丝沿轴向方向受拉力而变形,其长度 L 变化 dL,截面积 A 变化 dA,电阻率 ρ 变化 $d\rho$,因而引起电阻 R 变化 dR。将式(3.1)微分,整理可得

$$\frac{dR}{R} = \frac{dL}{L} - \frac{dA}{A} + \frac{d\rho}{\rho} \tag{3.2}$$

若导体的截面为圆形,则 $A = \pi r^2$

所以

$$\frac{dA}{A} = 2\frac{dr}{r} \tag{3.3}$$

式中 $dL/L = \varepsilon$ 为金属丝轴向相对伸长,称为轴向应变,即单位长度上的变化量;而 dr/r 则为电阻丝径向相对伸长,称为径向应变,当导体纵向伸长时,其径向必然缩小,两者之比即为金属丝材料的泊松比 μ,即

$$\frac{\mathrm{d}r}{r} = -\mu\frac{\mathrm{d}L}{L} = -\mu\varepsilon \tag{3.4}$$

负号表示变形方向相反。

将式(3.4)代入式(3.3),得

$$\frac{\mathrm{d}A}{A} = -2\mu\varepsilon \tag{3.5}$$

将式(3.5)代入式(3.2),并整理得

$$\frac{\mathrm{d}R}{R} = (1+2\mu)\varepsilon + \frac{\mathrm{d}\rho}{\rho} \tag{3.6}$$

或

$$S_0 = \frac{\mathrm{d}R/R}{\varepsilon} = (1+2\mu) + \frac{\mathrm{d}\rho/\rho}{\varepsilon} \tag{3.7}$$

S_0 称为金属丝的灵敏度,其物理意义是单位应变所引起的电阻相对变化。

由式(3.7)可以明显看出,金属材料的灵敏度受两个因素影响:一个是受力后材料的几何尺寸变化所引起的,即$(1+2\mu)$项;另一个是受力后材料的电阻率变化所引起的,即$(\mathrm{d}\rho/\rho)/\varepsilon$项。对于金属材料,$(\mathrm{d}\rho/\rho)/\varepsilon$项比$(1+2\mu)$项小得多。大量实验表明,在电阻丝拉伸比例极限范围内,电阻的相对变化与其所受的轴向应变是成正比的,即S_0为常数,因而式(3.7)也可以写成

$$\mathrm{d}R/R = S_0\varepsilon \tag{3.8}$$

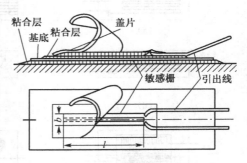

图 3.1 应变片的基本结构

通常金属电阻丝的$S_0=1.7\sim3.6$。

(2) 电阻应变片的基本结构及测量原理

金属丝电阻应变片由四个基本部分组成:敏感栅、基底和盖层、粘结剂、引线,如图 3.1 所示。其中敏感栅是应变片最重要的部分,一般采用直径为 0.01~0.05 mm 的金属丝制成。为了获得高的电阻值,将金属丝排列成栅状,称为敏感栅,并粘贴在绝缘的基底上。电阻丝的两端焊接引线。敏感栅上面粘贴有保护作用的覆盖层。l 称为栅长(标距),b 称为栅宽(基宽),$b\times l$ 称为应变片的使用面积。应变片的规格一般以使用面积和电阻值表示,如 $3\times20\ \mathrm{mm}^2$,120Ω。

应变式传感器是将应变片粘贴于弹性体表面或者直接将应变片粘贴于被测试件上。弹性体或试件的变形通过基底和粘结剂传递给敏感栅,其电阻值发生相应的变化,通过转换电路转换为电压或电流的变化,即可测量应变。若通过弹性体或试件把位移、力、力矩、加速度、压力等物理量转换成应变,则可测量上述各量,进而做成各种应变式传感器。

2) 电阻应变片的分类

金属电阻应变片可分为金属丝式、金属箔式和金属薄膜式三种。

金属丝式电阻应变片有回线式和短接式两种。图 3.2(a)、(c)、(d)、(i)、(j)所示为回线

式应变片,它制作简单、性能稳定、成本低、易粘贴,但因圆弧部分参与变形,横向效应较大。图 3.2(b)为短接式应变片,它的敏感栅平行排列,两端用直径比栅线直径大 5～10 倍的镀银丝短接而成,其优点是克服了横向效应。丝式应变片敏感栅常用的材料有康铜、镍铬合金、镍铬铝合金,以及铂、铂钨合金等。

金属箔式应变片是利用照相制版或光刻技术,将厚约为 0.003～0.01 mm 的金属箔片制成敏感栅,如图 3.2(f)、(g)、(k)、(l)所示。箔式应变片具有如下优点:①可制成多种复杂形状、尺寸准确的敏感栅,其栅长最小可做到 0.2 mm,以适应不同的测量要求;②横向效应小;③散热条件好,允许电流大,提高了输出灵敏度;④蠕变和机械滞后小,疲劳寿命长;⑤生产效率高,便于实现自动化生产。金属箔的材料常用康铜和镍铬合金等。

金属薄膜式应变片是采用真空镀膜(如蒸发或沉积等)方式将金属材料在基底材料(如表面有绝缘层的金属、有机绝缘材料或玻璃、石英、云母等无机材料)上制成一层很薄的敏感电阻膜(膜厚在 0.1 μm 以下)而构成的一种应变片。它的优点是灵敏度高,允许电流密度大,工作范围广,可达 $-197～317℃$。

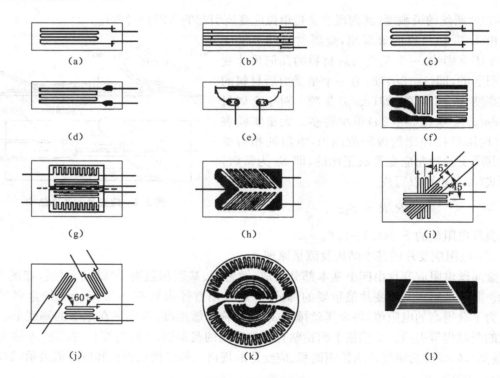

图 3.2 常用应变片

3)电阻应变片的应用

如图 3.3 所示,电阻应变片在使用时通常将其接入测量电桥,以便将电阻的变化转换成电压量输出。

电阻应变式传感器有以下两种应用方式。

(1)直接用应变片来测定结构的应变或应力

为了研究机械、建筑、桥梁等结构的某些部位或所有部位工作状态下的受力变形情况,

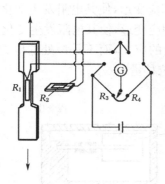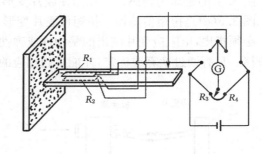

图 3.3　应变片的测量电桥

可以将不同形状的应变片贴在结构的预定部位上,直接测得这些部位的拉应力、压应力、扭矩及弯矩等,为结构设计、应力校核或构件破坏的预测及机器设备的故障诊断提供实验数据或诊断信息。图 3.4 给出了几种实际应用的例子。图 3.4(a)为齿轮轮齿弯矩的测量;图 3.4(b)为飞机机身应力测定;图 3.4(c)为液压机立柱应力测定;图 3.4(d)为桥梁构件应力测定。

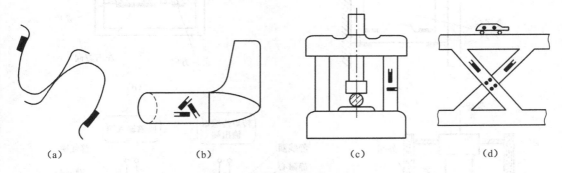

|　（a）　|　（b）　|　（c）　|　（d）　|

图 3.4　构件应力测定的应用实例

（2）将应变片贴于弹性元件上制成多种用途的应变式传感器

用应变片贴于弹性元件上制成的传感器可测量各种能使弹性元件产生应变的物理量,如力、压力、流量、位移、加速度等。因为这时被测的物理量使弹性元件产生与之成正比的应变,这个应变再由应变片转换成其自身电阻的变化。根据电阻应变效应可知,应变片电阻的相对变化与应变片所感受的应变成比例,从而通过电阻与应变、应变与被测量的关系即可测得被测物理量的大小。图 3.5 给出了几种典型的应变式传感器的例子。

图 3.5(a)是位移传感器。位移 x 使板弹簧产生与之成比例的弹性变形,板上的应变片感受板的应变并将其转换成电阻的变化量。

图 3.5(b)是加速度传感器。它由质量块 M、悬臂梁、基座组成。当外壳与被测振动体一起振动时,质量块 M 的惯性力作用在悬臂梁上,梁的应变与振动体（即外壳）的加速度在一定频率范围内成正比,贴在梁上的应变片把应变转换成为电阻的变化。

图 3.5(c)是质量传感器。质量引起金属盒的弹性变形,贴在盒上的应变片也随之变形,从而引起其电阻变化。

图 3.5(d)是压力传感器。压力使膜片变形,应变片也相应变形,使其电阻发生变化。

图 3.5(e)是扭矩传感器。扭矩使膜片变形,应变片也相应变形,使其电阻发生变化。

必须指出,电阻应变片测出的是构件或弹性元件上某处的应变,而不是该处的应力、力或位移。只有通过换算或标定,才能得到相应的应力、力或位移量。

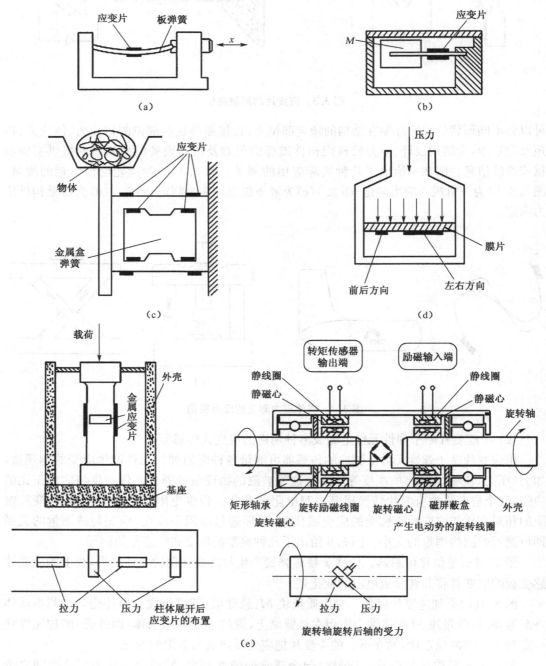

图 3.5 应变式传感器应用实例

3.2.2 压阻式传感器

1) 基本工作原理

半导体材料受到应力作用时,其电阻率会发生变化,这种现象称为压阻效应。实际上,任何材料都不同程度地呈现压阻效应,但半导体材料的这种效应特别强。电阻应变效应的分析公式也适用于半导体电阻材料,故仍可用式(3.6)来表达。对于金属材料来说,$d\rho/\rho$ 比较小,但对于半导体材料,$d\rho/\rho \gg (1+2\mu)\varepsilon$,即因机械变形引起的电阻变化可以忽略,电阻的变化率主要是由 $d\rho/\rho$ 引起的,即

$$dR/R = (1+2\mu)\varepsilon + d\rho/\rho \approx d\rho/\rho \tag{3.9}$$

由半导体理论可知:

$$d\rho/\rho = \pi_L \sigma = \pi_L E \varepsilon \tag{3.10}$$

式中:π_L——沿某晶向 L 的压阻系数;

σ——沿某晶向 L 的应力;

E——半导体材料的弹性模量。

则半导体材料的灵敏度 S_0 为

$$S_0 = \frac{dR/R}{\varepsilon} = \pi_L E \tag{3.11}$$

对于半导体硅,$\pi_L = (40 \sim 80) \times 10^{-11}$ m²/N,$E = 1.67 \times 10^{11}$ N/m²,则 $S_0 = \pi_L E = 50 \sim 100$。显然,半导体电阻材料的灵敏度比金属丝的要高 $50 \sim 70$ 倍。

最常用的半导体电阻材料有硅和锗,掺入杂质可形成 P 型或 N 型半导体。由于半导体(如单晶硅)是各向异性材料,因此它的压阻效应不仅与掺杂浓度、温度和材料类型有关,还与晶向有关(即对晶体的不同方向上施加力时,其电阻的变化方式不同)。

2) 压阻式传感器的类型与特点

压阻式传感器有两种类型:一类是利用半导体材料的体电阻制成粘贴式的应变片,做成半导体应变式传感器,其使用方法与电阻应变片类似;另一类是在半导体材料的基片上用集成电路工艺制成扩散电阻,作为测量传感元件,亦称扩散型压阻式传感器,或固态压阻式传感器。固态压阻式传感器主要用于测量压力和加速度等物理量。

压阻式传感器的优点:①灵敏度非常高,有时传感器的输出不需放大可直接用于测量;②分辨力高,例如测量压力时可测出 $10 \sim 20$ Pa 的微压;③测量元件的有效面积可做得很小,故频率响应高;④可测量低频加速度和直线加速度。其主要的缺点是温度稳定性差,测量较大应变时非线性严重,批量生产时性能分散度大。

3.2.3 变阻式传感器

1) 变阻式传感器的结构及分类

变阻式传感器又称为电位器式传感器,如图 3.6 所示。它们是由电阻元件及电刷(活动

触点)两个基本部分组成的。电刷相对于电阻元件的运动可以是直线运动、转动和螺旋运动,因而可以将直线位移或角位移转换为与其成一定函数关系的电阻或电压输出。

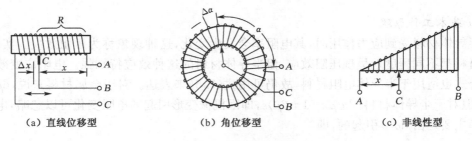

（a）直线位移型　　　　　　（b）角位移型　　　　　　（c）非线性型

图 3.6　变阻式传感器的工作原理

利用电位器作为传感元件可制成各种电位器式传感器,除可以测量线位移或角位移外,还可以测量一切可以转换为位移的其他物理量,如压力、加速度等。

电位器的优点:①结构简单、尺寸小、重量轻、价格低廉且性能稳定;②受环境因素(如温度、湿度、电磁场干扰等)影响小;③可以实现输出—输入间任意函数关系;④输出信号大,一般不需放大。它的缺点是:因为存在电刷与线圈或电阻膜之间的摩擦,因此需要较大的输入能量;由于磨损不仅影响使用寿命和降低可靠性,而且会降低测量精度,分辨力较低;动态响应较差,适合于测量变化较缓慢的量。

按其结构形式不同,可分为线绕式、薄膜式、光电式等,在线绕电位器中又有单圈式和多圈式两种;按其特性曲线不同,则可分为线性电位器和非线性(函数)电位器。

2)变阻式传感器的原理与特性

由式(3.1)可知,如果电阻丝直径与材质一定时,则电阻 R 随导线长度 L 而变化。变阻式传感器就是根据这种原理制成的。

图 3.6(a)为直线位移型,当被测位移变化时,触点 C 沿电位器移动。如果移至 x,则 C 点与 A 点之间的电阻为

$$R = K_l x \tag{3.12}$$

式中: K_l ——单位长度的电阻,当导线材质分布均匀时是一常数。这种传感器的输出(电阻)与输入(位移)呈线性关系。

传感器的灵敏度为

$$S = \frac{\mathrm{d}R}{\mathrm{d}x} = K_l \tag{3.13}$$

图 3.6(b)为回转型变阻器式传感器,其电阻值随转角而变化,故为角位移型。传感器的灵敏度为

$$S = \frac{\mathrm{d}R}{\mathrm{d}\alpha} = K_\alpha \tag{3.14}$$

式中：K_α——单位弧度对应的电阻值，当导线材质分布均匀时，K_α = 常数；

　　α——转角（rad）。

图 3.7 为线性电阻器的电阻分压电路，负载电阻为 R_L，电位器长度为 l，总电阻为 R，电刷位移为 x，相应的电阻为 R_x，电源电压为 U，输出电压 U_0 为

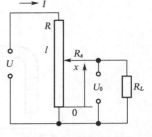

$$U_0 = \frac{U}{\dfrac{l}{x} + \left(\dfrac{R}{R_L}\right)\left(1 - \dfrac{x}{l}\right)} \qquad (3.15)$$

图 3.7　电阻分压电路

当 $R_L \to \infty$ 时，电压输出 U_0 为

$$U_0 = \frac{U}{l}x = S_u x \qquad (3.16)$$

式中：S_u——电位器的电压灵敏度。

由式（3.15）可以看到：当电位器输出端接有输出电阻时，输出电压与电刷位移并不是完全的线性关系。只有 $R_L \to \infty$ 时，S_u 为常数，输出电压与电刷位移呈直线关系，线性电位器的理想空载特性曲线是一条严格的直线。

非线性电位器又称函数电位器，如图 3.6(c)所示。它是输出电阻（或电压）与滑动触头位移（包括线位移或角位移）之间具有非线性函数关系的一种电位器，即 $R_x = f(x)$，它可以是指数函数、三角函数、对数函数等各种特定函数，也可以是其他任意函数。非线性电位器可以应用于测量控制系统、解算装置以及对传感器的非线性进行补偿等。例如，若输入量为 $f(x) = Rx^2$，则为了得到输出的电阻值 $R(x)$ 与输入量 $f(x)$ 呈线性关系，电位计的骨架应采用三角形；若输入量为 $f(x) = Rx^3$，则电位计的骨架应采用抛物线形。

3.3　电感式传感器

电感式传感器是把被测量（如位移等）转换为电感量变化的一种传感器。它的工作原理是基于电磁感应原理。按照转换方式的不同，可分为自感型（包括可变磁阻式与涡流式）和互感型（差动变压器式）两种。

3.3.1　自感型传感器

1）可变磁阻式传感器

可变磁阻式传感器的结构原理如图 3.8 所示，它由线圈、铁芯及衔铁组成。在铁芯和衔铁之间有空气隙 δ。由电工学可知，线圈自感量 L 为

$$L = W^2/R_m \qquad (3.17)$$

式中：W——线圈匝数；

     R_m——磁路总磁阻。

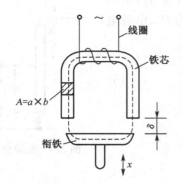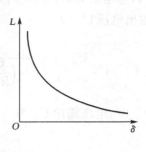

图 3.8　可变磁阻式传感器

当空气隙 δ 较小，而且不考虑磁路的铁损时，则磁路总磁阻为

$$R_m = \frac{l}{\mu A} + \frac{2\delta}{\mu_0 A_0} \tag{3.18}$$

式中：l——导磁体（铁芯）的长度（m）；

    μ——铁芯磁导率（H/m）；

    A——铁芯导磁横截面积（m^2），$A = a \times b$；

    δ——空气隙长度（m）；

    μ_0——空气磁导率，$\mu_0 = 4\pi \times 10^{-7}$（H/m）；

    A_0——空气隙导磁横截面积（m^2）。

通常铁芯的磁阻远小于空气隙的磁阻，所以

$$R_m \approx \frac{2\delta}{\mu_0 A_0} \tag{3.19}$$

将式（3.19）代入式（3.17），得

$$L = \frac{W^2 \mu_0 A_0}{2\delta} \tag{3.20}$$

式（3.20）为可变磁阻式自感型传感器的工作原理表达式。它表明空气隙长度和面积是改变磁阻，从而改变自感 L 的主要因素。被测量只要能够改变空气隙长度或面积，就能达到将被测量的变化转换成自感变化的目的，由此也就构成了变气隙式和变导磁面积式两种自感型电感传感器。

图 3.9(a)是变气隙式电感传感器。W、μ_0、A_0 都不变，变化 δ 时，L 与 δ 呈非线性（双曲线）关系，此时，传感器的灵敏度为

$$S = \frac{\mathrm{d}L}{\mathrm{d}\delta} = -\frac{W^2\mu_0 A_0}{2\delta^2} \tag{3.21}$$

灵敏度 S 与气隙长度 δ 的平方成反比，δ 愈小，灵敏度 S 愈高。为了减小非线性误差，在实际应用中，一般取 $\Delta\delta/\delta_0 \leqslant 0.1$。这种传感器量程较小，灵敏度较高，适用于较小位移的测量，一般约为 $0.001\sim1$ mm。

图 3.9(b)是变导磁面积式电感传感器。这时 W、μ_0、δ 都不变。由于磁路的导磁面积 A_0 的变化而使电感发生变化，从而有 ΔL 输出，实现了被测参数到电参量 ΔL 的转换。根据式(3.20)可知，自感 L 与 A_0 呈线性关系，其灵敏度为

$$S = \frac{\mathrm{d}L}{\mathrm{d}A_0} = \frac{W^2\mu_0}{2\delta} = 常数 \tag{3.22}$$

这种传感器量程较大，示值范围较广，但灵敏度较低，适用于较大位移的测量。如将衔铁做成转动式，还可用来测量角位移。

图 3.9(c)是螺管式电感传感器。即在螺线管中插入一个可移动的铁芯构成。工作时，因铁芯在线圈中伸入长度 l 的变化 Δl 引起螺线管电感值的变化 ΔL，由于螺线管中磁场分布的不均匀，Δl 和 ΔL 是非线性的。这种传感器的灵敏度比较低，但由于螺管可以做得较长，故适于测量较大的位移量(数毫米)。

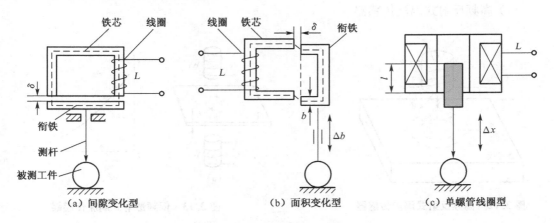

(a) 间隙变化型　　　　　(b) 面积变化型　　　　　(c) 单螺管线圈型

图 3.9　可变磁阻式传感器的典型结构

实际应用中常将两个完全相同的电感传感器线圈与一个共用的活动衔铁结合在一起，构成差动型电感传感器。图 3.10 是变气隙式差动型电感传感器的结构。

衔铁有位移时，可以使两个线圈的间隙按 $\delta_0 + \Delta\delta$，$\delta_0 - \Delta\delta$ 变化。一个线圈自感增加，另一个线圈自感减小。将两线圈接于电桥的相邻桥臂时，其输出灵敏度可提高一倍，并改善了非线性特性。变导磁面积式和螺管式也可以构成差动型结构(见图 3.11)。

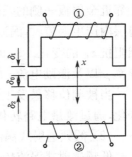

图 3.10　变气隙式差动型电感传感器的结构

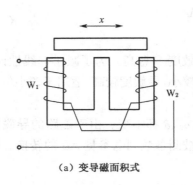

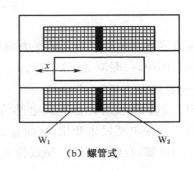

（a）变导磁面积式　　　　　　　　　　　（b）螺管式

图 3.11　变导磁面积式与螺管式差动型电感传感器的结构

2）涡流式电感传感器

涡流式传感器的变换原理是利用金属体在交变磁场中的涡流效应。当金属板置于变化着的磁场中，或者在磁场中运动时，在金属板上产生感应电流，这种电流在金属体内是闭合的，所以称为涡流。涡流的大小与金属板的电阻率 ρ、磁导率 μ、厚度 t 以及金属板与线圈距离、激励电流、角频率等参数有关。若固定其他参数，仅仅改变其中某一参数，就可以根据涡流大小测定该参数。

涡流式电感传感器可分为高频反射式和低频透射式两类。

（1）高频反射式涡流传感器

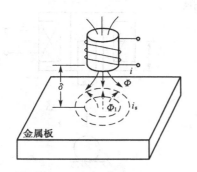

图 3.12　高频反射式涡流传感器

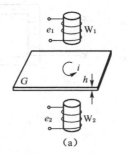

（a）　　　　　　　　　（b）

图 3.13　低频透射式涡流传感器

高频反射式涡流传感器工作原理如图 3.12 所示。高频（数 MHz 以上）激励电流 i 施加于邻近金属板一侧的线圈，由线圈产生的高频电磁场作用于金属板的表面。在金属板表面薄层内产生涡流 i_s，涡流 i_s 又产生反向的磁场，反作用于线圈上，由此引起线圈自感 L 或线圈阻抗 z_L 的变化。z_L 的变化程度取决于线圈至金属板之间的距离 δ、金属板的电阻率 ρ、磁导率 μ 以及激励电流 i 的幅值与角频率 ω 等。

当被测位移量发生变化时，使线圈与金属板的距离发生变化，从而导致线圈阻抗 z_L 的变化，通过测量电路转化为电压输出。高频反射式涡流式传感器常用于位移测量。

（2）低频透射式涡流传感器

低频透射式涡流传感器多用于测定材料厚度，其工作原理如图 3.13（a）所示。发射线圈 W_1 和接收线圈 W_2 分别放在被测材料 G 的上下，低频（音频范围）电压 e_1 加到线圈 W_1

的两端后,在周围空间产生一交变磁场,并在被测材料 G 中产生涡流 i,此涡流损耗了部分能量,使贯穿 W_2 的磁力线减少,从而使 W_2 产生的感应电势 e_2 减小。e_2 的大小与 G 的厚度及材料性质有关,实验与理论证明,e_2 随材料厚度 h 增加按负指数规律减小,如图 3.13(b)所示。因而按 e_2 的变化便可测得材料的厚度。

涡流式电感传感器可用于动态非接触测量,测量范围约为 $0\sim2$ mm,分辨力可达 1 μm。它还具有结构简单、安装方便、灵敏度较高、抗干扰能力较强、不受油污等介质的影响等一系列优点。因此,这种传感器可用于以下几个方面的测量:①利用位移 x 作为变换量,做成测量位移、厚度、振动、转速等的传感器,也可做成接近开关、计数器等;②利用材料电阻率 ρ 作为变换量,可以做成温度测量、材质判别等的传感器;③利用材料磁导率 μ 作为变换量,可以做成测量应力、硬度等的传感器;④利用变换量 μ、ρ、x 的综合影响,可以做成探伤装置。图 3.14 所示是涡流式传感器的工程应用实例。

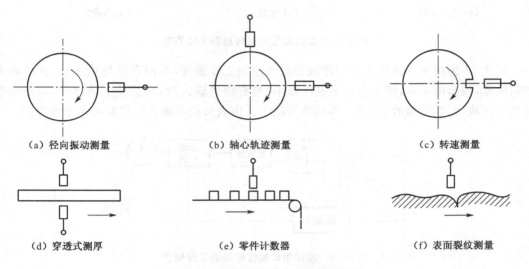

(a) 径向振动测量　　　　　(b) 轴心轨迹测量　　　　　　　(c) 转速测量

(d) 穿透式测厚　　　　　　(e) 零件计数器　　　　　　　(f) 表面裂纹测量

图 3.14　涡流式传感器工程应用实例

3.3.2　互感型(差动变压器式)传感器

互感型传感器是利用电磁感应中的互感现象,将被测位移量转换成线圈互感的变化。它实质上就是一个变压器,其初级线圈接入交流电源,次级线圈为感应线圈,当初级线圈的互感变化时,输出电压将作相应的变化。由于常采用两个次级线圈组成差动式,故又称差动变压器式传感器。实际应用较多的是螺管形差动变压器,其工作原理如图 3.15 所示。传感器由初级线圈 W 和两个参数完全相同的次级线圈 W_1、W_2 组成。线圈中心插入圆柱形铁芯 P,次级线圈 W_1、W_2 反极性串联。当初级线圈 W 加上交流电压时,如果 $e_1=e_2$,则输出电压 $e_0=0$;当铁芯向上运动时,$e_1>e_2$;当铁芯向下运动时,$e_1<e_2$。铁芯偏离中心位置愈大,e_0 愈大,其输出特性如图 3.15(c)所示。

差动变压器式传感器输出的电压是交流量,如用交流电压表指示,则输出值只能反映铁芯位移的大小,而不能反映移动的极性;同时,交流电压输出存在一定的零点残余电压,使活动衔铁位于中间位置时输出也不为零。因此,差动变压器式传感器的后接电路应采用既能反映铁芯位移极性,又能补偿零点残余电压的差动直流输出电路。

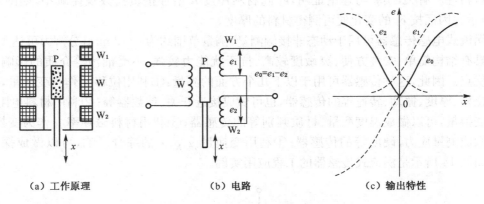

（a）工作原理　　　　　　　（b）电路　　　　　　　（c）输出特性

图 3.15　差动变压器式传感器工作原理

图 3.16 为用于小位移的差动相敏检波电路的工作原理,当没有信号输入时,铁芯处于中间位置,调节电阻 R,使零点残余电压减小;当有信号输入时,铁芯移上或移下,其输出电压经交流放大、相敏检波、滤波后得到直流输出。由表头指示输入位移量的大小和方向。

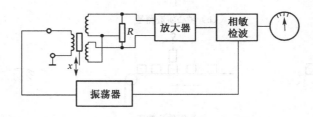

图 3.16　差动相敏检波电路的工作原理

差动变压器式传感器的优点是:测量精度高,可达 $0.1~\mu m$ 量级;线性范围大,可达 $\pm 100~mm$;稳定性好,使用方便。因而,被广泛应用于直线位移,或可能转换为位移变化的压力、重量等参数的测量。

3.3.3　压磁式传感器

压磁式(又称磁弹式)传感器是一种力—电转换传感器,其基本原理是利用某些铁磁材料的压磁效应。

1）压磁效应

铁磁材料在晶格形成过程中形成了磁畴,各个磁畴的磁化强度矢量是随机的。在没有外磁场作用时,各个磁畴互相均衡,材料总的磁场强度为零。当有外磁场作用时,磁畴的磁化强度矢量向外磁场方向转动,材料呈现磁化。当外磁场很强时,各个磁畴的磁场强度矢量都转向与外磁场平行,这时材料呈现饱和现象。

在磁化过程中,各磁畴间的界限发生移动,因而产生机械变形,这种现象称为磁致伸缩效应。

铁磁材料在外力作用下,内部发生变形,使各磁畴之间的界限发生移动,使磁畴磁化强度矢量转动,从而也使材料的磁化强度发生相应的变化。这种应力使铁磁材料的磁性质发生变化的现象称为压磁效应。

铁磁材料的压磁效应的具体内容是:①材料受到压力时,在作用力方向磁导率 μ 减小,而在作用力垂直方向磁导率 μ 略有增大;作用力是拉力时,其效果相反。②作用力取消后,磁导率复原。③铁磁材料的压磁效应还与外磁场有关。为了使磁感应强度与应力之间有单值的函数关系,必须使外磁场强度的数值一定。

2)压磁式传感器工作原理

压磁式传感器是一种无源传感器。它利用铁磁材料的压磁效应,在外力作用时,铁磁材料内部产生应力或者应力变化,引起铁磁材料的磁导率变化。当铁磁材料上绕有线圈时(激励绕组和输出绕组),最终将引起二次线圈阻抗的变化,或线圈间耦合系数的变化,从而使输出电动势发生变化。压磁式传感器的作用过程可表示如下:

$$F \rightarrow \sigma \rightarrow \mu \rightarrow R_m \rightarrow Z \text{ 或 } e$$

式中:R_m——磁路磁阻;

σ——应力;

Z、e——线圈的阻抗、感应电动势,通过相应的测量电路,就可以根据输出的量值来衡量外作用力。

压磁式传感器的工作原理如图 3.17 所示。在压磁材料的中间部分开有四个对称的小孔 1、2、3 和 4,在孔 1、2 间绕有激励绕组 N12,孔 3、4 间绕有输出绕组 N34。当激励绕组中通过交流电流时,铁芯中就会产生磁场。若把孔间空间分成 A、B、C、D 四个区域,在无外力作用的情况下,A、B、C、D 四个区域的磁导率是相同的。这时合磁场强度 H 平行与输出绕组的平面,磁感线不与输出绕组交链,N34 不产生感应电动势,如图 4.14(b)所示。

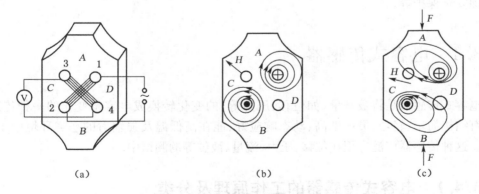

(a)   (b)   (c)

图 3.17 压磁式传感器的工作原理

在压力 F 作用下,如图 3.17(c)所示,A、B 区域将受到一定的应力 σ,而 C、D 区域基本处于自由状态,于是 A、B 区域的磁导率下降、磁阻增大,C、D 区域的磁导率基本不变。这样激励绕组所产生的磁感线将重新分布,部分磁感线绕过 C、D 区域闭合,于是合磁场 H 不再与 N34 平面平行,一部分磁感线与 N34 交链而产生感应电动势 e。F 值越大,与 N34 交链的磁通越多,e 值越大。

3)压磁元件

压磁式传感器的核心是压磁元件,它实际上是一个力-电转换元件。压磁元件常用的材料有硅钢片、坡莫合金和一些铁氧体。坡莫合金是理想的压磁材料,具有很高的相对灵敏度,但价格昂贵;铁氧体也有很高的灵敏度,但由于它较脆而不常采用。最常用的材料是硅钢片。为了减小涡流损耗,压磁元件的铁芯大都采用薄片的铁磁材料叠合而成。冲片形状大致上有四种,如图 3.18 所示。

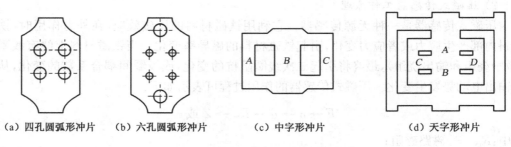

（a）四孔圆弧形冲片　　（b）六孔圆弧形冲片　　（c）中字形冲片　　（d）天字形冲片

图 3.18　冲片形状

4)压磁传感器的应用

图 3.19 所示为压磁式传感器结构一例。它由压磁元件 1、弹性支架 2、传力钢球 3 组成。

压磁式传感器具有输出功率大、抗干扰能力强、过载性能好、结构和电路简单、能在恶劣环境下工作、寿命长等一系列优点。目前,这种传感器已成功地用在冶金、矿山、造纸、印刷、运输等各个工业部门。例如用来测量轧钢的轧制力、钢带的张力、纸张的张力,吊车提物的自动测量、配料的称量、金属切削过程的切削力以及电梯安全保护等。

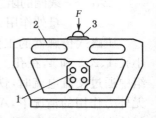

图 3.19　压磁式传感器结构简图

3.4　电容式传感器

电容式传感器是将被测量(如位移、压力等)的变化转换成电容量变化的一种传感器,它具有结构简单、轻巧、灵敏度高、动态响应好、能在高低温及强辐射的恶劣环境中工作等优点。这种传感器广泛应用在位移、压力、流量、液位等的测试中。

3.4.1　电容式传感器的工作原理及分类

由物理学可知,在忽略边缘效应的情况下,平板电容器的电容量为

$$C = \frac{\varepsilon_0 \varepsilon A}{\delta} \tag{3.23}$$

式中：ε_0——真空的介电常数，$\varepsilon_0 = 8.854 \times 10^{-12}$ F/m；

　　ε——极板间介质的相对介电系数，在空气中，$\varepsilon = 1$；

　　A——极板的覆盖面积（m^2）；

　　δ——两平行极板间的距离（m）。

上式表明，当被测量 δ、A 或 ε 发生变化时，都会引起电容的变化。如果保持其中的两个参数不变，而仅改变另一个参数，就可把该参数的变化变换为单一电容量的变化。根据电容器参数变化的特点，电容式传感器可分为极距变化型、面积变化型和介质变化型三类，其中极距变化型和面积变化型应用较广。

1）极距变化型电容式传感器

在电容器中，如果两极板相互覆盖面积及极间介质不变，则电容量与极距 δ 呈非线性关系，如图 3.20 所示。当两极板在被测参数作用下发生位移 $d\delta$，引起的电容变化量为

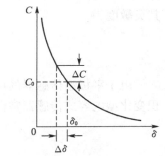

图 3.20　极距变化型电容器

$$dC = -\frac{\varepsilon_0 \varepsilon A}{\delta^2} d\delta \qquad (3.24)$$

由此可得到传感器的灵敏度为

$$S = \frac{dC}{d\delta} = -\frac{\varepsilon_0 \varepsilon A}{\delta^2} = -\frac{C}{\delta} \qquad (3.25)$$

从上式可看出，灵敏度 S 与极距平方成反比，极距愈小，灵敏度愈高。一般通过减小初始极距来提高灵敏度。由于电容量 C 与极距 δ 呈非线性关系，故这将引起非线性误差。为了减小这一误差，通常规定测量范围 $\Delta\delta \ll \delta_0$。一般取极距变化范围为 $\Delta\delta/\delta_0 \approx 0.1$，此时，传感器的灵敏度近似为常数。

实际应用中，为了提高传感器的灵敏度、增大线性工作范围和克服外界条件（如电源电压、环境温度等）的变化对测量精度的影响，常常采用差动型电容式传感器。

2）面积变化型电容式传感器

面积变化型电容式传感器的工作原理是在被测参数的作用下变化极板的有效面积，常用的有角位移型和线位移型两种。

图 3.21 是面积变化型电容式传感器的结构示意图，图 3.21(a)、(b)、(c)为单边式，3.21(d)为差动式（图 3.21(a)、(b)结构亦可做成差动式）。图中 1 为固定极板，2 为可动极板。

图 3.21(a)为平面线位移型电容传感器，当宽度为 b 的动板沿箭头 x 方向移动时，覆盖面积变化，电容量也随之变化，电容量为

$$C = \frac{\varepsilon \varepsilon_0 bx}{\delta} \qquad (3.26)$$

其灵敏度为

$$S = \frac{dC}{dx} = \frac{\varepsilon \varepsilon_0 b}{\delta} = 常数 \qquad (3.27)$$

故输出与输入为线性关系。

图 3.21(b)为角位移型,当动板有一转角时,与定板之间相互覆盖的面积就变化,因而导致电容量变化。当覆盖面积对应的中心角为 α、极板半径为 r 时,覆盖面积为

$$A = \frac{\alpha r^2}{2}$$

电容量为

$$C = \frac{\varepsilon \varepsilon_0 \alpha r^2}{2\delta} \tag{3.28}$$

其灵敏度为

$$S = \frac{\mathrm{d}C}{\mathrm{d}\alpha} = \frac{\varepsilon \varepsilon_0 r^2}{2\delta} = 常数 \tag{3.29}$$

由于平板型传感器的可动极板沿极距方向移动会影响测量精度,因此,一般情况下,面积变化型电容式传感器常做成圆柱形,如图 4.18(c)、(d)。圆筒形电容器的电容为

$$C = \frac{2\pi \varepsilon \varepsilon_0 x}{\ln(r_2/r_1)} \tag{3.30}$$

式中:x——外圆筒与内圆筒覆盖部分长度(m);

r_1、r_2——外圆筒内半径与内圆筒(或内圆柱)外半径,即它们的工作半径(m)。

当覆盖长度 x 变化时,电容量变化,其灵敏度为

$$S = \frac{\mathrm{d}C}{\mathrm{d}x} = \frac{2\pi \varepsilon \varepsilon_0}{\ln(r_2/r_1)} = 常数 \tag{3.31}$$

面积变化型电容传感器的优点是输出与输入呈线性关系,但与极距变化型相比,灵敏度较低,适用于较大角位移及直线位移的测量。

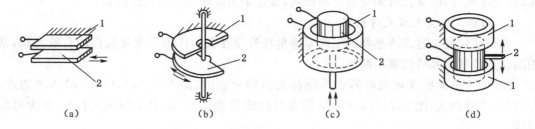

图 3.21　面积变化型电容传感器

3)介电常数变化型电容式传感器

介电常数变化型电容式传感器的结构原理如图 3.22 所示。这种传感器大多用于测量电介质的厚度(图 3.22(a))、位移(图 3.22(b))、液位(图 3.22(c)),还可根据极板间介质的介电常数随温度、湿度、容量改变而改变来测量温度、湿度、容量(图 3.22(d))等。

若忽略边缘效应,图 3.22(a)、(b)、(c)所示传感器的电容量与被测量的关系为

$$C = \frac{lb}{(\delta - \delta_x)/\varepsilon_0 + \delta_x/\varepsilon} \tag{3.32}$$

$$C = \frac{ba_x}{(\delta - \delta_x)/\varepsilon_0 + \delta_x/\varepsilon} + \frac{b(l - a_x)}{\delta/\varepsilon_0} \tag{3.33}$$

$$C = \frac{2\pi\varepsilon_0 h}{\ln(r_2/r_1)} + \frac{2\pi(\varepsilon - \varepsilon_0)h_x}{\ln(r_2/r_1)} \tag{3.34}$$

式中：δ、h、ε_0——两固定极板间的距离、极间高度及间隙中空气的介电常数；

　　　δ_x、h_x、ε——被测物的厚度、被测液面高度和它的介电常数；

　　　l、b、a_x——固定极板长、宽及被测物进入两极板中的长度（被测值）；

　　　r_1、r_2——内、外极筒的工作半径。

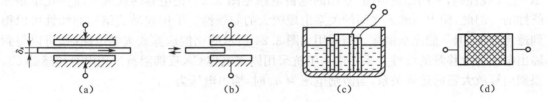

图 3.22　介电常数变化型电容传感器

上述测量方法中，若电极间存在导电介质时，电极表面应涂盖绝缘层（如涂 0.1 mm 厚的聚四氟乙烯等），防止电极间短路。

3.4.2　电容式传感器的特点

1) 主要优点

(1) 输入能量小而灵敏度高。极距变化型电容式传感器只需很小的能量就能改变电容极板的位置，如在一对直径为 1.27 cm 圆形电容极板上施加 10 V 电压，极板间隙为 2.54×10^{-3} cm，只需 3×10^{-5} N 的力就能使极板产生位移。因此电容传感器可以测量很小的力、振动加速度，而且很灵敏。精度高达 0.01% 的电容式传感器已有商品出现，如一种 250 mm 量程的电容式位移传感器，精度可达 5 μm。

(2) 电参量相对变化大。电容式压力传感器电容的相对变化 $\Delta C/C \geqslant 100\%$，有的甚至可达 200%，这说明传感器的信噪比大，稳定性好。

(3) 动态特性好。电容式传感器活动零件少，而且质量很小，本身具有很高的自振频率，加之供给电源的载波频率很高，因此电容式传感器适合于动态参数的测量。

(4) 能量损耗小。电容式传感器的工作是变化极板的间距或面积，而电容变化并不产生热量。

(5) 结构简单，适应性好。电容式传感器主要结构是两块金属极板和绝缘层，结构很简单，在振动、辐射环境下仍能可靠地工作，如采用冷却措施，还可在高温条件下使用。

2）主要缺点

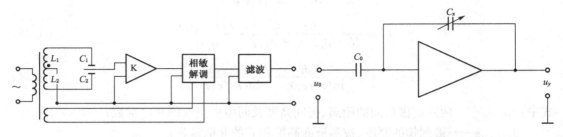

图 3.23　电容传感器的电桥电路　　　　　　图 3.24　比例运算放大器线路

（1）非线性大。如前所述，对于极距变化型电容传感器，从机械位移 $\Delta\delta$ 变为电容变化 ΔC 是非线性的，利用测量电路（常用的电桥电路见图 3.23）把电容转换成电压变化也是非线性的。因此，输出与输入之间的关系出现较大的非线性。采用差动式结构非线性可以得到适当改善，但不能完全消除。当采用如图 3.24 所示的比例运算放大器电路时，可以得到输出电压与位移量的线性关系。输入阻抗采用固定电容 C_0，反馈阻抗采用电容传感器 C_x，根据运算放大器的运算关系，当激励电压为 u_0 时，输出电压为

$$u_y = -u_0 \frac{C_0}{C_x} \tag{3.35}$$

所以

$$u_y = -u_0 \frac{C_0 \delta}{\varepsilon_0 \varepsilon S} \tag{3.36}$$

由此式可知，输出电压 u_y 与电容传感器间隙 δ 呈线性关系。这种电路常用于位移测量传感器。

（2）电缆分布电容影响大。传感器两极板之间的电容很小，仅几十个 pF，小的甚至只有几个 pF。而传感器与电子仪器之间的连接电缆却具有很大的电容，如屏蔽线的电容最小的 1 m 也有几个 pF，最大的可达上百个 pF。这不仅使传感器的电容相对变化大大降低，灵敏度也降低，更严重的是电缆本身放置的位置和形状不同，或因振动等原因，都会引起电缆本身电容的较大变化，使输出不真实，给测量带来误差。解决的办法，一种是利用集成电路，使放大测量电路小型化，把它放在传感器内部，这样传输导线输出的是直流电压信号，不受分布电容的影响；另一种是采用双屏蔽传输电缆，适当降低分布电容的影响。由于电缆分布电容对传感器的影响，使电容式传感器的应用受到一定的限制。

3.4.3　电容式传感器的应用举例

1）电容式测厚仪

图 3.25 为测量金属带材在轧制过程中厚度的电容式测厚仪工作原理。工作极板与带材之间形成两个电容，即 C_1、C_2，其总电容为 $C = C_1 + C_2$。当金属带材在轧制中厚度发生变化时，将引起电容量的变化。通过检测电路可以反映这个变化，并转换和显示出带材的厚度。

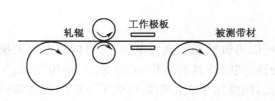

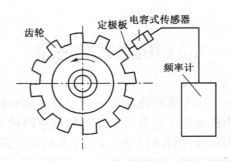

图 3.25　电容式测厚仪工作原理　　　图3.26　电容式转速传感器的工作原理

2）电容式转速传感器

电容式转速传感器的工作原理如图 3.26 所示,图中齿轮外沿面为电容器的动极板,当电容器定极板与齿顶相对时电容量最大,而与齿隙相对时电容量最小。当齿轮转动时,电容量发生周期性变化,通过测量电路转换为脉冲信号,则频率计显示的频率代表转速大小。设齿数为 z,频率为 f,则转速为

$$n = \frac{60f}{z} \tag{3.37}$$

3）电容式位移传感器

图 3.27 为电容传感器用于振动位移或微小位移测量的例子。用于测量金属导体表面振动位移的电容传感器只含有一个电极,而把被测对象作为另一个电极使用。图 3.27(a)是测量振动体的振动;图 3.27(b)是测量转轴回转精度,利用垂直安放的两个电容式位移传感器,可测出回转轴轴心的动态偏摆情况。这两例所示电容传感器都是极距变化型的。

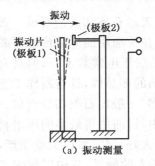

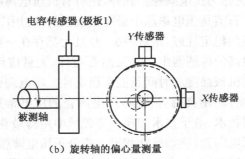

　（a）振动测量　　　　　　　　（b）旋转轴的偏心量测量

图 3.27　电容式位移传感器工作原理

4）电容式液位传感器

图 3.28 是一种用于测量液位的介质变化型电容传感器。

目前,电容式传感器已广泛应用于位移、振动、角度、速度、压力、转速、流量、液位、料位以及成分分析等方面的测量。

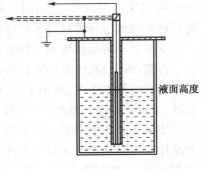

图 3.28　电容式液位传感器

3.5 压电式传感器

压电式传感器是一种可逆型换能器,既可以将机械能转换为电能,又可以将电能转换为机械能。它具有自发电和可逆两种重要特性,同时还具有体积小、重量轻、结构简单、工作可靠、固有频率高、灵敏度和信噪比高等优点,因此压电式传感器得到了飞跃的发展和广泛的应用。在测试技术中,压电转换元件是一种典型的力敏元件,能测量最终可变换成力的那些物理量,如力、压力、加速度、机械冲击和振动等,因此压电式传感器在机械、声学、力学、医学和宇航等领域都得到了广泛的应用。

压电式传感器的工作原理是基于某些物质的压电效应。

3.5.1 压电效应与压电材料

某些物质,当沿着一定方向对其加力而使其变形时,在一定表面上将产生电荷,当外力去掉后,又重新回到不带电状态,这种现象称为压电效应。相反,如果在这些物质的极化方向施加电场,这些物质就在一定方向上产生机械变形或机械应力,当外电场撤去时,这些变形或应力也随之消失,这种现象称为逆压电效应,或称为电致伸缩效应。

明显呈现压电效应的敏感功能材料叫压电材料。常用的压电材料有两大类:一种是压电单晶体,如石英、酒石酸钾钠等;另一种是多晶压电陶瓷,如钛酸钡、锆钛酸铅、铌镁酸铅等,又称为压电陶瓷。此外,还有有机压电薄膜。

石英是压电单晶中最有代表性的,应用广泛。石英晶体有天然石英和人造石英。天然石英的稳定性好,但资源少,并且大都存在一些缺陷,一般只用在校准用的标准传感器或精度很高的传感器中。除天然石英外,大量应用人造石英。石英的压电常数不高,但具有较好的机械强度和时间及温度稳定性。压电陶瓷是通过高温烧结的多晶体,具有制作工艺方便、耐湿、耐高温等优点,压电陶瓷的压电常数比单晶体高得多,一般比石英高数百倍。在检测技术、电子技术和超声等领域中用得最普遍,在压电元件中,目前用得最多的压电材料是压电陶瓷,例如锆钛酸铅。高分子压电薄膜的压电特性并不太好,但它可以大量生产,而且具有面积大、柔软、不易破碎等优点,可用于微压测量和机器人的触觉,其中以聚偏二氟乙烯(PVDF)最为著名。聚偏二氟乙烯(PVDF)作为一种新型的高分子物性型传感材料,自1972 年首次应用以来,已研制了多种用途的传感器,如压力、加速度、温度、声和无损检测,尤其在生物医学领域获得了广泛的应用。

下面以石英晶体为例,说明压电效应的机理。

石英(SiO_2)晶体结晶形状为六角形晶柱,如图 3.29(a)所示。两端为一对称的棱锥,六棱柱是它的基本组织,纵轴 $z-z$ 称作光轴,通过六角棱线而垂直于光轴的轴线 $x-x$ 称作电轴,垂直于棱面的轴线 $y-y$ 称作机械轴,如图 3.29(b)所示。

如果从晶体中切下一个平行六面体,并使其晶面分别平行于 $z-z$、$y-y$、$x-x$ 轴线,这个晶片在正常状态下不呈现电性。当施加外力时,将沿 $x-x$ 方向形成电场,其电荷分布在垂直于 $x-x$ 轴的平面上,如图 3.30 所示。沿 x 轴方向加力产生纵向压电效应,沿 y 轴加

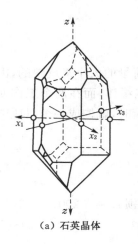

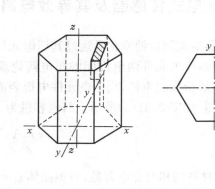

（a）石英晶体　　　　　　　　　　　　　　　（b）石英晶体的晶轴

图 3.29 石英晶体

力产生横向压电效应,沿相对两平面加力产生切向压电效应。

实验证明,压电体表面积聚的电荷与作用力成正比。若沿单一晶轴 $x-x$ 方向加力 F,则在垂直于 $x-x$ 方向的压电体表面上积聚的电荷量为

$$Q = d_c F$$

式中:Q——电荷量;

　　d_c——压电常数,与材质和切片方向有关;

　　F——作用力。

若压电体受到多方向的力,压电体各表面都会积聚电荷。每个表面上的电荷量不仅与作用于该面上的垂直力有关,而且还与压电体其他面上所受的力有关。

总之,石英等单晶体材料是各向异性的物体,在 x 轴或 y 轴方向施力时,在与 x 轴垂直的面上产生电荷,电场方向与 x 轴平行;在 z 轴方向施力时,不能产生压电效应。

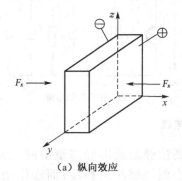

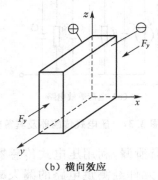

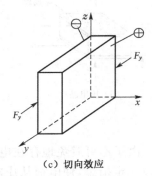

（a）纵向效应　　　　　　　　　　（b）横向效应　　　　　　　　　（c）切向效应

图 3.30 压电效应模型

3.5.2　压电式传感器及其等效电路

压电式传感器对被测量的变化是通过其压电元件产生电荷量的大小来反映的,因此它相当于一个电荷源,压电元件两电极间的压电陶瓷或石英为绝缘体,而在两个工作面上进行金属蒸镀,可形成金属膜电极,当压电元件电极表面聚集电荷时,就构成一个以压电材料为电介质的电容器,如图 3.31(a)所示。其电容量为

$$C_a = \frac{\varepsilon_r \varepsilon_0 A}{\delta} \tag{3.38}$$

式中:ε_r——压电材料的相对介电常数,石英晶体 $\varepsilon_r = 4.5$,钛酸钡 $\varepsilon_r = 1\,200$;

$\quad\quad \varepsilon_0$——真空的介电常数,$\varepsilon_0 = 8.854 \times 10^{-12}$ F/m;

$\quad\quad \delta$——极板间距,即压电元件厚度(m);

$\quad\quad A$——压电元件工作面面积(m^2)。

压电式传感器是一个具有一定电容的电荷源。当压电元件受外力作用时,两表面产生等量的正、负电荷 Q,压电元件的开路电压(负载电阻为无穷大)U 为

$$U = \frac{Q}{C_a} \tag{3.39}$$

这样可把压电元件等效为一个电荷源 Q 和一个电容器 C_a 并联的等效电路,见图 3.31(b)的点画线框;同时也可等效为一个电压源 U 和一个电容器 C_a 串联的等效电路,见图 3.31(c)的点画线框。其中 R_a 为压电元件的漏电阻。工作时,压电元件与二次仪表配套使用必定与测量电路相连接,这就要考虑连接电缆电容 C_c、放大器的输入电阻 R_i 和输入电容 C_i。图 3.31 表示出压电测试系统完整的等效电路,图中两种电路只是表示方式不同,它们的工作原理是相同的。

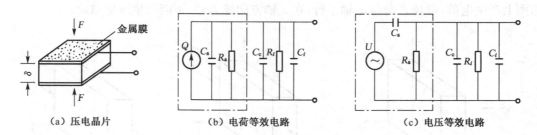

（a）压电晶片　　　　（b）电荷等效电路　　　　（c）电压等效电路

图 3.31　压电式传感器及其等效电路

由于不可避免地存在电荷泄漏,利用压电式传感器测量静态或准静态量值时,必须采取一定措施,使电荷从压电元件经测量电路的漏失减小到足够小的程度;而在作动态测量时,电荷可以不断补充,从而供给测量电路一定的电流,故压电式传感器适宜作动态测量。

3.5.3 压电元件常用的结构形式

在实际使用中,如仅用单片压电元件工作的话,要产生足够的表面电荷就要很大的作用力,因此一般采用两片或两片以上压电元件组合在一起使用。由于压电元件是有极性的,因此连接方法有两种:并联和串联。图 3.32(a)为并联连接,两压电元件的负极集中在中间极板上,正极在上下两边并连接在一起,此时电容量大,输出电荷量大,适用于测量缓变信号和以电荷为输出的场合;图 3.32(b)为串联连接,上极板为正极,下极板为负极,在中间是一元件的负极与另一元件的正极相连接,此时传感器本身电容小,输出电压大,适用于要求以电压为输出的场合,并要求测量电路有高的输入阻抗。

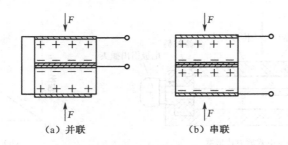

(a)并联   (b)串联

图 3.32   压电元件的并联与串联

压电元件在传感器中,必须有一定的预紧力,以保证作用力变化时压电元件始终受到压力。其次是保证压电元件与作用力之间的全面均匀接触,获得输出电压(或电荷)与作用力的线性关系。但预紧力也不能太大,否则会影响其灵敏度。

3.5.4 测量电路

压电式传感器的输出电信号是很微弱的电荷,而且传感器本身有很大的内阻,故输出能量甚微,输出阻抗很高,给后接电路带来困难。通常把传感器信号先输入到高输入阻抗,低输出阻抗的前置放大器,进行阻抗变换,然后再用一般的放大、检波电路将信号输出。

前置放大器的主要作用有两点:一是将传感器的高阻抗输出变换为低阻抗输出;二是放大传感器输出的微弱电信号。

前置放大器电路有两种形式:一种是带电阻反馈的电压放大器,其输出电压与输入电压(即传感器的输出)成正比;另一种是带电容反馈的电荷放大器,其输出电压与输入电荷成正比。电压放大器与电荷放大器相比,电路简单,价格便宜。但是,连接传感器与放大器的电缆分布电容对测量结果影响很大,因为整个测量系统对电缆分布电容的变化很敏感,连接电缆的长度和形态变化都会导致输出电压的变化,从而使仪器的灵敏度发生变化。所以在许多场合限制了它的应用。电荷放大器电路较复杂,但电缆分布电容变化的影响几乎可以忽略不计,即使连接电缆的长度达百米以上时,其灵敏度也无明显变化,这是电荷放大器突出的优点,因而电荷放大器的应用日益增多。目前,电荷放大器已成为与压电式传感器配合使用的标准配置。

随着电子技术的发展,目前许多压电式传感器在壳体内部都装有集成放大器,由它来完成阻抗变换的功能。这类内装集成放大器的压电式传感器可使用长电缆而无衰减,并可直接与大多数通用的仪表和计算机等连接,使其应用更加方便。

3.5.5　压电传感器的应用

1）压电式测力传感器

图 3.33 是压电式测力传感器及其特性曲线。当被测力 F(或压力 P)通过外壳上的传力上盖作用在压电晶片上时,压电晶片受力,上下表面产生电荷,电荷量与作用力 F 成正比。电荷由导线引出接入测量电路(电荷放大器或电压放大器)。

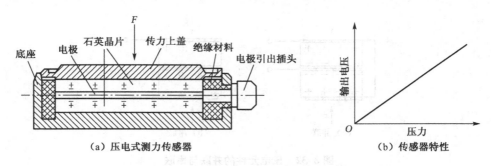

（a）压电式测力传感器　　　　　　　　　（b）传感器特性

图 3.33　压电式测力传感器及其特性

2）压电式加速度传感器

图 3.34 是多种压电式加速度传感器的结构图。图中,M 是惯性质量块,K 是压电晶片。压电式加速度传感器实质上是一个惯性力传感器。在压电晶片 K 上,放有质量块 M。当壳体随被测振动体一起振动时,作用在压电晶体上的力 $F = Ma$。当质量 M 一定时,压电晶体上产生的电荷与加速度 a 成正比。

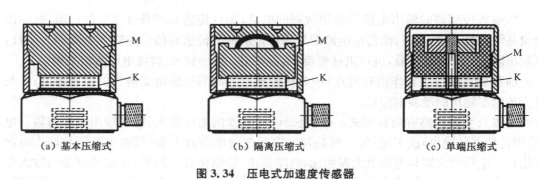

（a）基本压缩式　　　　　　　（b）隔离压缩式　　　　　　　（c）单端压缩式

图 3.34　压电式加速度传感器

3.6　磁电式传感器

磁电式传感器是通过磁电作用将被测量转换成电信号的一种传感器,磁电式传感器主要有磁电感应式传感器、霍尔式传感器等。

3.6.1 磁电感应式传感器

磁电感应式传感器简称感应式传感器,也称电动式传感器。它把被测物理量的变化转变为感应电动势,是一种机电能量转换型传感器,不需要外部供电电源,电路简单,性能稳定,输出阻抗小,又具有一定的频率响应范围(一般为 10~1 000 Hz),适用于振动、转速、扭矩等测量。但这种传感器的尺寸和重量都较大。

1)工作原理

根据法拉第电磁感应定律,W 匝线圈在磁场中运动切割磁感线或线圈所在磁场的磁通变化时,线圈中所产生的感应电动势 e 的大小取决于穿过线圈的磁通量 Φ 的变化率,即

$$e = -W \frac{\mathrm{d}\Phi}{\mathrm{d}t} \tag{3.40}$$

磁通变化率与磁场强度、磁路磁阻、线圈的运动速度有关,故若改变其中一个因素,都会改变线圈的感应电动势。

按工作原理不同,磁电感应式传感器可分为恒定磁通式和变磁通式。

2)恒定磁通式感应传感器

图 3.35 所示为恒定磁通磁电感应式传感器的结构原理图。当线圈在垂直于磁场方向作直线运动(图 3.35(a))或旋转运动(图 3.35(b))时,若以线圈相对磁场运动的速度 v 或角速度 ω 表示,则所产生的感应电动势 e 为

$$\left. \begin{aligned} e &= WBlv \\ e &= kWBA\omega \end{aligned} \right\} \tag{3.41}$$

式中:W——线圈匝数;

l——每匝线圈的平均长度(m);

B——线圈所在磁场的磁感应强度(T);

A——每匝线圈的平均截面积(m^2);

k——传感器结构系数。

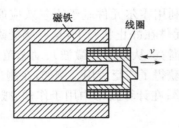
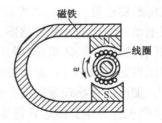

图 3.35　恒定磁通磁电感应式传感器的结构原理图

在传感器中当结构参数确定后,B、l、W、A 均为定值,感应电动势 e 与线圈相对磁场的运动速度(v 或 ω)成正比,所以这类传感器的基本形式是速度传感器,能直接测量线速度或

角速度。如果在其测量电路中接入积分电路或微分电路，那么还可以用来测量位移或加速度。但由上述工作原理可知，磁电感应式传感器只适用于动态测量。

以上属于动圈式结构类型的磁电感应式传感器，此外，还有动铁式结构类型的磁电感应式传感器，见图 3.36。其工作原理与动圈式完全相同，只是它的运动部件是磁铁。

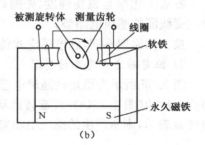

图 3.36　动铁式磁电感应式传感器

3）变磁通式感应传感器

变磁通式又称（变）磁阻式或变气隙式感应传感器，常用来测量旋转物体的角速度。其结构原理如图 3.37 所示。图 3.37(a)为开路变磁通式，线圈和磁铁静止不动，测量齿轮(导磁材料制成)安装在被测旋转体上，随之一起转动，每转过一个齿，传感器磁路磁阻变化一次，线圈产生的感应电动势的变化频率等于测量齿轮上齿轮的齿数和转速的乘积。图 3.37(b)为闭合磁路变磁通式结构示意图，被测转轴带动椭圆形测量齿轮在磁场气隙中等速转动，使气隙平均长度周期性变化，因而磁路磁阻也周期性变化，磁通同样周期性变化，则在线圈中产生频率与转速成正比的感应电动势。

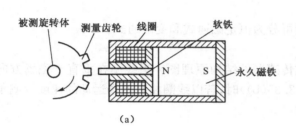

(a)

(b)

图 3.37　变磁通磁电感应式传感器

变磁通式传感器对环境条件要求不高，能在 −150～+90℃ 的温度下工作，不影响测量精度，也能在油、水雾、灰尘等条件下工作。但它的工作频率下限较高，约为 50 Hz，上限可达 100 Hz。

3.6.2　霍尔式传感器

霍尔式传感器也是一种磁电式传感器。它是利用霍尔元件基于霍尔效应原理而将被测量转换成电动势输出的一种传感器。由于霍尔元件在静止状态下，具有感受磁场的独特能力，并且具有结构简单、体积小、噪声小、频率范围宽(从直流到微波)、动态范围大(输出电势变化范围可达 1 000∶1)、寿命长等特点，因此获得了广泛应用。例如，在测量技术中用于将位移、力、加速度等物理量转换为电量的传感器；在计算技术中用于作加、减、乘、除、开方、乘方以及微积分等运算的运算器等。

1）霍尔效应

金属或半导体薄片置于磁场中，当有电流流过时，在垂直于电流和磁场的方向上将产生电动势，这种物理现象称为霍尔效应。

假设薄片为 N 型半导体，磁感应强度为 B 的磁场方向垂直于薄片，如图 3.38 所示，在薄片左右两端通以控制电流 I,那么半导体中的载流子(电子)将沿着与电流 I 相反的方向运动。由于外磁场 B 的作用,使电子受到磁场力 F_L(洛伦兹力)而发生偏转,结果在半导体的后端面上电子积累带负电,而前端面缺少电子带正电,在前后断面间形成电场。该电场产生的电场力 F_E 阻止电子继续偏转。当 F_E 和 F_L 相等时,电子积累达到动态平衡。

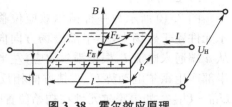

图 3.38　霍尔效应原理

这时在半导体前后两端面之间(即垂直于电流和磁场方向)建立电场,称为霍尔电场 E_H,相应的电动势称为霍尔电动势 U_H。霍尔电动势可用下式表示:

$$U_H = R_H \frac{IB}{d} = K_H IB \tag{3.42}$$

式中:I——电流;

　　　B——磁感应强度;

　　　R_H——霍尔系数,由载流材料的物理性质决定;

　　　K_H——灵敏度,与载流材料的物理性质和几何尺寸有关,表示在单位磁感应强度和单位控制电流时的霍尔电动势的大小;

　　　d——薄片厚度。

如果磁场和薄片法线有 α 角,那么

$$U_H = K_H IB \cos \alpha \tag{3.43}$$

2) 霍尔元件

基于霍尔效应工作的半导体器件称为霍尔元件,霍尔元件多采用 N 型半导体材料。霍尔元件越薄(d 越小),K_H 就越大,薄膜霍尔元件厚度只有 $1~\mu m$ 左右。霍尔元件由霍尔片、四根引线和壳体组成,如图 3.39 所示。霍尔片是一块矩形的半导体单晶薄片(一般为 $4~mm \times 2~mm \times 0.1~mm$),在它的长度方向两端面上焊有 a、b 两根引线,称为控制电流端引线,通常用红色导线,其焊接处称为控制电极(或称激励电极),要求焊接处接触电阻很小,并呈纯电阻,即欧姆接触;在它的另两侧端面的中间以点的形式对称地焊有 c、d 两根霍尔输出引线,通常用绿色导线,其焊接处称为霍尔电极,要求欧姆接触,且电极宽度与长度之比要小于 0.1。霍尔元件的壳体是用非导磁金属、陶瓷或环氧树脂封装。目前最常用的霍尔元件材料有锗(Ge)、硅(Si)、锑化铟(InSb)、砷化铟(InAs)等半导体材料。霍尔元件在电路中可用图 3.39(c)的符号表示,其基本测量电路如图 3.39(d)所示。

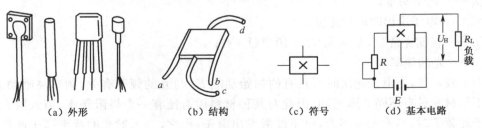

(a) 外形　　　　　(b) 结构　　　　　(c) 符号　　　　　(d) 基本电路

图 3.39　霍尔元件

3）应用举例

图 3.40 所示为一种霍尔效应位移传感器的工作原理。将霍尔元件置于磁场中，左半部磁场方向向上，右半部磁场方向向下，从 a 端通入电流 I，根据霍尔效应，左半部产生霍尔电动势 U_{H1}，右半部产生霍尔电动势 U_{H2}，其方向相反。因此，c、d 两端电动势为 $U_{H1} - U_{H2}$。如果霍尔元件在初始位置时 $U_{H1} = U_{H2}$，则输出为零；当改变磁极系统与霍尔元件的相对位置时，即可得到输出电压，其大小正比于位移量。

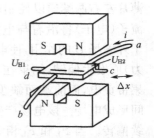

图 3.40　霍尔式位移传感器

3.7　光电式传感器

3.7.1　光电效应及光电器件

光电传感器是将光通量转换为电量的一种传感器。由于光电测量方法灵活多样，可测参数众多，一般情况下具有非接触、高精度、高分辨率、高可靠性和反应快等特点，加上激光光源、光栅、光学码盘、CCD 器件、光导纤维等的出现和成功应用，使得光电传感器的种类极其丰富，在检测和控制领域得到了广泛的应用。

光电式传感器的工作原理是利用某些物质的光电效应。由光的粒子学说可知，光可以认为是由具有一定能量的粒子所组成，每个光子所具有的能量 E 与其频率大小成正比。光照射在物体上就可看成是一连串的具有能量 E 的粒子轰击在物体上。所谓光电效应即是由于物体吸收了能量为 E 的光子后产生的电效应。通常光照射到物体表面后产生的光电效应分为外光电效应和内光电效应两类。

1）外光电效应

在光线作用下，物质内的电子逸出物体表面向外发射的现象，称为外光电效应。根据爱因斯坦的假设，一个光子的能量只给一个电子，因此，如果要使一个电子从物质表面逸出，光子具有的能量必须大于该物质表面的逸出功 A_0，这时逸出表面的电子就具有动能 E_k：

$$E_k = \frac{1}{2}mv_0^2 = h\nu - A_0 \tag{3.44}$$

式中：m——电子质量；

　　　　v_0——电子逸出时的初速度；

　　　　h——普朗克常数，$h = 6.62 \times 10^{-34}$（J·s）；

　　　　ν——光的频率。

由上式可见，光电子逸出时所具有的初始动能 E_k 与光的频率有关，频率高则动能大。由于不同材料具有不同的逸出功，因此对某种材料而言便有一个极限频率，当入射光的频率低于此频率时，不论光强多大，也不能激发出电子；反之，当入射光的频率高于此极限频率时，即使光线微弱也会有光电子发射出来，这个极限频率称为"红限频率"。

基于外光电效应的光电器件属于光电发射型器件,有光电管、光电倍增管等。光电管有真空光电管和充气光电管。真空光电管的结构如图 3.41 所示。在一个真空的玻璃泡内装有两个电极,一个是光电阴极,一个是光电阳极。光电阴极通常采用逸出功小的光敏材料(如铯 Cs)。当光线照射到光敏材料上便有电子逸出,这些电子被具有正电位的阳极所吸引,在光电管内形成空间电子流,在外电路就产生电流。若在外电路串入一定阻值的电阻,则在该电阻上的电压降或电路中的电流大小都与光强成函数关系,从而实现光电转换。

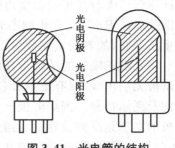

图 3.41 光电管的结构

2)内光电效应

受光照物体(通常为半导体材料)电导率发生变化或产生光电动势的效应称为内光电效应。内光电效应按其工作原理分为两种:光电导效应和光生伏特效应。

(1)光电导效应

半导体材料受到光照时会产生电子—空穴对,使其导电性能增强,光线愈强,阻值愈低,这种光照后电阻率发生变化的现象,称为光电导效应。基于这种效应的光电器件有光敏电阻(光电导型)和反向工作的光敏二极管、光敏三极管(光电导结型)。

①光敏电阻 光敏电阻又称光导管,是一种电阻元件,具有灵敏度高、体积小、重量轻、光谱响应范围宽、机械强度高、耐冲击和振动、寿命长等优点。图 3.42 为光敏电阻的工作原理图。在黑暗的环境下,它的阻值很高;当受到光照并且光辐射能量足够大时,光导材料禁带中的电子受到能量大于其禁带宽度 ΔE_g 的光子激发,由价带越过禁带而跃迁到导带,使其导带的电子和价带的空穴增加,电阻率变小。光敏电阻常用的半导体材料有硫化镉(CdS,$\Delta E_g = 2.4 \text{ eV}$)和硒化镉(CdSe,$\Delta E_g = 1.8 \text{ eV}$)。

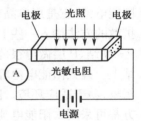

图 3.42 光敏电阻的工作原理图

② 光敏二极管和光敏三极管 光敏管的工作原理与光敏电阻相似,其不同点是光照在半导体结上。图 3.43 是光电导结型光电器件的结构原理图和图示符号。光敏二极管的 P-N 结装在管的顶部,上面有一个透镜制成的窗口,以便入射光集中在 P-N 结,如图 3.43(a)。光敏二极管在电路中往往工作在反向偏置,没有光照时流过的反向电流很小,因为这时 P 型材料中的电子和 N 型材料中的空穴很少。但当光照射在 P-N 结上时,在

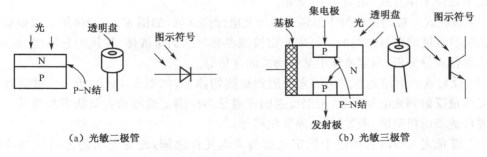

(a)光敏二极管　　　　　　　　　　　　(b)光敏三极管

图 3.43 光敏管及其符号

耗尽区内吸收光子而激发出的电子—空穴对越过结区,使少数载流子的浓度大大增加,因此通过 P-N 结产生稳态光电流。由于漂过光敏二极管结区后的电子—空穴对立刻被重新俘获,故其增益系数为1。其特点是体积小,频率特性好,弱光下灵敏度低。

光敏三极管的结构与光敏二极管相似,不过它有两个 P-N 结,大多数光敏三极管的基极无引出线,仅有集电极和发射极两端引线。如图3.43(b)为 PNP 型光敏三极管的结构及图示符号。当集电极 c 上相对于发射极 e 为正的电压而不接基极 b 时,基极—集电极的结就是反向偏置的。当光照射在基极—集电极结上时,就会在结附近产生电子—空穴对,从而形成光电流(约几 μA),输出到三极管的基极,此时集电极电流是光生电流的 β 倍(β 是三极管的电流放大倍数)。可见,光敏三极管具有放大作用,它的优点是电流灵敏度高。

(2)光生伏特效应

光生伏特效应是指半导体材料 P-N 结受到光照后产生一定方向的电动势的效应。因此光生伏特型光电器件是自发电式的,属有源器件。以可见光作光源的光电池是常用的光生伏特型器件,硒和硅是光电池常用的材料,也可以使用锗。图3.44表示硅光电池构造原理和图示符号。硅光电池也称硅太阳能电池,它是用单晶硅制成,在一块 N 型硅片上用扩散的方法掺入一些 P 型杂质而形成一个大面积的 P-N 结,P 层做得很薄,从而使光线能穿透到 P-N 结上。硅太阳能电池轻便、简单,不会产生气体或热污染,易于适应环境。因此,凡是不能铺设电缆的地

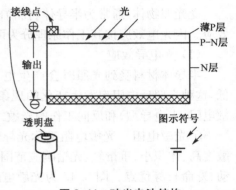

图 3.44　硅光电池结构原理和图示符号

方都可采用太阳能电池,尤其适用于为宇宙飞行器的各种仪表提供电源。

3.7.2　光电式传感器的应用

光电式传感器按其接收状态可分为模拟式光电传感器和脉冲式光电传感器。

1)模拟式光电传感器

模拟式光电传感器的工作原理是基于光电元件的光电特性,其光通量是随被测量而变,光电流就成为被测量的函数,故又称为光电传感器的函数运用状态。这一类光电传感器有如下几种工作方式,如图3.45所示。

(1)吸收式　被测物体位于恒定光源与光电元件之间,如图3.45(a)所示。根据被测物对光的吸收程度或对其谱线的选择来测定被测参数。如测量液体、气体的透明度、混浊度,对气体进行成分分析,测定液体中某种物质的含量等。

(2)反射式　恒定光源发出的光投射到被测物体上,如图3.45(b)所示。被测物体把部分光通量反射到光电元件上,根据反射的光通量多少测定被测物表面状态和性质。例如测量零件的表面粗糙度、表面缺陷、表面位移等。

(3)遮光式　被测物体位于恒定光源与光电元件之间,光源发出的光通量经被测物遮去其一部分,使作用在光电元件上的光通量减弱,减弱的程度与被测物在光学通路中

的位置有关,如图 3.45(c)所示。利用这一原理可以测量长度、厚度、线位移、角位移、振动等。

（4）辐射式　被测物体本身就是辐射源,它可以直接照射在光电元件上,也可以经过一定的光路后作用在光电元件上,如图 3.45(d)所示。光电高温计、比色高温计、红外侦察和红外遥感等均属于这一类。这种方式也可以用于防火报警和构成光照度计等。

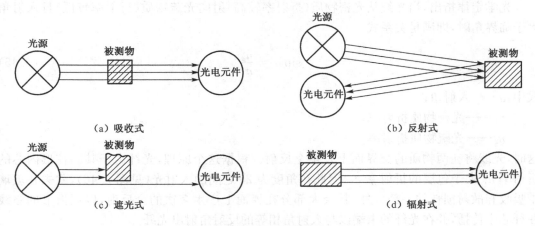

图 3.45　光电元件的测量方式

2）脉冲式光电传感器

脉冲式光电传感器的作用方式是光电元件的输出仅有两种稳定状态,也就是"通"、"断"的开关状态,所以也称为光电元件的开关运用状态。这类传感器要求光电元件灵敏度高,而对光电特性的线性要求不高。主要用于零件或产品的自动计数、光控开关、电子计算机的光电输入设备、光电编码器及光电报警装置等方面。

光电测速计、光电式转速计就是这方面的应用实例。

3.8　光纤传感器

光导纤维是用石英、玻璃、塑料等光折射率高的电介质材料制成的极细纤维。它在近红外光至可见光波段范围内,光传输损耗极小。用光纤传输检测信号信息传输量大,不易受外界电磁干扰的影响,且耐腐蚀、耐潮湿,具有防爆性能好、对被测对象影响小、安全性好等优点,是一种理想的低损耗传输线路。

光纤传感器是利用被测量对在光纤内传输的光进行某种形式的调制(这种调制可直接利用光纤的功能进行,也可通过别的机构或元件来实现),使传输光的强度(振幅)、相位、频率或偏振状态等特性发生相应变化,再对被调制的光信号进行检测,从而测定被测量的一种新型传感器。光纤传感器具有灵敏度高、体积小、可弯曲、抗干扰能力强、可测的物理信息种类多(如位移、温度、压力、速度、加速度、液位、流量、振动等),耐高压、耐腐蚀、可实现动态非接触测量、能适应各种恶劣环境等优点。因此,自 20 世纪 70 年代起光导纤维作为测量传感器应用以来,发展非常迅速,前景广阔。

3.8.1 光纤传感器的工作原理

光导纤维用极细的石英玻璃丝制成,每一根光导纤维由一个圆柱形内芯和包层组成,而且内芯的折射率略大于包层的折射率。

光学定律指出,当光线从光密物质(折射率较高)射向光疏物质(折射率较低)且入射角大于临界角时,即满足关系式

$$\sin \alpha = \frac{n_2}{n_1} \tag{3.45}$$

式中:α——入射角;

$\quad n_1$——光密物质折射率;

$\quad n_2$——光疏物质折射率。

这时,光线将在两物质的交界面上发生全反射。根据这个原理,光纤由于其圆柱形内芯的折射率 n_1 大于包层的折射率 n_2,因此在角度为 2θ 之间的入射光(见图 3.46),除去在玻璃中吸收和散射损耗的一部分外,其余大部分在界面上产生多次的全反射,以锯齿形的路线在纤芯中传播,并在光纤的末端以与入射角相等的反射角射出光纤。

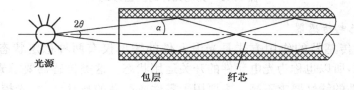

图 3.46 光纤的基本结构与导光原理

光纤传感器由光发送器、敏感元件、光接收器、信号处理系统及光纤等主要部分组成。

3.8.2 光纤传感器的分类

光纤传感器主要分为两类:功能型光纤传感器及非功能型光纤传感器(也称为物性型和结构型)。功能型光纤传感器利用对外界信息具有敏感能力和检测功能的光纤,构成"传"和"感"合为一体的传感器。这里光纤不仅起传光的作用,而且还起敏感作用。工作时利用被测量去改变描述光束的一些基本参数,如光的强度、相位、偏振、频率等,它们的改变反映了被测量的变化。由于对光信号的检测通常使用光电二极管等光电元件,所以光的那些参数的变化,最终都要被光接收器接收并被转换成光强度及相位的变化。这些变化经信号处理后就可得到被测的物理量。应用光纤传感器的这种特性可以实现应变、压力、温度等物理参数的测量。非功能型光纤传感器主要是利用光纤对光的传输作用,由其他敏感元件与光纤信息传输回路组成测试系统,光纤在此仅起传输作用。

3.8.3　光纤传感器的应用

图 3.47 为光纤流速传感器,主要由多模光纤、光源、铜管、光电二极管及测量电路所组成。多模光纤插入顺流而置的铜管中,由于流体流动使光纤发生机械变形,从而使光纤中传播的各模式光的相位发生变化,光纤的发射光强出现强弱变化。其振幅的变化与流速成正比,这就是光纤传感器测流速的工作原理。

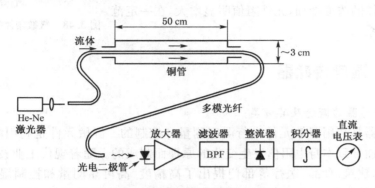

图 3.47　光纤流速传感器的工作原理

3.9　其他类型传感器

3.9.1　气敏传感器

1) 气敏传感器的概念及其分类

气敏传感器是一种将气体成分和浓度转换为电信号的传感器。在现代社会的生产和生活中,会接触到各种各样的气体,需要进行检测和控制。比如化工生产中气体成分的检测与控制、煤矿瓦斯浓度的检测与报警、环境污染情况的监测、煤气泄漏、火灾报警、燃烧情况的检测与控制等。

气敏传感器的种类较多,主要包括有:敏感气体种类的气敏传感器、敏感气体量的真空度气敏传感器,以及检测气体成分的气体成分传感器。前者主要有半导体气敏传感器和固体电解质气敏传感器,后者主要有高频成分传感器和光学成分传感器。由于半导体气敏传感器具有灵敏度高、响应快、使用寿命长和成本低等优点,应用很广,因此,本节将着重介绍半导体气敏传感器。

2) 半导体气敏传感器工作原理

半导体气敏传感器是利用待测气体与半导体气敏元件表面接触后造成半导体性质变化来检测特定气体的成分或者测量其浓度。

半导体气敏传感器大体上可分为两类:电阻式和非电阻式。电阻式半导体气敏传感器是利用气敏半导体材料,如氧化锡(SnO_2)、氧化锰(MnO_2)等金属氧化物制成敏感元件,当它们吸收了可燃气体的烟雾,如氢、一氧化碳、烷、醚、醇、苯以及天然气、沼气等时,会发生还原反应,放出热量,使元件温度相应增高,电阻发生变化。利用半导体材料的这种特性,将气体的成分和浓度变换成电信号,进行监测和报警。

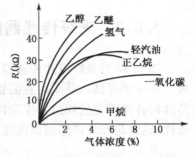

图 3.48 所示为典型气敏元件的阻值—浓度关系。从图中可以看出,元件对不同气体的敏感程度不同,如对乙醚、乙醇、氢气等具有较高的灵敏度,而对甲烷的灵敏度较低。一般随气体的浓度增加,元件阻值明显增大,在一定范围内呈线性关系。

图 3.48　气敏器件的阻值-浓度关系

3.9.2　湿度传感器

1) 湿度传感器的概念及其分类

湿度传感器是利用湿敏元件进行湿度测量和控制的。湿敏元件是利用湿敏材料吸收空气中的水分而导致本身电阻值发生变化的原理而制成的。随着现代工业技术的发展,纤维、造纸、电子、建筑、食品、医疗等部门提出了高精度、高可靠测量和控制湿度的要求,因此,各种湿敏元件不断出现,如氯化锂湿敏元件、半导体陶瓷湿敏元件、热敏电阻湿敏元件、高分子膜湿敏元件等。这里只对工业湿度计测中常用的高分子膜湿度传感器的原理进行介绍。

2) 高分子膜湿度传感器工作原理

高分子膜湿度传感器是以随高分子膜吸收或放出水分而引起电导率或电容变化测量环境相对湿度的装置。图 3.49 所示是一种电容式湿度传感器,其中,电极是极薄的金属蒸镀膜,透过电极,高分子膜吸收或放出水分。高分子材料吸湿后电容变大,通过测定电容器的电容值的变化来测量环境中的相对湿度。

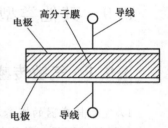

图 3.49　电容式湿度传感器工作原理

3.10　传感器的选用原则

如何根据测试目的和实际条件合理地选用传感器是经常会遇到的问题,因此,本节在常用传感器初步知识的基础上,就合理选用传感器的一些注意事项和基本原则作一概略介绍。

3.10.1　灵敏度

传感器的灵敏度越高,可以感知越小的变化量,即被测量稍有微小变化时,传感器即有较大的输出。但灵敏度越高,与测量信号无关的外界噪声也容易混入,并且噪声也会被放大。因此,对传感器往往要求有较大的信噪比。

传感器的量程范围是和灵敏度紧密相关的一个参数。当输入量增大时,除非有专门的非线性校正措施,传感器不应在非线性区域工作,更不能在饱和区域内工作。有些需在较强的噪声干扰下进行的测试工作,被测信号叠加干扰信号后也不应进入非线性区。因此,过高的灵敏度会影响其适用的测量范围。

如被测量是向量时,则传感器在被测量方向的灵敏度愈高愈好,而横向灵敏度愈小愈好;如果被测量是二维或三维向量,那么对传感器还应要求交叉灵敏度愈小愈好。

3.10.2　线性范围

任何传感器都有一定的线性范围,在线性范围内输出与输入成比例关系。线性范围愈宽,则表明传感器的工作量程愈大。

为了保证测量的精确度,传感器必须在线性区域内工作。例如,机械式传感器中的弹性元件,其材料的弹性极限是决定测量量程的基本因素。当超过弹性极限时,将产生非线性误差。

然而任何传感器都不容易保证其绝对线性,在某些情况下,在许可限度内,也可以在其近似线性区域应用。例如,变极距型电容、电感传感器,均采用在初始间隙附近的近似线性区内工作。选用时必须考虑被测物理量的变化范围,令其非线性误差在允许范围以内。

3.10.3　响应特性

传感器的响应特性必须在所测频率范围内尽量保持不失真。此外,实际传感器的响应总有一定迟延,但迟延时间越短越好。

一般利用光电效应、压电效应等的物性型传感器,响应时间短,可工作频率范围宽;而结构型,如电感、电容、磁电式传感器等,由于受到结构特性的影响,往往由于机械系统惯性的限制,其固有频率低。

在动态测量中,传感器的响应特性对测试结果有直接影响,选用时应充分考虑到被测物理量的变化特点,如稳态、瞬变、随机等。

3.10.4　稳定性

传感器的稳定性是经过长期使用以后,其输出特性不发生变化的性能。影响传感器稳定性的因素是时间与环境。

为了保证稳定性,在选用传感器之前,应对使用环境进行调查,以选择合适的传感器类型。例如电阻应变式传感器,湿度会影响其绝缘性,从而会影响其零漂,长期使用还会产生蠕变现象。又如,对于变极距型电容传感器,环境湿度改变或油剂浸入间隙时会改变电容器介质的性质。光电传感器的感光表面有灰尘或水泡时,会改变感光性质。对于磁电式传感器或霍尔效应元件等,当在电场、磁场中工作时,亦会带来测量误差。滑线电阻式传感器表面有灰尘时将会引入噪声。

在有些机械自动化系统中或自动检测装置中,所用的传感器往往是在比较恶劣的环境下工作,灰尘、油剂、温度、振动等干扰是很严重的。这时传感器的选用,必须优先考虑稳定性因素。

3.10.5 精确度

传感器的精确度表示传感器的输出与被测量的对应程度。因为传感器处于测试系统的输入端,因此,传感器能否真实地反映被测量,对整个测试系统具有直接影响。

然而,传感器的精确度也并非愈高愈好,因为还要考虑到经济性。传感器精确度越高,价格越昂贵,因此应从实际出发来选择。

首先应了解测试目的,是定性分析还是定量分析。如果属于相对比较性的试验研究,只需获得相对比较值即可,那么对传感器的精确度要求可低些。然而对于定量分析,为了获得精确量值,要求传感器应有足够高的精确度。

3.10.6 其他选用原则

传感器在实际测试条件下的工作方式,也是选用传感器时应考虑的重要因素。因为测量条件不同,对传感器要求也不同。

在机械系统中,运动部件的被测参数(例如回转轴的转速、振动、扭矩),往往需要非接触式测量。因为对部件的接触式测量不仅造成对被测系统的影响,而且有许多实际困难,如测量头的磨损、接触状态的变动、信号采集等都不易妥善解决,也易于造成测量误差。采用电容式、涡流式等非接触式传感器会有很大方便。若选用电阻应变计时,则还需配用遥测应变仪。

另外,为实现自动化过程的控制,往往要求检测系统具有真实性与可靠性。因此必须在现场实际条件下才能达到检测要求,因而对传感器及测试系统都有一定特殊要求。例如,在加工过程中,若要实现表面粗糙度的检测,以往的干涉法、触针式轮廓检测法等都不能应用,而代之以激光检测法。

习 题

3.1 什么是物性型传感器?什么是结构型传感器?试举例说明。

3.2 能量转换型传感器和能量控制型传感器有何不同?试举例说明。

3.3 金属电阻应变片与半导体应变片在工作原理上有何区别?各有何优缺点?应如何针对具体情况选用?

3.4 试比较自感式传感器与差动变压器式传感器的异同。

3.5 为什么电容式传感器易受干扰?如何减小干扰?

3.6 某电容传感器(平行极板电容器)的圆形极板半径 $r = 4$ mm,工作初始极板间距离 $\delta_0 = 0.3$ mm,介质为空气。问:

(1) 如果极板间距离变化量 $\Delta\delta = \pm 1$ μm,电容的变化量 ΔC 是多少?

(2) 如果测量电路的灵敏度 $S_1 = 100$ mV/pF,读数仪表的灵敏度 $S_2 = 5$ 格 /mV,在

$\Delta\delta = \pm 1$ μm 时,读数仪表的变化量为多少?

3.7 用压电式传感器能测量静态或变化很缓慢的信号吗? 为什么?

3.8 压电式加速度传感器的固有电容为 C_a,电缆电容为 C_c,电压灵敏度 $S_u = U_0/a$(a 为被测加速度),输出电荷灵敏度 $S_q = Q/a$。试推导 S_u 和 S_q 的关系。

3.9 何谓霍尔效应? 其物理本质是什么? 用霍尔元件可测哪些物理量?

3.10 光电传感器包含哪几种类型? 各有何特点? 用光电式传感器可以测量哪些物理量?

3.11 试按接触式与非接触式区分传感器,列出它们的名称、变换原理,用在何处?

3.12 欲测量液体压力,拟采用电容式、电感式、电阻应变式和压电式传感器,请绘出可行方案原理图并作比较。

3.13 选用传感器的基本原则是什么? 在实际中如何运用这些原则?

4 信号的调理与记录

传感器的输出信号常见的有两种形式：一种是通用电信号，如电压、电流等；另一种是电参数的变化，如电阻、电感和电容等。这些信号一般太微弱或不满足要求，需经过信号调理装置进行放大、变换、运算等处理，以提高信噪比，便于后续环节的处理。完成这些功能的电路就是信号调理装置，如图 4.1 所示。

信号的调理涉及的范围很广，本章主要讨论一些常用的环节，如电桥、调制与解调、滤波和放大等，并对常用的信号显示和记录仪器作简要介绍。

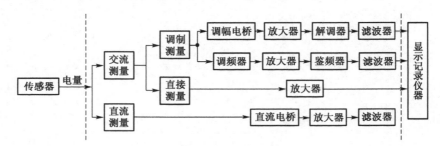

图 4.1　常用的信号调理装置

4.1　电桥

电桥是将电阻、电感、电容等参量的变化转换为电压或电流输出的一种测量电路。由于桥式测量电路简单可靠，并具有较高精度和灵敏度，因此在测量装置中被广泛使用。

电桥按其电源性质的不同可以分为直流电桥和交流电桥。直流电桥只能用于测量电阻的变化，而交流电桥可以用于测量电阻、电感和电容的变化。

4.1.1　直流电桥

采用直流电源供电的电桥称为直流电桥，直流电桥的桥臂只能为电阻，如图 4.2 所示。电阻 R_1、R_2、R_3、R_4 作为四个桥臂，在 a、c 两端接入直流电源 u_i，在 b、d 两端输出电压 u_o。

1）直流电桥的平衡条件

若在输出端 b、d 两点间的负载为无穷大，即接入的仪表或放大器的输入阻抗较大时，可以视为开路。这时电桥的电流为

$$I_1 = \frac{u_i}{R_1 + R_2}$$

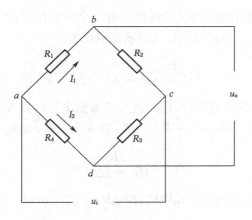

图 4.2 直流电桥

$$I_2 = \frac{u_i}{R_3 + R_4}$$

因此，电桥输出电压为

$$
\begin{aligned}
u_o = u_{ab} - u_{ad} &= I_1 R_1 - I_2 R_4 \\
&= \left(\frac{R_1}{R_1 + R_2} - \frac{R_4}{R_3 + R_4} \right) u_i \\
&= \frac{R_1 R_3 - R_2 R_4}{(R_1 + R_2)(R_3 + R_4)} u_i
\end{aligned}
\tag{4.1}
$$

根据上式可知，当

$$R_1 R_3 = R_2 R_4 \tag{4.2}$$

时电桥输出为"零"，式(4.2)称为直流电桥的平衡条件。

由上述分析可知，若电桥的四个桥臂中任何一个或数个电阻的阻值发生变化时，将打破式(4.2)的平衡条件，使电桥的输出电压发生变化，测量电桥正是利用了这一特点。

2) 直流电桥的常用连接方式

在测试过程中，根据电桥工作中电阻值变化的桥臂情况可以分为半桥单臂、半桥双臂和全桥连接方式，如图 4.3 所示。

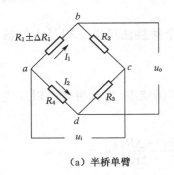

(a) 半桥单臂　　　　　　(b) 半桥双臂　　　　　　(c) 全桥

图 4.3 直流电桥的连接方式

图 4.3(a)为半桥单臂连接方式,工作中只有一个桥臂阻值随被测量的变化而变化,图中 R_1 的阻值增加了 ΔR_1。由式(4.1),这时输出电压为

$$u_\text{o} = \left(\frac{R_1 + \Delta R_1}{R_1 + \Delta R_1 + R_2} - \frac{R_4}{R_3 + R_4} \right) u_\text{i}$$

实际使用中,为了简化桥路设计,同时也为了得到电桥的最大灵敏度,往往取相邻两桥臂电阻相等,即 $R_1 = R_2 = R_0$,$R_3 = R_4 = R_0'$。若 $R_0 = R_0'$,则输出电压为

$$u_\text{o} = \frac{\Delta R_0}{4R_0 + 2\Delta R_0} u_\text{i}$$

因为桥臂阻值的变化值远小于其阻值,即 $\Delta R_0 \ll R_0$,所以

$$u_\text{o} \approx \frac{\Delta R_0}{4R_0} u_\text{i} \tag{4.3}$$

由上式可见,电桥的输出与输入电压 u_i 成正比。在 $\Delta R_0 \ll R_0$ 条件下,电桥的输出也与 $\Delta R_0 / R_0$ 成正比。

定义电桥的灵敏度为

$$S_B = \frac{u_0}{\Delta R_0 / R_0} \tag{4.4}$$

因此,半桥单臂连接方式的灵敏度为 $S_B \approx \dfrac{1}{4} u_\text{i}$。

为了提高电桥的灵敏度,可以采用图 4.3(b)所示的半桥双臂接法,这时有两个桥臂阻值随被测量而变化,即 $R_1 \to R_1 \pm \Delta R_1$,$R_2 \to R_2 \mp \Delta R_2$。当 $R_1 = R_2 = R_3 = R_4 = R_0$,$\Delta R_1 = \Delta R_2 = \Delta R_0$ 时,电桥输出为

$$u_\text{o} = \frac{\Delta R_0}{2R_0} u_\text{i} \tag{4.5}$$

同样,当采用图 4.3(c)所示的全桥接法时,工作中四个桥臂都随被测量而变化,即 $R_1 \to R_1 \pm \Delta R_1$,$R_2 \to R_2 \mp \Delta R_2$,$R_3 \to R_3 \pm \Delta R_3$,$R_4 \to R_4 \mp \Delta R_4$,当 $R_1 = R_2 = R_3 = R_4 = R_0$,$\Delta R_1 = \Delta R_2 = \Delta R_3 = \Delta R_4 = \Delta R_0$ 时,这时电桥输出为

$$u_\text{o} = \frac{\Delta R_0}{R_0} u_\text{i} \tag{4.6}$$

由上可见,不同的电桥接法,其输出电压也不一样,其中全桥接法可以获得最大的输出,其灵敏度为半桥单臂接法的四倍。

3) 电桥的和差特性

对于图 4.3(c)所示的全桥接法的电桥,如电桥开始处于平衡状态,当各桥臂电阻发生微小变化时电桥失去平衡,其输出为

$$u_\text{o} = \frac{(R_1 + \Delta R_1)(R_3 + \Delta R_3) - (R_2 - \Delta R_2)(R_4 - \Delta R_4)}{(R_1 + \Delta R_1 + R_2 - \Delta R_2)(R_3 + \Delta R_3 + R_4 - \Delta R_4)} u_\text{i}$$

一般 ΔR_i 很小,即 $\Delta R_i \ll R_i$,故上式分母中 ΔR_i 项和分子中 ΔR_i 的高次项可略去,又

由于电桥开始时平衡，即 $R_1R_3 = R_2R_4$，故有

$$u_{\mathrm{o}} = \frac{R_1R_2}{(R_1+R_2)^2}\left(\frac{\Delta R_1}{R_1} - \frac{\Delta R_2}{R_2} + \frac{\Delta R_3}{R_3} - \frac{\Delta R_4}{R_4}\right)u_{\mathrm{i}} \tag{4.7}$$

测量电桥通常采用全等臂电桥形式工作，即 $R_1 = R_2 = R_3 = R_4 = R$，这样有

$$u_{\mathrm{o}} = \frac{1}{4}\left(\frac{\Delta R_1}{R_1} - \frac{\Delta R_2}{R_2} + \frac{\Delta R_3}{R_3} - \frac{\Delta R_4}{R_4}\right)u_{\mathrm{i}} \tag{4.8}$$

由式(4.8)可知，电桥的输出电压与桥臂电阻有如下关系：

当电桥相邻两臂有增量时，电桥输出反映两臂增量相减的结果；而相对两臂有增量时，电桥输出反映两臂增量相加的结果。这就是电桥的和差特性。这一重要特性是合理设计测量电桥、进行温度补偿、提高电桥灵敏度的依据。

4) 电桥测量的误差及其补偿

对于电桥来说，误差主要来源于非线性误差和温度误差。

由式(4.3)可知，当采用半桥单臂接法时，其输出电压近似正比于 $\Delta R_0/R_0$，这主要是因为输出电压的非线性造成的，减少非线性误差的办法是采用半桥双臂和全桥接法，见式(4.5)和式(4.6)。这时，不仅消除了非线性误差，而且输出灵敏度也成倍提高。

另一种误差是温度误差，这是因为温度变化而引起阻值变化不同造成的，即上述双臂电桥接法中 $\Delta R_1 \neq -\Delta R_2$；全桥接法中 $\Delta R_1 \neq -\Delta R_2$ 或者 $\Delta R_3 \neq -\Delta R_4$。减少温度误差的办法是在贴应变片时尽量使得各应变片间的温度一致和进行温度误差补偿。

4.1.2　交流电桥

交流电桥的电路结构与直流电桥完全一样，所不同的是交流电桥采用交流电源激励，电桥的四个臂可为电感、电容或电阻。因此，除了电阻外还包含电抗。如果阻抗、电流及电压都用复数表示，则关于直流电桥的平衡条件式在交流电桥中也可适用。

把阻抗写成矢量形式时，电桥平衡条件式(4.2)可改写为

$$\vec{Z}_1\vec{Z}_3 = \vec{Z}_2\vec{Z}_4 \tag{4.9}$$

写成复指数形式时有

$$\vec{Z}_1 = Z_1\mathrm{e}^{\mathrm{j}\varphi_1} \qquad \vec{Z}_2 = Z_2\mathrm{e}^{\mathrm{j}\varphi_2}$$

$$\vec{Z}_3 = Z_3\mathrm{e}^{\mathrm{j}\varphi_3} \qquad \vec{Z}_4 = Z_4\mathrm{e}^{\mathrm{j}\varphi_4}$$

代入上式：

$$Z_1Z_3\mathrm{e}^{\mathrm{j}(\varphi_1+\varphi_3)} = Z_2Z_4\mathrm{e}^{\mathrm{j}(\varphi_2+\varphi_4)} \tag{4.10}$$

此式成立的条件为等式两边阻抗的模相等、阻抗角相等，即

$$\begin{cases} Z_1Z_3 = Z_2Z_4 \\ \varphi_1 + \varphi_3 = \varphi_2 + \varphi_4 \end{cases} \tag{4.11}$$

式中：$Z_1,\cdots,Z_4$——阻抗的模；

$\varphi_1,\cdots,\varphi_4$——阻抗角。

式(4.11)表明，交流电桥平衡必须满足两个条件，即相对两臂阻抗之模的乘积应相等，并且它们的阻抗角之和也必须相等。

因此，交流电桥需要两只旋钮调平衡，一只用于调整阻抗的模，一只用于调整阻抗角。

交流电桥有不同的组合，常用的有电容、电感电桥，其相邻两臂接入电阻，而另外两臂接入相同性质的阻抗，例如都是电容或电感，如图4.4所示。

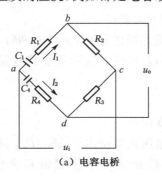 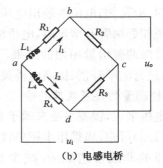

（a）电容电桥　　　　　　（b）电感电桥

图4.4　交流电桥

对于图4.4(a)所示的电容电桥，由式(4.9)与式(4.10)，其平衡条件为

$$\left(R_1+\frac{1}{j\omega C_1}\right)R_3=\left(R_4+\frac{1}{j\omega C_4}\right)R_2$$

由上述等式两边实部与虚部分别相等，得到如下电桥平衡方程组：

$$\left.\begin{array}{c}R_1R_3=R_2R_4\\[2mm]\dfrac{R_3}{C_1}=\dfrac{R_2}{C_4}\end{array}\right\}\tag{4.12}$$

比较直流电桥平衡条件式(4.2)可知，式(4.12)的第一式与式(4.2)完全相同，这意味着图4.4(a)所示电容电桥的平衡条件除了电阻要满足要求外，电容也必须满足一定的要求。

对于图4.4(b)所示的电感电桥，其平衡条件为

$$(R_1+j\omega L_1)R_3=(R_4+j\omega L_4)R_2$$

即

$$\left.\begin{array}{c}R_1R_3=R_2R_4\\L_1R_3=L_4R_2\end{array}\right\}\tag{4.13}$$

图4.5为一应变仪用交流电桥的电路图。通过开关Q选择电阻R_1、R_2及可变电阻R_3，可以调整电阻的不平衡；而差动可变电容C_2则用于调整桥臂对地分布电容的不平衡。

由交流电桥的平衡条件式(4.9)~式(4.11)，以及电

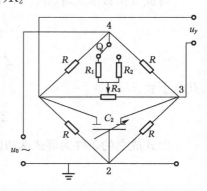

图4.5　具有电阻、电容平衡的交流电阻电桥

容、电感电桥的平衡条件分析可以看出,这些平衡条件是只针对供桥电源只有一个频率 ω 的情况下推出的。当供桥电源有多个频率成分时得不到平衡条件,也即电桥是不平衡的。因此,交流电桥对供桥电源要求具有良好的电压波形和频率稳定性。

采用交流电桥时,还要注意影响测量误差的一些参数,如电桥中元件之间的互感影响;无感电阻的残余电抗;邻近交流电路对电桥的感应作用;泄漏电阻以及元件之间、元件与地之间的分布电容等。

4.2　信号的放大与隔离

传感器输出的微弱电压、电流或电荷信号,其幅值或功率不足以进行后续的转换处理,或驱动指示器、记录器以及各种控制机构,因此需对其进行放大处理。传感器所处的环境条件、噪声对传感器的影响、测试要求不同,所采用的放大电路的形式和性能指标要求也不一样,如对于数字测试系统要求放大电路增益能程控,对生物电信号以及强电、强电磁干扰环境下信号的放大,需要采用隔离放大技术,以保证人身及设备的安全并降低干扰的影响。

随着集成电路技术的发展,集成运算放大器的性能不断完善,价格不断降低,完全采用分立元件的信号放大电路已基本被淘汰,为此,本节主要介绍测试系统中由集成运算放大器组成的一些典型放大电路。

4.2.1　基本放大器

反相与同相放大电路是集成运算放大器两种最基本的应用电路,许多集成运放的功能电路都是在反相和同相两种放大电路的基础上组合和演变而来的。

1) 反相放大器

基本的反相放大器电路如图 4.6(a)所示,其特点是输入信号和反馈信号均加在运放的反相输入端。根据理想运放的特性,其同相输入端电压与反相输入端电压近似相等,流入运放输入端的电流近似为 0,可以得到反相放大器的电压增益为

$$A_{vf} = \frac{u_o}{u_i} = -\frac{R_2}{R_1} \tag{4.14}$$

式中,A_{vf} 为负值,表示输出 u_o 与输入 u_i 反相。

由于此时反相输入端电压趋于 0(虚地),故对信号源而言,反相放大器的输入电阻近似为 R_1,而作为深度的电压负反馈,其输出电阻趋于 0。在与传感器配合使用时需注意阻抗匹配的问题。

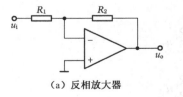

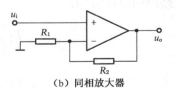

（a）反相放大器　　　　　　　　　　（b）同相放大器

图 4.6　基本放大器

2) 同相放大器

图 4.6(b) 所示为同相放大器电路, 其特点是输入信号加在同相输入端, 而反馈信号加在反相输入端。同样, 由理想运放特性, 可以分析出同相放大器的增益为

$$A_{vf} = \frac{u_o}{u_i} = 1 + \frac{R_2}{R_1} \tag{4.15}$$

式中, A_{vf} 为正值, 表示输出 u_o 与输入 u_i 同相。

由于流入运放同相端的电流近似为 0, 故同相放大器的输入电阻为无限大, 而输出电阻仍趋于 0。值得注意的是, 由于运放同相端与反相端电压近似相等, 即引入了共模电压, 因此需要高共模抑制比的运放才能保证精度。同时, 在使用中需注意其输入电压幅度不能超过其共模电压输入范围。

作为同相放大器的特例, 若 $R_1 \rightarrow \infty, R_2 \rightarrow 0$, 则构成了电压跟随器, 其特点是, 对低频信号, 其增益近似为 1, 同时具有极高的输入阻抗和低输出阻抗, 因此, 常在测试系统中用作阻抗变换器。

4.2.2　测量放大器

在许多测试场合, 传感器输出的信号往往很微弱, 而且伴随有很大的共模电压 (包括干扰电压), 一般对这种信号需要采用具有很高的共模抑制比、高增益、低噪声、高输入阻抗的放大器实现放大, 习惯上将具有上述特点的放大器称为测量放大器, 又称仪表放大器。

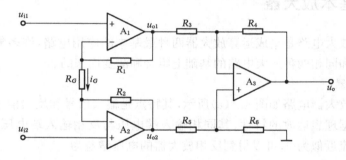

图 4.7　三运放测量放大器

图 4.7 所示是目前广泛应用的三运放测量放大器电路。其中 A_1、A_2 为两个性能一致 (主要指输入阻抗、共模抑制比和开环增益) 的通用集成运放, 工作于同相放大方式, 构成平衡对称的差动放大输入级, A_3 工作于差动放大方式, 用来进一步抑制 A_1、A_2 的共模信号, 并接成单端输出方式适应接地负载的需要。

由电路结构分析可知:

$$u_{o1} = \left(1 + \frac{R_1}{R_G}\right) u_{i1} - \frac{R_1}{R_G} u_{i2}$$

$$u_{o2} = \left(1 + \frac{R_2}{R_G}\right) u_{i2} - \frac{R_2}{R_G} u_{i1}$$

$$u_o = -\frac{R_4}{R_3}u_{o1} + \left(1 + \frac{R_4}{R_3}\right)\frac{R_6}{R_5 + R_6}u_{o2}$$

通常电路中 $R_1 = R_2, R_3 = R_5, R_4 = R_6$，则对差模输入电压 $u_{i1} - u_{i2}$，测量放大器的增益为

$$A_v = \frac{u_o}{u_{i1} - u_{i2}} = -\frac{R_4}{R_3}\left(1 + \frac{2R_1}{R_G}\right) \tag{4.16}$$

测量放大器的共模抑制比主要取决于输入级运放 A_1、A_2 的对称性以及输出级运放 A_3 的共模抑制比和输出级外接电阻 R_3、R_5 及 R_4、R_6 的匹配精度（$\pm 0.1\%$ 以内）。一般其共模抑制比可达 120 dB 以上。

此外，测量放大器电路还具有增益调节功能，调节 R_G 可以改变增益而不影响电路的对称性。而且由于输入级采用了对称的同相放大器，输入电阻可达数百兆欧以上。

目前，许多公司已开发出各种高质量的单片集成测量放大器，通常只需外接电阻 R_G 用于设定增益，外接元件少，使用灵活，能够处理几微伏到几伏的电压信号。

4.2.3 隔离放大器

隔离放大器应用于高共模电压环境下的小信号测量，是一种特殊的测量放大电路，其输入、输出和电源电路之间没有直接的电路耦合。隔离放大器由输入放大器、输出放大器、隔离器以及隔离电源等几部分组成，如图 4.8(a) 所示。图中隔离电阻 R_{iso} 约 $10^{12}\,\Omega$，隔离电容 C_{iso} 的典型值为 20 pF。u_d 为输入端的差模电压，u_c 为对输入端公共地的输入级共模电压，u_{iso} 为隔离共模电压（隔离器两端或输入端与输出端两公共地之间能承受的共模电压），通常额定的隔离峰值电压高达 $5\,000$ V。图 4.8(b) 为隔离放大器的电路符号。

由于隔离放大器采用浮置式（浮置电源、浮置放大器输入端）设计，输入、输出端相互隔离，不存在公共地线的干扰，因此具有极高的共模抑制能力，能对信号进行安全准确的放大，有效防止高压信号对低压测试系统造成的破坏。

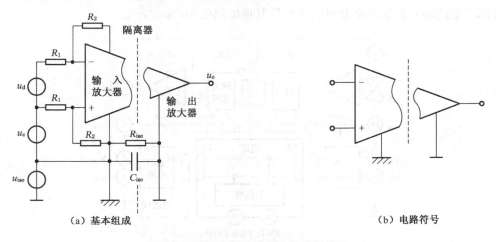

（a）基本组成　　　　　　　　　　　（b）电路符号

图 4.8　隔离放大器的基本组成及符号

可用作输入、输出隔离的有光、超声波、无线电波和电磁等方式。在隔离放大电路中采用的隔离方式主要有电磁(变压器、电容)耦合和光电耦合,如图 4.9 所示。变压器耦合采用载波调制-解调技术,具有较高的线性度和隔离性能,共模抑制比高,技术较成熟,但通常带宽较窄,约数 kHz 以下(高性能的变压器耦合隔离放大器带宽可达 20 kHz 左右),且体积大、工艺成本复杂。电容耦合采用数字调制技术(电压-频率变换或电压-脉冲占空比变换),将输入信号以数字量的形式由差分耦合电容耦合到输出侧,可靠性好,带宽较宽,具有良好的频率特性。光电耦合结构简单、成本低廉、器件重量轻、频带宽,但光电耦合器是非线性器件,尤其在信号较大时,将出现较大的非线性误差。

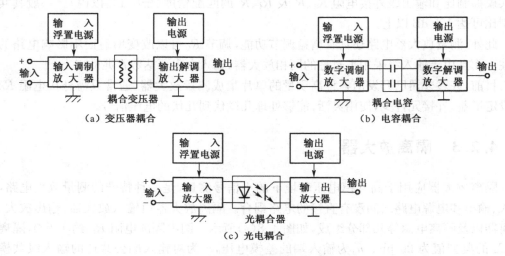

图 4.9　隔离放大器原理框图

图 4.10 给出了模拟器件(AD)公司生产的新一代低成本、精密宽带三端隔离放大器 AD210 的原理框图。该器件采用变压器耦合,信号由变压器 T1 耦合至输出端,全功率信号带宽高达 20 kHz。其内部包含了 DC-DC 电源变换模块,只需外部提供单个 +15 V 直流电源至 PWR 及 PWR COM 引脚,即可产生隔离放大器内部所需的输入及输出侧电源。并且内部产生的输入及输出电源可以引出供其他电路使用,非常方便。

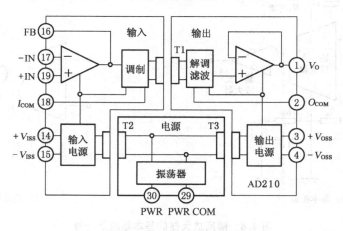

图 4.10　AD210 原理框图

4.3　调制与解调

　　一些被测量,如力、位移等,经过传感器变换以后,常常是一些缓变的电信号。由于传感器输出的电信号一般为较低的频率分量(在直流至几十 kHz 之间),当被测量信号比较弱时,为了实现信号的传输尤其是远距离传输,可以采用直流放大或交流放大。由于信号传输过程中容易受到工频及其他信号的干扰,若采用直流放大则在传输过程中必须采用一定的措施抑制干扰信号的影响。而在实际中,往往采用更有效的先调制而后交流放大,将信号从低频区推移到高频区,可以提高电路的抗干扰能力和信号的信噪比。

　　调制是用低频缓变信号控制或改变高频振荡信号的某个参数(幅值、相位或频率)的过程。当被控制的量是高频振荡信号的幅值时,称作调幅(AM);当被控制的量是高频振荡信号的频率或相位时,则称作调频(FM)或调相(PM)。测试技术中常用的是调幅和调频。

　　将控制高频振荡信号的低频信号称为调制波,载运低频信号的高频振荡信号称为载波,经过调制的高频波称为已调波。视调制的方式不同,已调波又分为调幅波、调频波和调相波,如图 4.11 所示。

　　解调是从已调制信号中提取或恢复原有的低频调制信号的过程。解调是调制的逆过程。调制与解调技术在工程测试技术中得到了广泛应用。

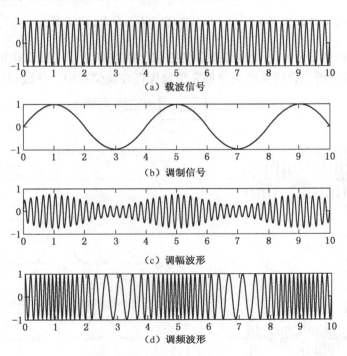

　　　　　　（a）载波信号

　　　　　　（b）调制信号

　　　　　　（c）调幅波形

　　　　　　（d）调频波形

图 4.11　载波、调制信号及调幅、调频波

4.3.1　幅值调制与解调

1) 幅值调制的工作原理

幅值调制是将一个高频简谐信号(载波信号)与测试信号(调制信号)相乘,使载波信号的幅值随测试信号的变化而变化。为使结果有普遍意义,假设调制信号为 $x(t)$,其最高频率成分为 f_m,载波信号为 $\cos 2\pi f_0 t$,$f_0 \gg f_m$。则有调幅波

$$x_m(t) = x(t) \cdot \cos 2\pi f_0 t = \frac{1}{2}\left[x(t) e^{-j2\pi f_0 t} + x(t) e^{j2\pi f_0 t}\right] \tag{4.17}$$

2) 调幅信号的频域分析

下面我们分析幅值调制信号的频域特点。如果 $x(t) \Leftrightarrow X(f)$,由傅里叶变换的卷积性质:两个信号的时域乘积对应这两个信号的频域卷积,即

$$x(t)y(t) \Leftrightarrow X(f) * Y(f)$$

而余弦函数的傅里叶变换有

$$\cos 2\pi f_0 t \Leftrightarrow \frac{1}{2}\left[\delta(f - f_0) + \delta(f + f_0)\right]$$

则利用傅里叶变换的频移性质,有

$$x(t)\cos 2\pi f_0 t \Leftrightarrow \frac{1}{2}\left[X(f) * \delta(f - f_0) + X(f) * \delta(f + f_0)\right]$$

所以调幅使被测信号 $x(t)$ 的频谱由原点平移至载波频率 f_0 处,而幅值降低了一半,见图 4.12。但 $x(t)$ 中所包含的全部信息都完整地保存在调幅波中。载波频率 f_0 称为调幅波

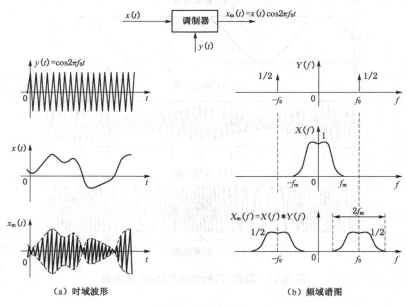

图 4.12　调幅过程

的中心频率，f_0+f_m 称为上旁频带，f_0-f_m 称为下旁频带。调幅以后，原信号 $x(t)$ 中所包含的全部信息均转移到以 f_0 为中心，宽度为 $2f_m$ 的频带范围之内，即将有用信号从低频区推移到高频区。所以调幅过程就相当于频谱"搬移"过程。

因为信号中不包含直流分量，可以用中心频率为 f_0，通频带宽是 $\pm f_m$ 的窄带交流放大器放大，然后再通过解调从放大的调制波中取出有用的信号。

由此可见，调幅的目的是为了便于缓变信号的放大和传送，而解调的目的是为了恢复被调制的信号。如在电话电缆、有线电视电缆中，由于不同的信号被调制到不同的频段，因此，在一根导线中可以传输多路信号。为了减小放大电路可能引起的失真，信号的频宽（$2f_m$）相对于中心频率（载波频率 f_0）应越小越好，实际载波频率常至少数倍甚至数十倍于调制信号频率。

3）幅值调制信号的解调

幅值调制信号的解调有多种方法，常用的有同步解调、整流检波和相敏检波。

（1）同步解调

若把调幅波再次与原载波信号相乘，则频域图形将再一次进行"搬移"，其结果如图 4.13 所示。当用一个低通滤波器滤去频率大于 f_m 的成分时，则可以复现原信号的频谱。与原频谱的区别在于幅值为原来的一半，这可以通过放大来补偿。这一过程称为同步解调，同步是指解调时所乘的信号与调制时的载波信号具有相同的频率和相位。用等式表示为

$$x(t)\cos 2\pi f_0 t \cos 2\pi f_0 t = \frac{x(t)}{2} + \frac{1}{2}x(t)\cos 4\pi f_0 t \qquad (4.18)$$

用低通滤波器将频率高于 f_0 的高频信号滤去，即上述等式中的 $2f_0$ 部分滤去，即可得到 $\dfrac{x(t)}{2}$。

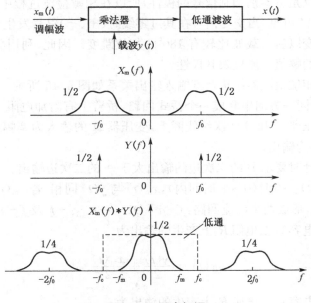

图 4.13 同步解调

值得注意的是,同步解调要求有性能良好的线性乘法器件,否则将引起信号失真。

(2) 整流检波

若把调制信号进行偏置,叠加一个直流分量,使偏置后的信号都具有正电压,那么调幅波的包络线将具有原调制信号的形状,如图 4.14 所示。把该调幅波进行简单的半波或全波整流、滤波,并减去所加的偏置电压就可以恢复原调制信号。这种方法又称作包络分析、包络检波。

若所加的偏置电压未能使信号电压都为正,则从图 4.14(b)可以看出,只有简单的整流不能恢复原调制信号,这时需要采用相敏检波方法。

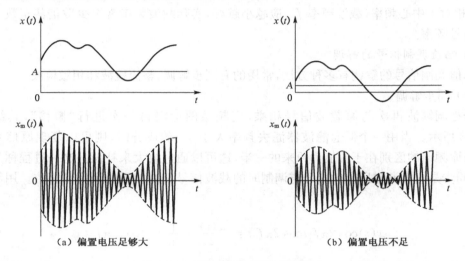

(a) 偏置电压足够大　　　　　　　　　(b) 偏置电压不足

图 4.14　调制信号加偏置的调幅波

(3) 相敏检波

相敏检波的特点是可鉴别调制信号的极性,所以在相敏检波过程中不要求对原信号加直流偏置。从图 4.14 可见,当交变信号在其过零线时(+、-)符号发生突变,而其调幅波的相位在发生符号突变以后与载波比较有 180°的相位跳变。因此,利用载波信号与之比较,既能反映出原信号的幅值又能反映其极性。

常见的二极管相敏检波器结构及其输入输出关系如图 4.15 所示。它由四个特性相同的二极管 $D_1 \sim D_4$ 沿同一方向串联成一个桥式回路,桥臂上有附加电阻,用于桥路平衡。四个端点分别接在变压器 A 和 B 的次级线圈上,变压器 A 的输入为调幅波 $x_m(t)$,B 的输入信号为载波 $y(t)$,u_f 为输出。

相敏检波器设计时要求 B 的二次边的输出大于 A 的二次边输出。

当调制信号 $x(t) > 0$ 时(0~a 时间内),$x_m(t)$ 与 $y(t)$ 同相。若 $x_m(t) > 0$,$y(t) > 0$,则二极管 D_1、D_2 导通,形成两个电流回路:$f-a-D1-b-e-g-f$ 及 $f-g-e-b-D2-c-f$,其中回路 1 在负载电容 C 及电阻 R_f 上产生的输出为

$$u_{f1}(t) = \frac{y(t)}{2} + \frac{x_m(t)}{2}$$

回路 2 在负载电容 C 及电阻 R_f 上产生的输出为

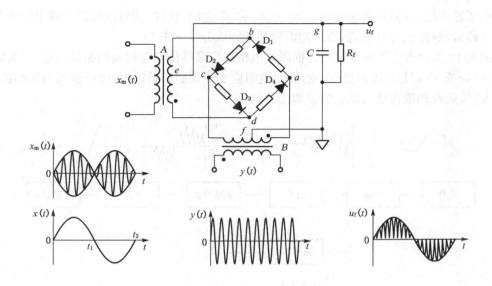

图 4.15 相敏检波电路原理图

$$u_{f2}(t) = -\frac{y(t)}{2} + \frac{x_m(t)}{2}$$

总输出
$$u_f(t) = u_{f1}(t) + u_{f2}(t) = x_m(t)$$

若 $x_m(t) < 0$，$y(t) < 0$，则二极管 D3、D4 导通，形成两个电流回路：$f-c-D3-d-e-g-f$ 及 $f-g-e-d-D4-a-f$，其中回路 1 在负载电容 C 及电阻 R_f 上产生的输出为

$$u_{f1}(t) = \frac{y(t)}{2} + \frac{x_m(t)}{2}$$

回路 2 在负载电容 C 及电阻 R_f 上产生的输出为

$$u_{f2}(t) = -\frac{y(t)}{2} + \frac{x_m(t)}{2}$$

总输出
$$u_f(t) = u_{f1}(t) + u_{f2}(t) = x_m(t)$$

由上述分析可知，$x(t) > 0$ 时，无论调制波是否为正，相敏检波器的输出波形均为正，即保持与调制信号极性相同。同时可知，这种电路相当于在 $0 \sim t_1$ 段对 $x_m(t)$ 全波整流，故解调后的频率比原调制波高一倍。

当调制信号 $x(t) < 0$ 时（$t_1 \sim t_2$ 时间内），$x_m(t)$ 与 $y(t)$ 反相。同样可以分析得出，$x(t) < 0$ 时，不管调制波极性如何，相敏检波器的输出波形均为负，保持与 $x(t)$ 一致。同时，电路在 $t_1 \sim t_2$ 段相当于对 $x_m(t)$ 全波整流后反相，解调后的频率为原调制波的两倍。

综上所述，调幅波经相敏检波后，得到一随原调制信号的幅值与相位变化而变化的高频波，再经过适当频带的低通滤波，即可获得与调制信号一致的信号。

相敏检波器的输出波形的包络线即是所需要的信号，因此，必须把它和载波分离。由于被测信号的最高频率 $f_m \leqslant \left(\frac{1}{5} - \frac{1}{10}\right) f_0$（载波频率），所以应在相敏检波器的输出端再接一个低通滤波器,并使其截止频率 f_c 介于 f_m 和 f_0 之间,这样,相敏检波器的输出信号在通过滤波器后,载波成分将急剧衰减,把需要的低频成分留下来。

图 4.16 为动态电阻应变仪的方框图。电桥由振荡器供给等幅高频振荡电压(一般频率为 10 kHz 或 15 kHz),被测量(应变)通过电阻应变片调制电桥输出,电桥输出为调幅波,经过放大,最后经相敏检波与低通滤波取出所测信号。

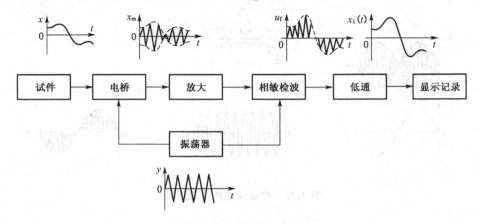

图 4.16 动态电阻应变仪方框图

4.3.2 频率调制与解调

用调制信号去控制载波信号的频率,使其随调制信号的变化而变化,这一过程称为频率调制,简称调频。由于调频比较容易实现数字化,特别是调频信号在传输过程中不易受到干扰,所以在测量、通信和电子技术的许多领域中得到了越来越广泛的应用。

1) 频率调制的基本原理

调频是利用信号电压的幅值控制一个振荡器,振荡器输出的是等幅波,但其振荡频率偏移量和信号电压成正比。信号电压为正值时调频波的频率升高,负值时则降低;信号电压为零时,调频波的频率就等于中心频率,如图 4.17 所示。

调频波的瞬时频率为

$$f = f_0 \pm \Delta f$$

式中: f_0——载波频率;

Δf——频率偏移,与调制信号的幅值成正比。

设调制信号 $x(t)$ 为幅值为 X_0、频率为 f_m 的余弦波,其初始相位为 0

$$x(t) = X_0 \cos 2\pi f_m t$$

载波信号为

$$y(t) = Y_0 \cos(2\pi f_0 t + \varphi_0), f_0 \gg f_m$$

调频时载波的幅值 Y_0 和初始相位角 φ_0 不变,瞬时频率 $f(t)$ 围绕着 f_0 随调制信号电

压作线性的变化,因此

$$f(t) = f_0 + k_f X_0 \cos 2\pi f_m t = f_0 + \Delta f_f \cos 2\pi f_m t \qquad (4.19)$$

式中,Δf_f 是由调制信号 X_0 决定的频率偏移,$\Delta f_f = k_f X_0$。k_f 为比例常数,其大小由具体的调频电路决定。

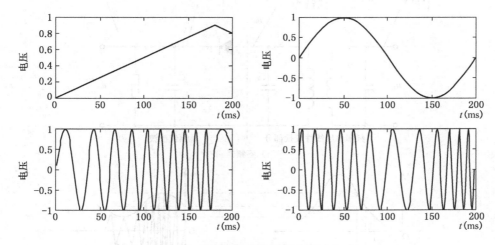

图 4.17   调频波与调制信号幅值的关系

由上式可见,频率偏移与调制信号的幅值成正比,与调制信号的频率无关,这是调频波的基本特征之一。

实现信号的调频和解调的方法甚多,这里主要介绍测试仪器中最常用的方法。

在测量系统中,常利用电抗元件组成调谐振荡器,以电抗元件(电感或电容)作为传感器参量,以它感受被测量的变化,作为调制信号的输入,振荡器原有的振荡信号作为载波。当有调制信号输入时,振荡器输出的即为被调制了的调频波。当电容 C 和电感 L 并联组成振荡器的谐振回路时,电路的谐振频率将为

$$f = \frac{1}{2\pi \sqrt{LC}} \qquad (4.20)$$

若在电路中以电容为调谐参数,对上式进行微分,有

$$\frac{\partial f}{\partial C} = \left(-\frac{1}{2}\right)\left(\frac{1}{2\pi}\right)(LC)^{-\frac{3}{2}} L = \left(-\frac{1}{2}\right)\frac{f}{C}$$

所以,在 f_0 附近有频率偏移:

$$\Delta f = -\frac{f_0}{2}\frac{\Delta C}{C}$$

这种把被测量的变化直接转换为振荡频率的变化称为直接调频式测量电路。其输出也是等幅波。

2) 调频波的解调

调频波是以正弦波频率的变化来反映被测信号的幅值变化的,因此,调频波的解调是

先将调频波变换成调频调幅波,然后进行幅值检波。调频波的解调由鉴频器完成。鉴频器通常由线性变换电路与幅值检波电路组成,如图 4.18 所示。

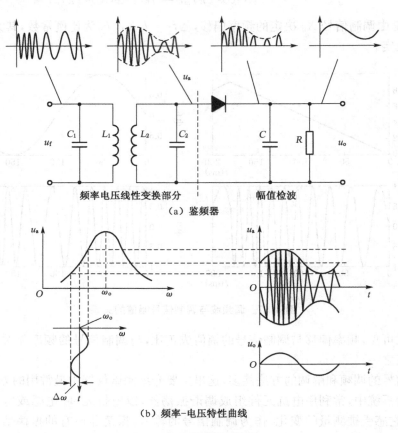

（a）鉴频器

（b）频率-电压特性曲线

图 4.18　调频波的解调

图中调频波 u_f 经过变压器耦合,加于 L_2、C_2 组成的谐振回路上,在 L_2、C_2 并联振荡回路两端获得如图 4.17(b)所示的频率-电压特性曲线。当等幅调频波 u_f 的频率等于回路的谐振频率 f_n 时,线圈 L_1、L_2 中的耦合电流最大,二次边输出电压 u_a 也最大。u_f 的频率偏离 f_n,u_a 也随之下降。通常利用特性曲线的亚谐振区近似直线的一段实现频率-电压变换。将 u_a 经过二极管进行半波整流,再经过 RC 组成的滤波器滤波,滤波器的输出电压 u_o 与调制信号成正比,复现了被测量信号 $x(t)$,至此解调完毕。

4.4　滤波器

滤波器是一种选频装置,它只允许一定频带范围的信号通过,同时极大地衰减其他频率成分。滤波器的这种筛选功能在测试技术中可以起到消除噪声和干扰信号等作用,在自动检测、自动控制、信号处理等领域得到广泛的应用。

4.4.1 滤波器分类

根据滤波器的选频作用,滤波器可以分成四类:低通、高通、带通和带阻滤波器。若只考虑频率大于零的频谱部分,则这四种滤波器的幅频特性图如图 4.19 所示。

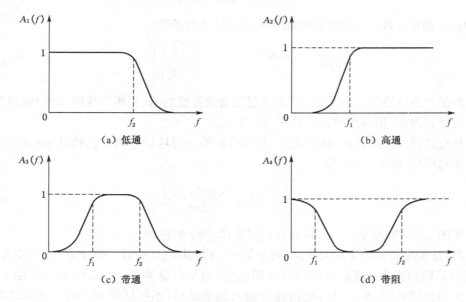

图 4.19 四种滤波器的幅频特性

(1) 低通滤波器　只允许 $0 \sim f_2$ 间的频率成分通过,而大于 f_2 的频率成分衰减为零。

(2) 高通滤波器　与低通滤波器相反,它只允许 $f_1 \sim \infty$ 的频率成分通过,而 $f < f_1$ 的频率成分衰减为零。

(3) 带通滤波器　只允许 $f_1 \sim f_2$ 间的频率成分通过,其他频率成分衰减为零。

(4) 带阻滤波器　与带通滤波器相反,它将 $f_1 \sim f_2$ 之间的频率成分衰减为零,其余频率成分几乎不受衰减地通过。

这四种滤波器的特性之间存在着一定的联系:高通滤波器的幅频特性可以看作为低通滤波器做负反馈而得到,即 $A_2(f) = 1 - A_1(f)$;带通滤波器的幅频特性可以看作为带阻滤波器做负反馈而获得;带阻滤波器是低通和高通滤波器的组合。

根据构成滤波器的电路性质,滤波器可分为有源滤波器和无源滤波器;根据滤波器所处理的信号性质,可分为模拟滤波器和数字滤波器等。

4.4.2 滤波器性能分析

1) 理想滤波器

从图 4.19 可见,四种滤波器在通带与阻带之间都存在一个过渡带,其幅频特性是一条斜线,在此频带内,信号受到不同程度的衰减。这个过渡带是滤波器所不希望的,但也是不可避免的。

理想滤波器是一个理想化的模型,在物理上是不能实现的,但是,对其的深入了解对掌握滤波器的特性是十分有帮助的。

根据线性系统的不失真测试条件,理想测量系统的频率响应函数应是

$$H(f) = A_0 e^{-j2\pi f t_0}$$

式中,A_0、t_0 都是常数。若滤波器的频率响应满足下列条件:

$$H(f) = \begin{cases} A_0 e^{-j2\pi f t_0} & |f| < f_c \\ 0 & \text{其他} \end{cases} \tag{4.21}$$

则称为理想低通滤波器。图 4.20(a)为理想低通滤波器的幅、相频特性图,图中频域图形以双边对称形式画出,相频图中直线斜率为 $-2\pi t_0$。

这种在频域为矩形窗函数的"理想"低通滤波器的时域脉冲响应函数是 $\mathrm{sinc}\theta$ 函数。如果没有相角滞后,即 $t_0 = 0$,则

$$h(t) = 2A_0 f_c \frac{\sin(2\pi f_c t)}{2\pi f_c t} \tag{4.22}$$

其图形如图 4.20(b)所示。$h(t)$ 具有对称图形,时间 t 的范围从 $-\infty$ 到 ∞。

但是,这种滤波器是不能实现的,对于负的 t 值,其 $h(t)$ 的值不等于零,这是不合理的。因为 $h(t)$ 是理想低通滤波器对单位脉冲的响应,而单位脉冲在 $t = 0$ 时刻才作用于系统。任一现实的物理系统,响应只可能出现于输入到来之后,不可能出现于输入到来之前。同样,理想的高通、带通、带阻滤波器也是不存在的。讨论理想滤波器是为了进一步了解滤波器的传输特性,树立关于滤波器的通频带宽和建立比较稳定的输出所需要的时间之间的关系。

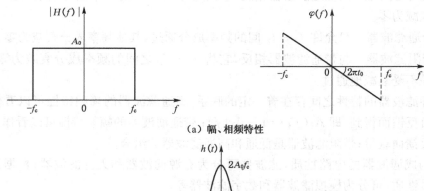

(a) 幅、相频特性

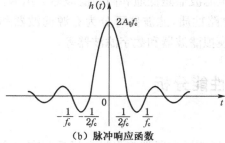

(b) 脉冲响应函数

图 4.20 理想低通滤波器

设滤波器的传递函数为 $H(f)$，若给滤波器一单位阶跃输入 $u(t)$，如图 4.21 所示。

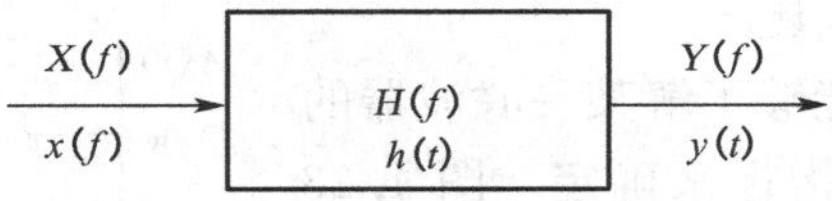

$$X(f) \quad \boxed{\begin{array}{c} H(f) \\ h(t) \end{array}} \quad Y(f)$$
$$x(f) \quad\quad\quad\quad\quad y(t)$$

图 4.21　滤波器方框图

$$x(t) = u(t) = \begin{cases} 1 & t \geqslant 0 \\ 0 & t < 0 \end{cases}$$

则滤波器的输出 $y(t)$ 为

$$y(t) = h(t) * x(t) = \int_{-\infty}^{\infty} x(\tau)h(t-\tau)\mathrm{d}\tau \tag{4.23}$$

其结果如图 4.22 所示。

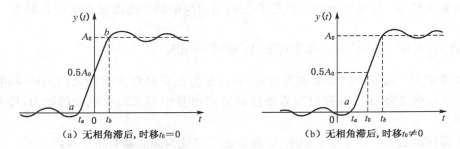

（a）无相角滞后，时移 $t_0 = 0$　　　　（b）无相角滞后，时移 $t_0 \neq 0$

图 4.22　理想低通滤波器对单位阶跃输入的响应

从图 4.22 可见，输出响应从零值（a 点）到稳定值 A_0（b 点）需要一定的建立时间（$t_b - t_a$）。计算积分式（4.23），有

$$t_b - t_a = \frac{0.61}{f_c} \tag{4.24}$$

式中 f_c 为低通滤波器的截止频率，也称为滤波器的通频带。由上式可见，滤波器的通频带越宽，即 f_c 越大，则响应的建立时间 T_e 越小，即图 4.22 中图形越陡峭。如果按理论响应值的 0.1～0.9 作为计算建立时间的标准，则

$$T_e = t_b' - t_a' = \frac{0.45}{f_c} \tag{4.25}$$

因此，低通滤波器对阶跃响应的建立时间 T_e 和带宽 B（即通频带的宽度）成反比，即

$$BT_e = 常数 \tag{4.26}$$

这一结论对其他滤波器（高通、带通、带阻）也适用。

另一方面，滤波器的带宽表示着它的频率分辨力，通带越窄则分辨力越高。因此，滤波器的高分辨能力和测量时快速响应的要求是相互矛盾的。当采用滤波器从信号中选取某一频率成分时，就需要有足够的时间。如果建立时间不够，就会产生虚假的结果，而过长的

测量时间也是没有必要的。一般采用 $BT_e = 5 \sim 10$。

2）实际滤波器的特性参数

对于实际滤波器，为了能够了解某一滤波器的特性，就需要通过一些参数指标来确定。图 4.23 为理想滤波器（虚线）和实际带通滤波器（实线）的幅频特性。

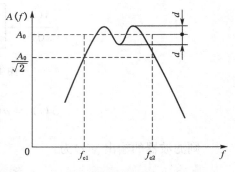

图 4.23　理想滤波器和实际带通滤波器的幅频特性

对于理想滤波器，其特性参数为截止频率。在截止频率之间的幅频特性为常数 A_0，截止频率以外的幅频特性为零；对于实际滤波器，其特性参数没有这么简单，其特性曲线没有明显的转折点，通带中幅频特性也不是常数，因此，需要更多的特性参数来描述实际滤波器的性能。

（1）截止频率　定义幅频特性值等于 $\dfrac{A_0}{\sqrt{2}}$ 时所对应的频率为滤波器的截止频率。以 A_0 为参考值，$\dfrac{A_0}{\sqrt{2}}$ 对应于 -3 dB 点，即相对于 A_0 衰减 -3 dB。

（2）带宽 B　通频带的宽度称为带宽 B，这里为上下两截止频率之间的频率范围，即 $B = f_{c2} - f_{c1}$，单位为 Hz。带宽决定着滤波器分离信号中相邻频率成分的能力，即频率分辨力。

（3）品质因数 Q　定义中心频率 f_0 和带宽 B 之比为滤波器的品质因数

$$Q = \frac{f_0}{B}$$

其中中心频率定义为上下截止频率积的算术平方根，$f_0 = \sqrt{f_{c1} f_{c2}}$。

（4）纹波幅度 d　实际滤波器在通频带内可能出现纹波变化。其波动幅度 d 与幅频特性的稳定值 A_0 相比越小越好，一般应远小于 -3 dB，即 $d \ll A_0 / \sqrt{2}$。

（5）倍频程选择性　实际滤波器至稳定状态需要一定的建立时间 T_e，因此，在上下截止频率外侧有一个过渡带，其幅频曲线的倾斜程度表明了幅频特性衰减的快慢，它决定着滤波器对带宽外频率成分衰阻的能力。通常用上截止频率 f_{c2} 与 $2f_{c2}$ 之间，或者下截止频率 f_{c1} 与 $\dfrac{1}{2} f_{c1}$ 之间幅频特性的衰减量来表示，即频率变化一个倍频程时的衰减量。这就是倍频程选择性。很明显，衰减越快，滤波器选择越好。

（6）滤波器因数 λ　滤波器选择性的另一种表示方法，是用滤波器幅频特性的 -60 dB 带宽与 -3 dB 带宽的比值

$$\lambda = \frac{B_{-60\text{dB}}}{B_{-3\text{dB}}}$$

来表示。理想滤波器 $\lambda = 1$，一般要求滤波器 $1 < \lambda < 5$。如果带阻衰减量达不到 -60 dB，则以标明衰减量（如 -40 dB）的带宽与 -3 dB 带宽之比来表示其选择性。

4.4.3 RC 调谐式滤波器

在测试系统中,常用 RC 滤波器。RC 滤波器电路简单,抗干扰能力强,有较好的低频性能。

1) RC 低通滤波器

RC 低通滤波器的典型电路如图 4.24 所示。设滤波器的输入电压为 u_x,输出电压为 u_y,其微分方程为

$$RC \frac{\mathrm{d}u_y}{\mathrm{d}t} + u_y = u_x \tag{4.27}$$

令 $\tau = RC$,为时间常数。经拉氏变换得传递函数:

$$H(s) = \frac{1}{\tau s + 1} \tag{4.28}$$

这是一个典型的一阶系统,其截止频率为

$$f_{c2} = \frac{1}{2\pi RC} \tag{4.29}$$

当 $f \ll \dfrac{1}{2\pi RC}$ 时,其幅频特性 $A(f) = 1$,信号不受衰减通过。

当 $f = \dfrac{1}{2\pi RC}$ 时,$A(f) = \dfrac{1}{\sqrt{2}}$,也即幅值比稳定幅值降了 -3 dB。RC 值决定着上截止频率。改变 RC 值就可以改变滤波器的截止频率。

当 $f \gg \dfrac{1}{2\pi RC}$ 时,输出 u_y 与输入 u_x 的积分成正比,即

$$u_y = \frac{1}{RC} \int u_x \mathrm{d}t \tag{4.30}$$

起着积分器的作用。其对高频成分的衰减率为 -20 dB/10 倍频程。如果要加大滤波器的衰减率,可以通过提高低通滤波器的阶数来实现。但数个一阶低通滤波器串联后后一级的滤波电阻、电容对前一级电容起并联作用,产生负载效应。

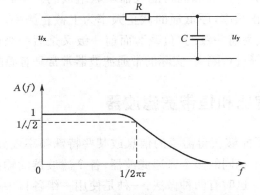

图 4.24 RC 低通滤波器及其幅频特性曲线

2）RC 高通滤波器

RC 高通滤波器的典型电路如图 4.25 所示。设滤波器的输入电压为 u_x，输出电压为 u_y，其微分方程为

$$u_y + \frac{1}{RC}\int u_y \mathrm{d}t = u_x \tag{4.31}$$

同理，令 $\tau = RC$，其传递函数

$$H(s) = \frac{\tau s}{\tau s + 1} \tag{4.32}$$

其幅频特性见图 4.25。

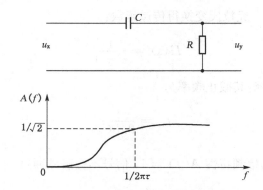

图 4.25 RC 高通滤波器及其幅频特性曲线

当 $f \ll \frac{1}{2\pi RC}$ 时，输出 u_y 与输入 u_x 的微分成正比，起着微分器的作用。

当 $f = \frac{1}{2\pi RC}$ 时，$A(f) = \frac{1}{\sqrt{2}}$，也即幅值比稳定幅值降了 -3 dB，也即为截止频率。RC 值决定着截止频率。改变 RC 值就可以改变滤波器的截止频率。

当 $f \gg \frac{1}{2\pi RC}$ 时，其幅频特性 $A(f) = 1$，信号不受衰减通过。

3）带通滤波器

带通滤波器可以看成是低通和高通滤波器串联组成的。串联所得的带通滤波器以原高通的截止频率为下截止频率，原低通的截止频率为上截止频率。但要注意，当多级滤波器串联时，因为后一级成为前一级的"负载"，而前一级又是后一级的信号源内阻，因此，两级间常采用运算放大器等进行隔离，实际的带通滤波器常常是有源的。

4.4.4 恒带宽比和恒带宽滤波器

在实际测试中，为了能够获得需要的信息或某些特殊频率成分，可以将信号通过放大倍数相同而中心频率各不相同的多个带通滤波器，各个滤波器的输出主要反映信号中在该通带频率范围内的量值。这时有两种做法：一种是使用一组各自中心频率固定的但又按一

定规律相隔的滤波器组,如图 4.26 所示;另一种是使带通滤波器的中心频率是可调的,通过改变滤波器的参数使其中心频率跟随所需要测量的信号频段。

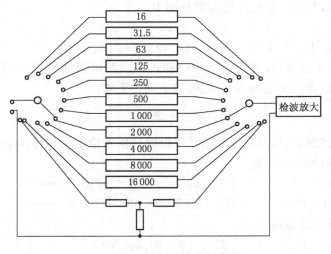

图 4.26 倍频程谱分析装置

图 4.26 中所示的频谱分析装置所用的滤波器组,其通带是相互连接的,以覆盖整个感兴趣的频率范围,保证不丢失信号中的频率成分。通常是前一个滤波器的−3 dB 上截止频率(高端)就是下一个滤波器的−3 dB 下截止频率(低端)。滤波器组应具有同样的放大倍数。

1) 恒带宽比滤波器

品质因数 Q 为中心频率 f_0 和带宽 B 之比,$Q = \dfrac{f_0}{B}$。若采用具有相同 Q 值的调谐滤波器做成邻接式滤波器(如图 4.26),则该滤波器组是一些恒带宽比的滤波器构成的。因此,中心频率 f_n 越大,其带宽 B 也越大,频率分辨率低。

假若一个带通滤波器的低端截止频率为 f_{c1},高端截止频率为 f_{c2},f_{c2} 和 f_{c1} 有下列关系式:

$$f_{c2} = 2^n f_{c1} \tag{4.33}$$

式中 n 称为倍频程数。若 $n = 1$,则称为倍频程滤波器;若 $n = \dfrac{1}{3}$,则称为 1/3 倍频程滤波器。滤波器的中心频率则为

$$f_0 = \sqrt{f_{c1} f_{c2}} \tag{4.34}$$

由式(4.31)和式(4.32)可得

$$f_{c2} = 2^{\frac{n}{2}} f_0$$

$$f_{c1} = 2^{-\frac{n}{2}} f_0$$

因此

$$f_{c2} - f_{c1} = B = \frac{f_0}{Q}$$

$$\frac{1}{Q} = \frac{B}{f_0} = 2^{\frac{n}{2}} - 2^{-\frac{n}{2}} \tag{4.35}$$

对于不同的倍频程，其滤波器的品质因数分别为

倍 频 程 n　　1　　1/3　　1/5　　1/10
品质因数 Q　1.41　4.32　7.21　14.42

对于邻接的一组滤波器，利用式(4.31)和式(4.32)可以推得：后一个滤波器的中心频率 f_{02} 与前一个滤波器的中心频率 f_{01} 之间有下列关系式：

$$f_{02} = 2^n f_{01} \tag{4.36}$$

因此，根据上述两式，只要选定 n 值就可以设计覆盖给定频率范围的邻接式滤波器组。对于 $n=1$ 的倍频程滤波器，有

中心频率(Hz)　　16　　31.5　　63　　125　　250　……
带　　宽(Hz)　11.31　22.27　44.55　88.39　176.78　……

对于 1/3 倍频程滤波器组，有

中心频率(Hz)　12.5　　16　　20　　25　　31.5　　40
带　　宽(Hz)　2.9　3.7　4.6　5.8　7.3　9.3

2) 恒带宽滤波器

从上述内容可以看出，恒带宽比(Q 为常数)的滤波器，其通频带在低频段内甚窄，而在高频段内则较宽。因此，滤波器组的频率分辨力在低频段内较好，在高频段内甚差。

为了使滤波器组的分辨力在所有频段都具有同样良好的频率分辨力，可以采用恒带宽的滤波器。图 4.27 为恒带宽比滤波器和恒带宽滤波器的特性对照图，为了便于说明问题，图中滤波器的特性都画成是理想滤波器的特性。

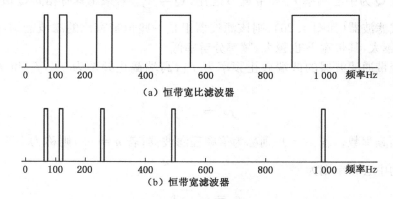

（a）恒带宽比滤波器

（b）恒带宽滤波器

图 4.27　理想的恒带宽比和恒带宽滤波器的特性对照图

为了提高滤波器的分辨力，其带宽应窄一些，但这样为覆盖整个频率范围所需要的滤波器数量就很大。因此，恒带宽滤波器不应做成中心频率为固定的。实际应用中一般利用一个定带宽的定中心频率的滤波器加上可变参考频率的差频变换来适应各种不同中心频率的定带宽滤波器的需要。参考信号的扫描速度应能够满足建立时间的要求，尤其是滤波器带宽很窄的情况，参考频率变化不能过快。常用的恒带宽滤波器有相关滤波和变频跟踪滤波两种。

4.4.5 无源滤波器与有源滤波器

前面所介绍的 RC 调谐式滤波器仅由电阻、电容等无源元件构成,通常称之为无源滤波器。一阶无源滤波器过渡带衰减缓慢,选择性不佳,虽然可以通过把无源的 RC 滤波器串联,以提高阶次,增加在过渡带的衰减速度,但受级间耦合的影响,效果是互相削弱的,而且信号的幅值也将逐渐减弱,为克服这些缺点,就需采用有源滤波器。

有源滤波器由 RC 调谐网络和运算放大器组成,运算放大器是有源器件,既可作为级间隔离又可起信号幅值放大作用。

1) 一阶有源滤波器

有源滤波器是将前述的无源 RC 滤波网络接入运算放大器的输入端或接入运算放大器电路的反馈回路上,如图 4.28 所示。

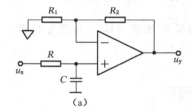 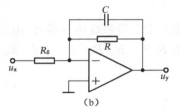

图 4.28　一阶有源低通滤波器

图 4.28(a)为一阶同相有源低通滤波器,它将 RC 无源低通滤波器接到运放的同相输入端,运放起隔离、增益和提高带负载能力作用。其截止频率仍为 $f_c = \dfrac{1}{2\pi RC}$,放大倍数为 $K = 1 + \dfrac{R_2}{R_1}$。图 4.28(b) 为一阶反相有源低通滤波器,它将高通网络作为运算放大器的负反馈,结果得到低通滤波特性,其截止频率为 $f_c = \dfrac{1}{2\pi RC}$,放大倍数为 $K = \dfrac{R}{R_0}$。

一阶有源滤波器虽然在隔离、增益性能方面优于无源网络,但是它仍存在着过渡带衰减缓慢的严重弱点,所以就需寻求过渡带更为陡峭的高阶滤波器。

2) 二阶有源滤波器

把较为复杂的 RC 网络与运算放大器组合可以得到二阶有源滤波器。这种滤波器有多路负反馈型、有限电压放大型和状态变量型等。

（1）多路负反馈型

它是把滤波网络接在运算放大器的反相输入端,其线路结构见图 4.29。图中 $Y_1 \sim Y_5$ 是各元件的导纳。假设运算放大器具有理想参数,由图根据克希霍夫定律可写出各节点的电流方程。

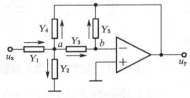

图 4.29　多路负反馈型滤波器

节点 a 和 b 的电流方程分别为

$$(u_a - u_x)Y_1 + u_a Y_2 + (u_a - u_b)Y_3 + (u_a - u_y)Y_4 = 0$$

$$(u_b - u_a)Y_3 + (u_b - u_y)Y_5 = 0$$

根据理想运放特性 $u_b \approx 0$，可得图 4.29 电路的传递函数为

$$H(s) = \frac{-Y_1 Y_3}{Y_5(Y_1 + Y_2 + Y_3 + Y_4) + Y_3 Y_4}$$

这是其原型形式，适当地将 $Y_1 \sim Y_5$ 各用电阻、电容来代替即可组合出二阶低通、高通、带通和带阻等不同类型的滤波器。下面以低通滤波器为例讨论其电路的实现。

多路负反馈二阶低通滤波器如图 4.30 所示。将各元件导纳代入上式可得

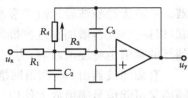

图 4.30　多路负反馈二阶低通滤波器

$$H(s) = -\frac{R_4}{R_1} \frac{\dfrac{1}{R_3 R_4 C_2 C_5}}{s^2 + \dfrac{s}{C_2}\left(\dfrac{1}{R_1} + \dfrac{1}{R_3} + \dfrac{1}{R_4}\right) + \dfrac{1}{R_3 R_4 C_2 C_5}}$$

这是一个二阶系统传递函数，由二阶系统幅频特性可知该电路具有低通特性。该电路直流增益 $K = -R_4/R_1$。其 -3 dB 截止频率为

$$f_c = \frac{1}{2\pi \sqrt{R_3 R_4 C_2 C_5}}$$

（2）有限电压放大型

将滤波网络接在运算放大器的同相输入端，如图 4.31 所示。这种电路可以得到较高的输入阻抗。根据与多路负反馈类似的方法同样可推导出这一电路的传递函数为

$$H(s) = \frac{A_{vf} Y_1 Y_4}{Y_5(Y_1 + Y_2 + Y_3 + Y_4) + [Y_1 + Y_2(1 - A_{vf}) + Y_3]Y_4}$$

其中，$A_{vf} = 1 + \dfrac{R_f}{R_0}$ 为运放的闭环增益。

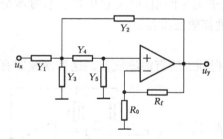

图 4.31　有限电压放大型滤波器

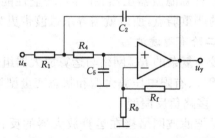

图 4.32　有限电压放大二阶低通滤波器

按上述同样方法，将 $Y_1 \sim Y_5$ 各用电阻、电容代替即可组合出不同的滤波特性。图 4.32 为有限电压放大型二阶低通滤波器。

（3）状态变量型

这是许多仪器中常用的一种有源滤波器，它有多种类型的电路，图 4.33 是其中的一种电路，整个电路由三个运放和电阻、电容元件组合而成，三个运放的输出 u_2、u_3、u_4 分别对输

入信号 u_1 提供高通、带通和低通三种输出,所以常称之为"万能滤波器"。而且它还可以通过相应的元件参数调节来达到改变各滤波器参数的目的,使用十分方便。

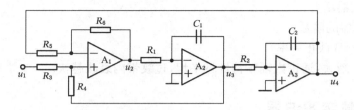

图 4.33 状态变量型有源滤波器

3) 滤波器特性的逼近

实际滤波器在通频带内不平坦,过渡带内不陡直,在设计和制作滤波器时常用实际滤波器可实现的特性去逼近理想滤波器特性。实际滤波器传递函数的一般形式为

$$H(s) = \frac{Y(s)}{X(s)} = \frac{b_m s^m + b_{m-1} s^{m-1} + \cdots + b_1 s + b_0}{a_n s^n + a_{n-1} s^{n-1} + \cdots + a_1 s + a_0} = \frac{k \prod\limits_{j=1}^{m}(s - z_j)}{\prod\limits_{i=1}^{n}(s - p_i)}$$

频率响应函数为

$$H(\omega) = \frac{k \prod\limits_{j=1}^{m}(j\omega - z_j)}{\prod\limits_{i=1}^{n}(j\omega - p_i)}$$

要实现逼近理想特性的滤波网络,问题的实质是决定上式中的全部系数 a_i 和 b_j 以及阶次 n。系数 a_i 和 b_j 取决于元件参数,滤波器阶次 n 与储能元件数量有关,对于同一类型的逼近函数,n 越大,逼近特性越好。

实际滤波器包括对理想幅频特性和对理想相频特性的两种逼近方式。前者最常用的可实现滤波器有巴特沃斯型和切比雪夫型,后者最常用的可实现滤波器有贝塞尔型等。

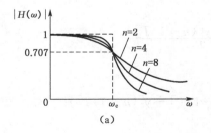
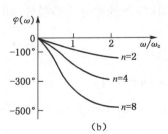

图 4.34 巴特沃斯滤波器

图 4.34 为巴特沃斯滤波器的频率特性曲线,该滤波器具有最大平坦的幅频特性。以低通滤波器为例,其幅频响应表达式为

$$| H(\omega) | = \frac{A}{\sqrt{1 + (\omega/\omega_c)^{2n}}}$$

式中:A——滤波器增益;

$\quad n$——滤波器的阶数;

$\quad \omega_c$———3 dB 截止频率。

由图可见,n 越大,通带内幅频特性越平坦,过渡带内衰减越快。

4.4.6　数字滤波器

数字滤波器是指利用离散时间系统的特性对输入信号进行加工处理,或者说利用数字方法按预定要求对信号进行变换,达到改变信号频谱的目的。从广义讲,数字滤波是一种由专用或通用计算机实现的算法,其输入是一组(由模拟信号采样和量化的)数字量,其输出是经过处理的另一组数字量。数字滤波器具有稳定性高、精度高、灵活性大等突出优点,不仅可以基本上复现前述几种模拟滤波器的功能,而且还能产生模拟领域中不能产生的一些特定有用效应。

数字滤波在数学上可以通过差分方程来表示,常系数线性差分方程的一般形式为

$$y(nT) = \sum_{j=0}^{M} b_j x(nT - jT) - \sum_{i=1}^{N} a_i y(nT - iT)$$

式中,T 为采样间隔。通常在研究离散序列时,许多运算与 T 或采样频率无关,为此令 $T = 1$,则上式成为

$$y(n) = \sum_{j=0}^{M} b_j x(n-j) - \sum_{i=1}^{N} a_i y(n-i)$$

显然,上式将第 n 个输出值与过去的 N 个输出值和 $M+1$ 个最新的输入值联系起来。数字滤波器即是通过确定合适的系数 a_i 和 b_j 以及滤波器的阶次 N 以满足不同的滤波要求。

例如对于一阶低通滤波器,其微分方程为

$$\tau y'(t) + y(t) = x(t)$$

用采样序列的差分代替微分,即

$$y'(t) = \frac{y[nT] - y[(n-1)T]}{T}$$

式中,$t = (n-1)T$。

从而　$y(nT) = y[(n-1)T] + \dfrac{T}{\tau}\{x[(n-1)T] - y[(n-1)T]\}$

上式中令 $T = 1$,从而　$y(n) = \dfrac{1}{\tau} x(n-1) + \left(1 - \dfrac{1}{\tau}\right) y(n-1)$

此即为一阶低通滤波器的数字实现形式。图 4.35 给出了这两种滤波器对阶跃输入的响应特性。

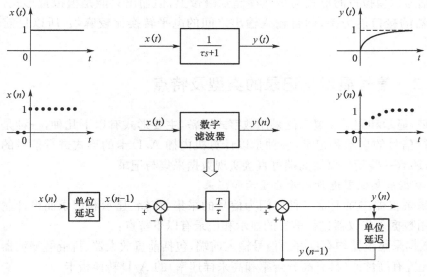

图 4.35　模拟滤波与数字滤波

4.5　信号的显示与记录

4.5.1　概述

信号的显示和记录是测试系统不可缺少的组成部分,信号的显示和记录的目的在于:

(1) 观察信号的大小或实时波形。

(2) 及时掌握测试系统的动态信息,必要时便于对系统参数进行调整。

(3) 记录信号的重现。

(4) 对信号进行后续的分析和处理。

显示和记录装置是用来显示和记录各种信号变化规律所必需的设备,是测量系统的最后一个环节。由于在传感器和信号调理电路中已经把被测量转换为电量,而且进行过变换和处理使电量适合于显示和记录。因此,各种常用的灵敏度较高的电工仪表都可以作为测量显示和记录仪表,如电压表、电流表、万用表、示波器等。

显示和记录装置的种类较多,有些装置只能显示,有些装置只能记录,还有些装置既能显示又能记录。现代的显示和记录装置通常都兼有显示和记录功能。传统的显示和记录装置以模拟式为主,如阴极射线管示波器、光线示波器、XY 记录仪、模拟磁带记录仪等。近年来,随着计算机技术的飞速发展,显示和记录装置从根本上发生了变化,数字式设备已发展成为显示和记录装置的主流。

传统的模拟式显示和记录装置过去曾经广泛应用,但是,光线示波器和 XY 记录仪将被测信号记录在纸质介质上,频率响应差,分辨力低,记录长度受物理载体限制,需要通过手工方式进行后续处理,使用时有诸多不便之处,已逐渐退出历史舞台。模拟磁带记录仪可以将多路信号以模拟量的形式同步地存储到磁带上,但输出只能是模拟量形式,与后续信号处理仪器的接口能力差,而且输入输出之间的电平转换比较麻烦,所以目前也已很少使用。

4.5.2　信号显示与记录的类型及特点

近年来,显示和记录装置广泛采用数字式设备,主要形式有以下几种,一种是用数据采集仪器进行信号的显示和记录,一种是以计算机内插 A/D 卡的形式进行信号的显示和记录。另外,还有一些新型仪器前端可直接实现数据采集与记录。

1) 用数据采集仪器进行信号的显示和记录

数据采集仪器本质上是一种专门为信号的采集、存储、显示和记录而设计制造的计算机系统。用数据采集仪器进行信号的显示和记录有以下特点:

(1) 数据采集仪器均有良好的信号输入前端,包括前置放大器、抗混叠滤波器等。

(2) 配置有高性能(具有高分辨率和高采样速率)的 A/D 转换板卡。

(3) 有大容量存储器。

(4) 配置有专用的数字信号分析与处理软件。

目前国内外有各种不同性能和档次的数据采集和分析仪器,一般功能齐全,性能较好,使用方便,但价格相对较高。

2) 用计算机内插 A/D 卡进行信号的显示和记录

计算机内插 A/D 卡进行信号的显示和记录是一种经济易行的方式。它充分利用了通用计算机的硬件资源,借助于插入微机或工控机内的 A/D 卡与数据采集软件相结合,完成显示和记录任务。这种方式下,信号的采集速度与 A/D 卡转换速率和计算机写外存的速度有关,信号记录长度与计算机外存储器容量有关。

3) 仪器前端直接实现数据采集与记录

近年来,一些新型仪器的前端可直接实现数据采集与记录。这些仪器的前端含有 DSP 模块,可用以实现采集控制,可将通过调理和 A/D 转换的信号直接送入仪器中的海量存储器实现存储。这些存储的信号可通过一些接口由计算机调出实现后续的信号处理和显示。

习　题

4.1　以阻值 $R = 120\ \Omega$、灵敏度 $S = 2$ 的电阻丝应变片与阻值为 $120\ \Omega$ 的固定电阻组成电桥,供桥电压为 2 V,并假定负载为无穷大,当应变片的应变为 $2\ \mu\varepsilon$ 和 $2\,000\ \mu\varepsilon$ 时,分别求出单臂、双臂电桥的输出电压,并比较两种情况下的灵敏度。

4.2　有人在使用电阻应变片时发现灵敏度不够,于是试图在工作电桥上增加电阻应变片数以提高灵敏度。试问,在下列情况下,是否可提高灵敏度? 为什么?

(1) 半桥双臂各串联一片。

(2) 半桥双臂各并联一片。

4.3　用电阻应变片接成全桥,测量某一构件的应变,已知其变化规律为

$$\varepsilon(t) = A\cos 10t + B\cos 100t$$

如果电桥激励电压是 $u_0 = E\sin 10\,000t$，求此电桥输出信号的频谱。

4.4　已知调幅波 $x_a(t) = (100 + 30\cos 2\pi f_1 t + 20\cos 6\pi f_1 t)(\cos 2\pi f_c t)$，其中 $f_c = 10\text{ kHz}, f_1 = 500\text{ Hz}$。

试求：(1) 所包含的各分量的频率及幅值。

(2) 绘出调制信号与调幅波的频谱。

4.5　图 4.5 为利用乘法器组成的调幅解调系统的方框图。设载波信号是频率为 f_0 的正弦波，试求：

(1) 各环节输出信号的时域波形。

(2) 各环节输出信号的频谱图。

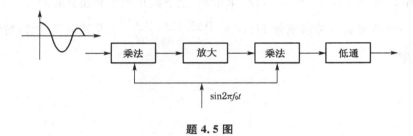

题 4.5 图

4.6　交流应变电桥的输出电压是一个调幅波。设供桥电压为 $E_0 = \sin 2\pi f_0 t$，电阻变化量为 $\Delta R(t) = R_0 \cos 2\pi f t$，其中 $f_0 \gg f$。试求电桥输出电压 $e_y(t)$ 的频谱。

4.7　一个信号具有从 100 Hz 到 500 Hz 范围的频率成分，若对此信号进行调幅，试求：

(1) 调幅波的带宽。

(2) 若载波频率为 10 kHz，在调幅波中将出现哪些频率成分？

4.8　已知某 RC 低通滤波器，$R = 1\text{ k}\Omega, C = 1\text{ }\mu\text{F}$。

(1) 确定各函数式 $H(s), H(\omega), A(\omega), \varphi(\omega)$。

(2) 当输入信号 $u_i = 10\sin 1\,000t$，求输出信号 u_o。

4.9　已知低通滤波器的频率响应函数为

$$H(\omega) = \frac{1}{j\omega\tau + 1}$$

式中 $\tau = 0.05$ s，当输入信号 $x(t) = 0.5\cos(10t) + 0.2\cos(100t - 45°)$ 时，求其输出 $y(t)$，并比较 $y(t)$ 与 $x(t)$ 的幅值与相位有何区别。

4.10　选择一个正确的答案：

将两个中心频率相同的滤波器串联，可以达到（　　）。

(a) 扩大分析频带；(b) 滤波器选择性变好，但相移增加；(c) 幅频、相频特性都得到改善

4.11　什么是滤波器的分辨力？与哪些因素有关？

4.12　设一带通滤波器的下截止频率为 f_{c1}，上截止频率为 f_{c2}，中心频率为 f_0，试指出下列叙述中的正确与错误。

(1) 频程滤波器 $f_{c2} = \sqrt{2} f_{c1}$。

(2) $f_0 = \sqrt{f_{c1} f_{c2}}$。

(3) 滤波器的截止频率就是此通频带的幅值 -3 dB 处的频率。

(4) 下限频率相同时,倍频程滤波器的中心频率是 $\frac{1}{3}$ 倍频程滤波器的中心频率的 $\sqrt[3]{2}$ 倍。

4.13 有一 $\frac{1}{3}$ 倍频程滤波器,其中心频率 $f_0 = 500$ Hz,建立时间 $T_e = 0.8$ s。求该滤波器:

(1) 带宽 B。

(2) 上、下截止频率 f_{c1}、f_{c2}。

(3) 若中心频率改为 $f_0' = 200$ Hz,求带宽、上下截止频率和建立时间。

4.14 一滤波器具有传递函数 $H(s) = \dfrac{K(s^2 - as + b^2)}{s^2 + as + b^2}$,求其幅频、相频特性,并说明滤波器的类型。

5 信号的分析与处理

在第 1 章中,将信号分为周期信号、非周期信号与随机信号三种类型来描述它们各自的形态、表达形式和特征。但是,实际工程中通过测试所得到的信号都比较复杂,一般都具有随机性,表现为随机信号的形式。又由于分析、处理随机信号的方法,都可将其中包含的确定性成分分离出来,因而一般可将工程信号按随机信号处理与分析。所以,本章将对具有各态历经过程的随机信号常用的处理与分析方法以及在工程中的应用作一介绍。

5.1 概述

5.1.1 信号分析和处理的目的

在测试中所获得的各种动态信号,包含着丰富的有用信息,同时,由于测试系统内部和外部各种因素的影响,必然在输出信号中混有噪声;有时,由于干扰信号的作用,使有用信息甚至难于识别和利用,必须对所得的信号进行必要的处理和分析,才能准确地提取它所包含的有用信息。因此,信号分析和信号处理的目的是:①剔除信号中的噪声和干扰,即提高信噪比;②消除测量系统误差,修正畸变的波形;③强化、突出有用信息,削弱信号中的无用部分;④将信号加工、处理、变换,以便更容易识别和分析信号的特征,解释被测对象所表现的各种物理现象。

信号分析和信号处理是密切相关的,二者并没有明确的界限。通常,把能够简单、直观、迅速地研究信号的构成和特征值分析的过程称为信号分析;把经过必要的变换、处理、加工才能获得有用信息的过程称为信号处理。对这二者我们并不作明显的区分。

5.1.2 信号分析和处理的内容

1) 特征值分析(时间域分析)

特征值分析是利用统计分析的方法求取描述时域信号幅值的统计特征量,如均值、均方值、方差和标准差等。对于确定性信号可由表达信号的数学式直接计算出描述信号幅值的特征值。

2) 概率密度分析(幅值域分析)

这种分析方法是将时域信号变换成幅值函数,了解在记录时间历程内信号幅值的分布状态。对于平稳随机信号用概率密度函数和概率分布函数等描述。

3）相关分析（时延域分析）

相关分析是将时域信号变换到时延域内，观察信号波形在不同时刻的关联性和两信号的相似性。用自相关函数、自相关系数、互相关函数和互相关系数等描述。

4）功率谱分析（频率域分析）

功率谱分析是将时域信号变换成频率函数，分析信号的频率结构及其能量沿频率域的分布状态。对于随机信号用自功率谱密度函数、互功率谱密度函数和相干函数等描述。

5）倒频谱分析（倒频域分析）

倒频谱分析是在常规频谱分析的基础上发展起来的，包括功率倒频谱分析和复倒频谱分析。倒频谱分析是近代信号处理科学中的一项新技术，可用于振动与噪声分析，振源、声源识别，机械故障诊断和预报，地震回波分析，传声回响及音质识别等方面的研究。

此外，还有载荷谱分析、冲击谱分析、参数谱分析、细化技术、模态分析、时序分析、小波分析等，不再一一介绍。本章重点讨论一些基本的、常用的分析方法，如概率密度分析、相关分析与功率谱分析等。

5.1.3　信号分析和处理的方法

1）模拟分析方法

将模拟信号输入模拟运算处理设备对信号进行处理与分析，其输出量也是模拟量，这种方法称为模拟分析方法。它的分析精度较低，分析所需时间较长，现在除在信号预处理中和一些专用分析设备中采用此种分析方法外，一般的通用分析仪器已不再采用这种方法。

2）数字分析方法

将数字信号输入带有数字计算机系统的分析设备处理，其输出量也为数字信号，称为数字分析方法。若将模拟信号先进行离散化处理后，再使用数字分析方法称为信号的数字处理分析，这种分析方法具有运算功能多、表示参数丰富、分辨能力强及精度高等优点，是目前广泛采用的方法。

3）模拟—数字混合分析方法

这种方法兼顾上述两种方法的优点，同时包含有处理模拟量和数字量的功能。如常见的实时频谱分析仪即采用此种分析方法。

5.1.4　数字信号处理的基本步骤

数字信号处理的基本步骤如图 5.1 所示，它包括 4 个环节。

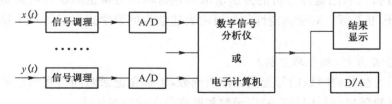

图 5.1　数字信号处理步骤简图

1）信号调理

信号调理也称信号预处理，其目的是把信号调理成为便于数字处理的形式。它包括：

（1）电压幅值调理，以满足电子计算机对输入电压的要求。

（2）过滤信号中的高频噪声。

（3）如果信号中不应有直流分量，则隔离信号中的直流分量。

（4）如果原信号为调制信号，则应解调。

信号调理环节应根据测试对象、信号特点和数字处理设备的能力安排。

2）模数（A/D）转换

模数转换包括在时间上对原信号等间隔采样、保持和幅值上的量化及编码，把模拟量转换成数字量，即把连续信号变成离散的时间序列。

3）数字信号分析

数字信号分析是在信号分析仪或通用的电子计算机上进行的。不管计算机的容量和计算速度有多大，其处理的数据长度是有限的，所以要把长序列截断。在截断时会产生一些误差，所以有时要对截取的数字序列加权，如有必要还可用专门的程序进行数字滤波。然后把所得到的有限长的时间序列按给定的程序进行运算。例如做时域中的概率统计、相关分析，频域中的频谱分析、功率谱分析、传递函数分析等。

4）输出结果

运算结果可直接显示或打印。也可用数模（D/A）转换器再把数字量转换成模拟量输入外部被控装置。如有必要，可将数字信号处理结果输入后续计算机用专门程序做后续处理。

5.1.5　数字信号处理设备简介

数字信号处理可以在专用计算机上进行，也可以在通用计算机上实现。由于计算机软件、硬件的飞速发展，使得数字信号分析处理完全可以实现实时、高速，这为机械设备的在线故障诊断、各种物理现象的实时动态分析提供了一个良好的技术工具。

目前国内外生产的数字信号分析设备产品很多，按其信号处理部分的形式，可分为两大类：一类是以通用微型计算机为主的信号处理系统；另一类是专用的信号处理机。这两类设备各有所长。

以通用微型计算机为主的信号处理系统一般还配有 A/D 转换器等其他辅助装置和信号分析软件。它的通用性较强，可根据处理要求自行编制程序改变处理内容，但处理速度相对较慢，对处理技术人员的要求较高。

专用的信号处理机，也称信号分析仪，实质上是专为信号分析与处理而设计、制造的计算机系统。根据工作过程控制方式还可分为用软件控制、用硬件控制、软硬件相结合三类。

用软件或硬件控制的专用信号处理机可根据需要，输入（或固定）几种处理程序，使用方便，处理速度较快，一般来说其体积小，价格便宜，但这种仪器生产厂家编好程序后用户难以自行改变。

软硬件相结合的信号处理机功能全面，分析速度快，既有专用程序，又可自编程序，使用方便,但操作复杂,价格昂贵。

5.2 信号的时域分析

第1章介绍了信号的时域分析参数:均值、绝对均值、均方值、方差以及幅值域的概率密度函数和概率分布函数的概念等。本节重点说明这些参数的计算、分析及应用。

5.2.1 特征值分析

1) 离散时间序列统计参数的计算

对于各态历经随机信号和确定性的连续信号,其统计特征可用式(1.58)~式(1.62)来表示。而用计算机进行数据处理时,首先需要将测试得到的模拟信号经过 A/D 转换,变为离散的时间序列。因此,对于离散时间序列的特征值统计计算是很有必要的。

(1) 离散信号的均值 μ_x

对于离散信号,若 $x(t)$ 在 $0\sim T$ 时间内,离散点数为 N,离散值为 x_n,则均值 μ_x 表示为

$$\mu_x = \lim_{N \to \infty} \frac{1}{N} \sum_{n=1}^{N} x_n \tag{5.1}$$

(2) 离散信号的绝对平均值 $|\mu_x|$

$$|\mu_x| = \lim_{N \to \infty} \frac{1}{N} \sum_{n=1}^{N} |x_n| \tag{5.2}$$

(3) 离散信号的均方值 ψ_x^2

$$\psi_x^2 = \lim_{N \to \infty} \frac{1}{N} \sum_{n=1}^{N} x_n^2 \tag{5.3}$$

信号的均方根值 x_{rms} 即为有效值,其表达式为:$x_{\text{rms}} = \sqrt{\psi_x^2}$。

(4) 离散信号的方差 σ_x^2

$$\sigma_x^2 = \lim_{N \to \infty} \frac{1}{N} \sum_{n=1}^{n} [x_n - \mu_x]^2 \tag{5.4}$$

σ_x^2 的开方称为均方根差,又叫标准差,表示为:$\sigma_x = \sqrt{\psi_x^2 - \mu_x^2}$。

在统计参数计算时,为防止计算机溢出和随时知道计算结果,常采用递推算法。N 项序列 $\{x_n\}$ 前 n 项的均值 μ_{xn} 的计算公式如下:

$$\mu_{xn} = \frac{n-1}{n} \mu_{x(n-1)} + \frac{1}{n} x_n \tag{5.5}$$

式中,μ_{xn}、$\mu_{x(n-1)}$ 分别为第 n 次计算和 $n-1$ 次计算的均值。

N 项序列 $\{x_n\}$ 前 n 项的均方值 ψ_n^2 的递推算法公式如下:

$$\psi_n^2 = \frac{n-1}{n}\psi_{n-1}^2 + \frac{1}{n}x_n^2 \tag{5.6}$$

N 项序列 $\{x_n\}$ 前 n 项的方差 σ_n^2 的递推算法公式如下：

$$\sigma_n^2 = \frac{n-1}{n}\left\{\sigma_{n-1}^2 + \frac{1}{n}\left[x_n - \mu_{x(n-1)}\right]^2\right\} \tag{5.7}$$

2）特征值分析的应用

（1）均方根值诊断法

利用系统上某些特征点振动响应的均方根值作为判断故障的依据，是最简单、最常用的一种方法。例如，我国汽轮发电机组标准规定轴承座上垂直方向振动位移振幅不得超过 0.05 mm，如果超过就应该停机检修。

均方根值诊断法可适用于作简谐振动、周期振动的设备，也可用于作随机振动的设备。测量的参数：低频（几十 Hz）时宜测量位移；中频（1 000 Hz 左右）时宜测量速度；高频时宜测量加速度。

国际标准化协会的 ISO 2372、ISO 2373 标准对回转机械允许的振动级别规定如表 5.1 所示。

表 5.1　回转机械允许的振动级别　　　　　　　　　　　　　　　　　（mm/s）

限　值	设备级别			
	正常限	偏高限	警告限	停车限
小型机械	0.28~0.71	1.80	4.50	7.10~71.0
中型机械	0.28~1.12	2.80	7.10	11.2~71.0
大型机械	0.28~1.80	4.50	11.2	18.0~71.0
特大型机械	0.28~2.80	7.10	18.0	28.0~71.0

（2）振幅—时间图诊断法

均方根值诊断法多适用于机器作稳态振动的情况。如果机器振动不平稳，振动参量随时间变化时，可用振幅—时间图诊断法。

振幅—时间图诊断法多是测量和记录机器在开机和停机过程中振幅随时间变化的过程，根据振幅—时间曲线判断机器故障。以离心式空气压缩机或其他旋转机械的开机过程为例，若记录到的振幅 A 随时间 t 变化的几种情况如图 5.2 所示。

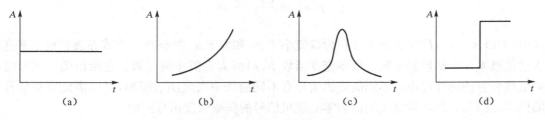

图 5.2　开机过程的振幅—时间图

图 5.2(a)表明振幅不随开机过程而变化,则可能是别的设备及地基振动传递到被测设备而引起的,也可能是流体压力脉动或阀门振动引起的。

图 5.2(b)是振幅随开机过程而增大,则可能是转子动平衡不好,也可能是轴承座和基础刚度小,另外,也可能是推力轴承损坏等。

图 5.2(c)是在开机过程中振幅出现峰值,这多半是共振引起的。包括轴系临界转速低于工作转速的所谓柔性转子的情况,也包括箱体、支座、基础共振的情况。

图 5.2(d)是振幅在开机过程中某时刻突然增大,这可能是油膜振荡引起的,也可能是间隙过小或过盈不足引起的。

需要说明:大型旋转机械用具有一定压力的油膜支承转子,当这层油膜的尺寸、压力、粘度、温度等参数一定时,转子达到某一转速后就可能振动突然增大,当转速再上升时,振幅也不下降,这就是油膜振荡。

若间隙过小,当温度或离心力等引起的变形达到一定值时会引起碰撞,使振幅突然增大。又如叶片机械的叶轮和转轴外套过盈不足,则离心力达到某一值时引起松动,也会使振幅突然增大。

5.2.2　概率密度函数分析

1) 概率密度函数的概念

由第 1 章可知,概率密度函数是概率相对于振幅的变化率。因此,可以从对概率密度函数积分而得到概率,即

$$P(x_1 < x \leqslant x_2) = \int_{x_1}^{x_2} p(x) \mathrm{d}x \tag{5.8}$$

$P(x)$ 称为概率分布函数,它表示信号振幅在 x_1 到 x_2 范围内出现的概率。显然,对于任何随机信号,有

$$\left. \begin{aligned} P(x) &= \int_{-\infty}^{\infty} p(x)\mathrm{d}x = 1 \\ P(x < x_1) &= \int_{-\infty}^{x_1} p(x)\mathrm{d}x \\ P(x > x_1) &= \int_{x_1}^{\infty} p(x)\mathrm{d}x = 1 - P(x < x_1) \\ p(x) &= \frac{\mathrm{d}P(x)}{\mathrm{d}x} \end{aligned} \right\} \tag{5.9}$$

式中, $P(x < x_1)$,$P(x > x_1)$ 分别为幅值小于 x_1 和大于 x_1 的概率。上式亦表明概率密度函数是概率分布函数的导数。概率密度函数 $p(x)$ 恒为实值非负函数。它给出随机信号沿幅值域分布的统计规律。不同的随机信号有不同的概率密度函数图形,可以借此判别信号的性质。图 5.3 是几种常见均值为零的随机信号的概率密度函数图形。

时域信号的均值、均方根值、标准差等特征值与概率密度函数有着密切的关系,这里不加推导直接给出:

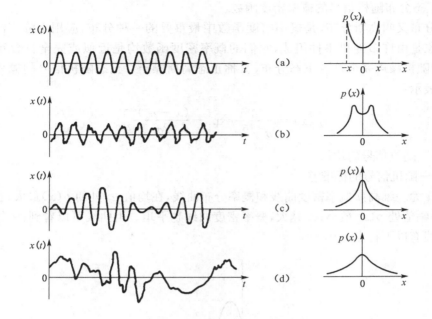

图 5.3 几种随机信号的概率密度函数

(a) 正弦信号（相位为随机量）　(b) 正弦加随机噪声　(c) 窄带随机信号　(d) 宽带随机信号

$$\mu_x = \int_{-\infty}^{\infty} x p(x) \mathrm{d}x \tag{5.10}$$

$$x_{\mathrm{rms}} = \sqrt{\int_{-\infty}^{\infty} x^2 p(x) \mathrm{d}x} \tag{5.11}$$

$$\sigma_x = \sqrt{\int_{-\infty}^{\infty} (x - \mu_x)^2 p(x) \mathrm{d}x} \tag{5.12}$$

2）典型信号的概率密度函数

（1）正弦信号

若正弦信号的表达式为 $x = A\sin \omega t$，则有 $\mathrm{d}x = A\omega \cos \omega t \, \mathrm{d}t$，于是

$$\mathrm{d}t = \frac{\mathrm{d}x}{A\omega \cos \omega t} = \frac{\mathrm{d}x}{A\omega \sqrt{1 - [x/A]^2}}$$

则
$$p(x)\mathrm{d}x \approx \frac{2\mathrm{d}t}{T} = \frac{2\mathrm{d}x}{(2\pi/\omega)A\omega \sqrt{1 - [x/A]^2}} = \frac{\mathrm{d}x}{\pi \sqrt{A^2 - x^2}}$$

所以

$$p(x) = \frac{1}{\pi \sqrt{A^2 - x^2}} \tag{5.13}$$

由图 5.3 可以看出，与高斯噪声的概率密度函数不同的是：在均值 μ_x 处 $p(x)$ 最小；在信号的最大、最小幅值处 $p(x)$ 最大。

（2）正态分布随机信号的概率密度函数

正态分布又叫高斯分布，是概率密度函数中最重要的一种分布，应用十分广泛。大多数随机现象是由许多随机事件组成，它们的概率密度函数均是近似或完全符合正态分布的，如窄带随机噪声完全符合正态分布，又称正态高斯噪声。正态随机信号的概率密度函数用下式表示：

$$p(x) = \frac{1}{\sigma \sqrt{2\pi}} \exp\left[-\frac{(x - \mu_x)^2}{2\sigma_x^2}\right] \tag{5.14}$$

式中：μ_x——随机信号的均值；

$\quad\quad\sigma_x$——随机信号的标准差。

图 5.4 为一维高斯概率密度曲线和概率分布曲线，在均值 μ_x 处的 $p(x)$ 最大，在信号的最大、最小幅值处 $p(x)$ 最小；σ_x 越大，概率密度曲线越平坦。由曲线可以看到：一维高斯概率密度曲线有以下特点：

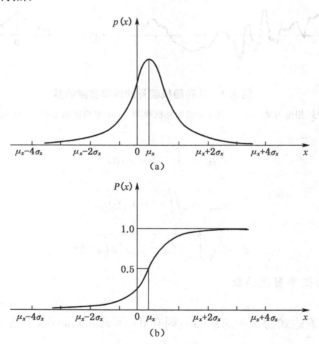

图 5.4　一维高斯概率密度曲线和概率分布曲线

（1）单峰，峰在 $x = \mu_x$ 处，当 $x \to \pm\infty$ 时，$p(x) \to 0$。

（2）曲线以 $x = \mu_x$ 为对称轴。

（3）$x = \mu_x \pm \sigma_x$ 为曲线的拐点。

（4）x 值落在离 μ_x 为 $\pm\sigma_x$、$\pm2\sigma_x$、$\pm3\sigma_x$ 的概率分别为 0.68、0.95 和 0.997。

即

$$\left.\begin{array}{l} P(\mu_x - \sigma_x \leqslant x \leqslant \mu_x + \sigma_x) = 0.68 \\ P(\mu_x - 2\sigma_x \leqslant x \leqslant \mu_x + 2\sigma_x) = 0.95 \\ P(\mu_x - 3\sigma_x \leqslant x \leqslant \mu_x + 3\sigma_x) = 0.997 \end{array}\right\} \tag{5.15}$$

二维高斯概率密度函数 $p(x_1,x_2)$ 的图形在垂直于 x_1、x_2 的面上投影都是高斯曲线,其表达式较为复杂,这里就不再列举了。

（3）混有正弦波的高斯噪声的概率密度函数

包含有正弦信号 $s(t) = S\sin(2\pi ft + \theta)$ 的随机信号 $x(t)$ 的表达式为

$$x(t) = n(t) + s(t)$$

式中,$n(t)$ 为零均值的高斯随机噪声,其标准差为 σ_n。$x(t)$ 的标准差为 σ_s,其概率密度函数表达式为

$$p(x) = \frac{1}{\sigma_n \pi \sqrt{2\pi}} \int_0^\pi \exp\left[-\left(\frac{x - S\cos\theta}{4\sigma_n}\right)\right]^2 \mathrm{d}\theta \tag{5.16}$$

图 5.5 为含有正弦波随机信号的概率密度函数图形,图中 $R = (\sigma_s/\sigma_n)^2$。对于不同的 R 值,$p(x)$ 有不同的图形。对于纯高斯噪声,$R = 0$;对于正弦波,$R = \infty$;对于含有正弦波的高斯噪声,$0 < R < \infty$。该图形为鉴别随机信号中是否存在正弦信号以及从幅值统计意义上看各占多大比重,提供了图形上的依据。

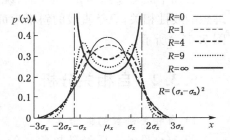

图 5.5　含有正弦波随机信号的概率密度函数

5.3　信号的相关分析

5.3.1　相关系数

在测试信号的分析中,相关是一个非常重要的概念。所谓"相关",是指变量之间的线性关系,对于确定性信号来说,两个变量之间可用函数关系来描述,两者一一对应并为确定的数值。两个随机变量之间就不具有这样确定的关系,但是如果这两个变量之间具有某种内含的物理联系,那么,通过大量统计就能发现它们之间还是存在着某种虽不精确却具有相应的表征其特性的近似关系。图 5.6 表示由两个随机变量 x 和 y 组成的数据点的分布情况。图 5.6(a)中变量 x 和 y 有较好的线性关系;图 5.6(b)中 x 和 y 虽无确定关系,但从总体上看,两变量间具有某种程度的相关关系;图 5.6(c)各点分布很散乱,可以说变量 x 和 y 之间是不相关的。

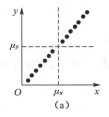 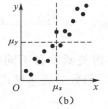 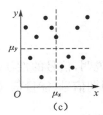

(a) (b) (c)

图 5.6　x 与 y 变量的相关性

随机变量 x 和 y 之间的相关程度常用相关系数 ρ_{xy} 表示。

$$\rho_{xy} = \frac{\sigma_{xy}}{\sigma_x \sigma_y} = \frac{E[(x-\mu_x)(y-\mu_y)]}{\sqrt{E[(x-\mu_x)^2]E[(y-\mu_y)^2]}} \tag{5.17}$$

式中：σ_{xy}——随机变量 x、y 的协方差；

μ_x、μ_y——随机变量 x、y 的均值；

σ_x、σ_y——随机变量 x、y 的标准差。

利用柯西-许瓦兹不等式

$$E[(x-\mu_x)(y-\mu_y)]^2 \leqslant E[(x-\mu_x)^2]E[(y-\mu_y)^2] \tag{5.18}$$

故知 $|\rho_{xy}| \leqslant 1$。当 $\rho_{xy} = 1$ 时，说明 x、y 两变量是理想的线性相关；当 $\rho_{xy} = -1$ 时也是理想的线性相关，只是直线的斜率为负；当 $\rho_{xy} = 0$ 时，表示 x、y 两变量之间完全不相关，如图 5.6(c)所示。

5.3.2　自相关分析

1）自相关函数的概念

若 $x(t)$ 是各态历经随机信号的一个样本记录，$x(t+\tau)$ 是 $x(t)$ 时移 τ 后的样本（图 5.7），两个样本的相关程度可以用相关系数来表示。若把相关系数 $\rho_{x(t)x(t+\tau)}$ 简写为 $\rho_x(\tau)$，那么就有

$$\rho_x(\tau) = \frac{\lim_{T\to\infty}\frac{1}{T}\int_0^T[x(t)-\mu_x][x(t+\tau)-\mu_x]dt}{\sigma_x^2}$$
$$= \frac{\lim_{T\to\infty}\frac{1}{T}\int_0^T x(t)x(t+\tau)dt - \mu_x^2}{\sigma_x^2} \tag{5.19}$$

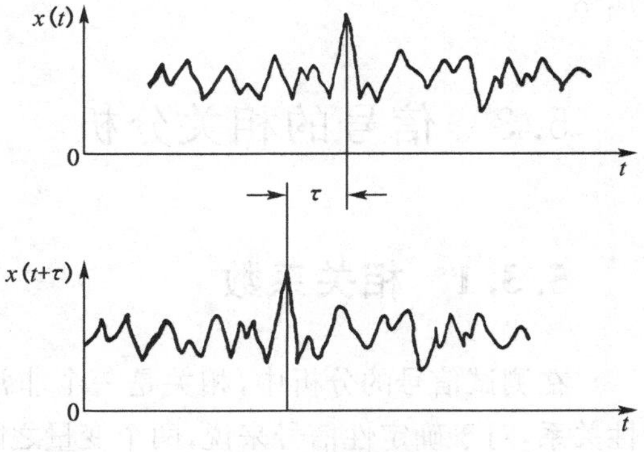

图 5.7　自相关函数

若用 $R_x(\tau)$ 表示自相关函数，其定义为

$$R_x(\tau) = \lim_{T\to\infty}\frac{1}{T}\int_0^T x(t)x(t+\tau)dt \tag{5.20}$$

则

$$\rho_x(\tau) = \frac{R_x(\tau)-\mu_x^2}{\sigma_x^2} \tag{5.21}$$

应当说明，信号的性质不同，自相关函数有不同的表达形式。对于周期信号（功率信号）和非周期信号（能量信号），自相关函数的表达形式分别为

周期信号　$$R_x(\tau) = \frac{1}{T}\int_0^T x(t)x(t+\tau)dt \tag{5.22}$$

非周期信号
$$R_x(\tau) = \int_{-\infty}^{\infty} x(t)x(t+\tau)\mathrm{d}t \tag{5.23}$$

2) 自相关函数的性质

(1) 自相关函数为实偶函数,即 $R_x(\tau) = R_x(-\tau)$。

因为
$$R_x(-\tau) = \lim_{T \to \infty} \frac{1}{T} \int_0^T x(t)x(t-\tau)\mathrm{d}t$$
$$= \lim_{T \to \infty} \frac{1}{T} \int_0^T x(t+\tau)x(t+\tau-\tau)\mathrm{d}(t+\tau)$$
$$= R_x(\tau) \tag{5.24}$$

即 $R_x(\tau) = R_x(-\tau)$,又因为 $x(t)$ 是实函数,所以自相关函数是 τ 的实偶函数。

(2) τ 值不同,$R_x(\tau)$ 不同,当 $\tau = 0$ 时,$R_x(\tau)$ 的值最大,并等于信号的均方值 ψ_x^2。

$$R_x(0) = \lim_{T \to \infty} \frac{1}{T} \int_0^T x^2(t)\mathrm{d}t = \psi_x^2 = \sigma_x^2 + \mu_x^2 \tag{5.25}$$

$$\rho_x(0) = \frac{R_x(0) - \mu_x^2}{\sigma_x^2} = 1 \tag{5.26}$$

上式表明,当 $\tau = 0$ 时,两信号完全相关。

(3) $R_x(\tau)$ 值的限制范围为:$\mu_x^2 - \sigma_x^2 \leqslant R_x(\tau) \leqslant \mu_x^2 + \sigma_x^2$

由式(5.21)得

$$R_x(\tau) = \rho_x(\tau)\sigma_x^2 + \mu_x^2 \tag{5.27}$$

又因为 $|\rho_{xy}| \leqslant 1$,所以

$$\mu_x^2 - \sigma_x^2 \leqslant R_x(\tau) \leqslant \mu_x^2 + \sigma_x^2 \tag{5.28}$$

(4) 当 $\tau \to \infty$ 时,$x(t)$ 和 $x(t+\tau)$ 之间不存在内在联系,彼此无关,即

$$\rho_x(\tau \to \infty) \to 0$$

$$R_x(\tau \to \infty) \to \mu_x^2$$

若 $\mu_x = 0$,则 $R_x(\tau \to \infty) \to 0$,如图 5.8 所示。

(5) 周期函数的自相关函数仍为同频率的周期函数。

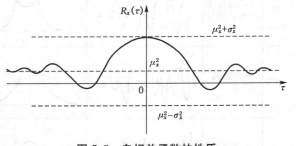

图 5.8 自相关函数的性质

若周期函数为 $x(t) = x(t+nT)$,则其自相关函数为

$$R_x(\tau + nT) = \lim_{T \to \infty} \frac{1}{T} \int_0^T x(t+nT)x(t+nT+\tau)\mathrm{d}(t+nT)$$
$$= \lim_{T \to \infty} \frac{1}{T} \int_0^T x(t)x(t+\tau)\mathrm{d}(t) = R_x(\tau)$$

例 5.1 求正弦函数 $x(t) = x_0\sin(\omega t + \varphi)$ 的自相关函数。

解　根据式(5.22)得

$$R_x(\tau) = \frac{1}{T}\int_0^T x(t)x(t+\tau)\,\mathrm{d}t$$

$$= \frac{1}{T}\int_0^T x_0^2 \sin(\omega t + \varphi)\sin[\omega(t+\tau) + \varphi]\,\mathrm{d}t$$

式中:T——正弦函数的周期,$T = 2\pi/\omega$。

令 $\omega t + \varphi = \theta$,代入上式,则得

$$R_x(\tau) = \frac{x_0^2}{2\pi}\int_0^{2\pi}\sin\theta\sin(\theta + \omega\tau)\,\mathrm{d}\theta = \frac{x_0^2}{2}\cos\omega\tau$$

可见正弦函数的自相关函数是一个余弦函数,在 $\tau = 0$ 时具有最大值。它保留了幅值信息和频率信息,但丢失了原正弦函数中的初始相位信息。

几种典型信号的自相关和功率谱如图5.9所示。由图可知,只要信号中含有周期成分,其自相关函数在 τ 很大时都不衰减,并具有明显的周期性。不包含周期成分的随机信号,当 τ 稍大时自相关函数就将趋近于零;宽带随机噪声的自相关函数很快衰减到零;窄带随机噪声的自相关函数则有较慢的衰减特性;白噪声自相关函数收敛最快,为 δ 函数,所含频率为无限多,频带无限宽。

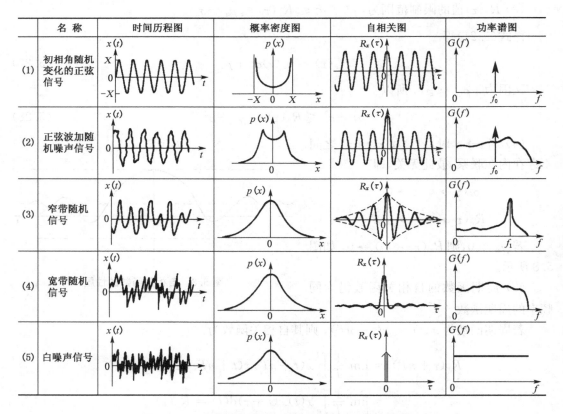

图5.9　几种典型信号的概率密度、自相关和功率谱图

5.3.3 互相关分析

1) 互相关函数的概念

对于各态历经随机过程,两个随机信号 $x(t)$ 和 $y(t)$ 的互相关函数 $R_{xy}(\tau)$ 定义为

$$R_{xy}(\tau) = \lim_{T \to \infty} \frac{1}{T} \int_0^T x(t)y(t+\tau)\mathrm{d}t \tag{5.29}$$

时移为 τ 的两信号 $x(t)$ 和 $y(t)$ 的互相关系数为

$$
\begin{aligned}
\rho_{xy}(\tau) &= \frac{\lim\limits_{T \to \infty} \frac{1}{T} \int_0^T \left[(x(t) - \mu_x)(y(t+\tau) - \mu_y) \right]\mathrm{d}t}{\sigma_x \sigma_y} \\
&= \frac{\lim\limits_{T \to \infty} \frac{1}{T} \int_0^T x(t)y(t+\tau)\mathrm{d}t - \mu_x \mu_y}{\sigma_x \sigma_y} = \frac{R_{xy}(\tau) - \mu_x \mu_y}{\sigma_x \sigma_y}
\end{aligned} \tag{5.30}
$$

2) 互相关函数的性质

(1) 互相关函数是可正、可负的实函数。

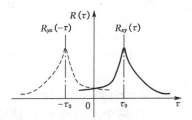

$x(t)$ 和 $y(t)$ 均为实函数,$R_{xy}(\tau)$ 也应当为实函数。在 $\tau = 0$ 时,由于 $x(t)$ 和 $y(t)$ 值可正、可负,故 $R_{xy}(\tau)$ 的值也应当可正、可负。

(2) 互相关函数非偶函数,亦非奇函数,而有 $R_{xy}(\tau) = R_{yx}(-\tau)$。

图 5.10 互相关函数的对称性

因为所讨论的随机过程是平稳的,在 t 时刻从样本采样计算的互相关函数应和 $t-\tau$ 时刻从样本采样计算的互相关函数是一致的,即

$$
\begin{aligned}
R_{xy}(\tau) &= \lim_{T \to \infty} \frac{1}{T} \int_0^T x(t)y(t+\tau)\mathrm{d}t = \lim_{T \to \infty} \frac{1}{T} \int_0^T x(t-\tau)y(t)\mathrm{d}t \\
&= \lim_{T \to \infty} \frac{1}{T} \int_0^T y(t)x(t-\tau)\mathrm{d}t = R_{yx}(-\tau)
\end{aligned} \tag{5.31}
$$

式(5.31)表明互相关函数不是偶函数,也不是奇函数,$R_{xy}(\tau)$ 与 $R_{yx}(-\tau)$ 在图形上是对称于纵坐标轴,如图 5.10 所示。

(3) $R_{xy}(\tau)$ 的峰值不在 $\tau = 0$ 处,其峰值偏离原点的位置 τ_0 反映了两信号时移的大小,相关程度最高,如图 5.11 所示。

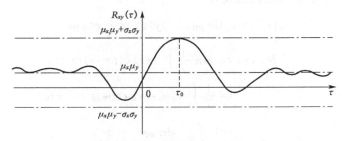

图 5.11 互相关函数的性质

（4）互相关函数的限制范围为

$$\mu_x\mu_y - \sigma_x\sigma_y \leqslant R_{xy}(\tau) \leqslant \mu_x\mu_y + \sigma_x\sigma_y$$

由式（5.30）得

$$R_{xy}(\tau) = \mu_x\mu_y + \rho_{xy}(\tau)\sigma_x\sigma_y$$

因为 $|\rho_{xy}(\tau) \leqslant 1|$，故知

$$\mu_x\mu_y - \sigma_x\sigma_y \leqslant R_{xy}(\tau) \leqslant \mu_x\mu_y + \sigma_x\sigma_y \tag{5.32}$$

图 5.11 表示了互相关函数的取值范围。

（5）两个统计独立的随机信号，当均值为零时，则 $R_{xy}(\tau) = 0$。

将随机信号 $x(t)$ 和 $y(t)$ 表示为其均值和波动部分之和的形式，即

$$x(t) = \mu_x + x'(t) \qquad y(t) = \mu_y + y'(t)$$

则

$$\begin{aligned}
R_{xy}(\tau) &= \lim_{T\to\infty} \frac{1}{T} \int_0^T x(t)y(t+\tau)\mathrm{d}t \\
&= \lim_{T\to\infty} \frac{1}{T} \int_0^T [\mu_x + x'(t)][\mu_y + y'(t+\tau)]\mathrm{d}t \\
&= R_{x'y'}(\tau) + \mu_x\mu_y
\end{aligned}$$

当 $\tau\to\infty$ 时，$R_{x'y'}(\tau) \to 0$，则 $R_{xy}(\tau) = \mu_x\mu_y$。当 $\mu_x = \mu_y = 0$ 时，$R_{xy}(\tau) = 0$。

（6）两个不同频率的周期信号，其互相关函数为零。

若两个不同频率的周期信号表达式为

$$x(t) = x_0\sin(\omega_1 t + \theta_1) \qquad y(t) = y_0\sin(\omega_2 t + \theta_2)$$

则

$$\begin{aligned}
R_{xy}(\tau) &= \lim_{T\to\infty} \frac{1}{T} \int_0^T x(t)y(t+\tau)\mathrm{d}t \\
&= \lim_{T\to\infty} \frac{1}{T} \int_0^T x_0 y_0 \sin(\omega_1 t + \theta_1)\sin[\omega_2(t+\tau) + \theta_2]\mathrm{d}t
\end{aligned}$$

根据正余弦函数的正交性可知 $R_{xy}(\tau) = 0$，也就是两个不同频率的周期信号是不相关的。

（7）两个同频率正余弦函数相关。

若两个同频率正余弦函数表达式为

$$x(t) = x_0\sin\omega t \qquad y(t) = y_0\cos\omega t$$

则

$$\begin{aligned}
R_{xy}(\tau) &= \lim_{T\to\infty} \frac{1}{T} \int_0^T x(t)y(t+\tau)\mathrm{d}t \\
&= \frac{1}{T} \int_0^T x_0 y_0 \sin\omega t \cos\omega(t+\tau)\mathrm{d}t \\
&= -\frac{x_0 y_0}{2}\sin\omega\tau
\end{aligned}$$

（8）周期信号与随机信号的互相关函数为零。

由于随机信号 $y(t+\tau)$ 在 $t \to t+\tau$ 时间内并无确定的关系，它的取值显然与任何周期函数 $x(t)$ 无关，因此，$R_{xy}(\tau)=0$。

例 5.2 求两个同频率的正弦函数 $x(t)=x_0\sin(\omega t+\theta)$ 和 $y(t)=y_0\sin(\omega t+\theta-\varphi)$ 的互相关函数 $R_{xy}(\tau)$。

解 因为信号是周期函数，可以用一个共同周期内的平均值代替其整个历程的平均值，故

$$
\begin{aligned}
R_{xy}(\tau) &= \lim_{T\to\infty}\frac{1}{T}\int_0^T x(t)y(t+\tau)\mathrm{d}t \\
&= \frac{1}{T}\int_0^T x_0\sin(\omega t+\theta)y_0\sin[\omega(t+\tau)+\theta-\varphi]\mathrm{d}t \\
&= \frac{1}{2}x_0 y_0\cos(\omega\tau-\varphi)
\end{aligned}
$$

由上例可见，两个均值为零且具有相同频率的周期信号，其互相关函数中保留了这两信号的圆频率 ω、对应的幅值 x_0 和 y_0 以及相位差值 φ 的信息，即两同频率的周期信号才有互相关函数不为零。

5.3.4 相关技术的工程应用

互相关函数的性质，使它在工程应用中有重要的价值。利用互相关函数可以测量系统的延时，如确定信号通过给定系统所滞后的时间。如果系统是线性的，则滞后的时间可以直接用输入、输出互相关图上峰值的位置来确定。利用互相关函数可识别、提取混淆在噪声中的信号。例如对一个线性系统激振，所测得的振动信号中含有大量的噪声干扰，根据线性系统的频率保持性，只有和激振频率相同的成分才可能是由激振而引起的响应，其他成分均是干扰，因此只要将激振信号和所测得的响应信号进行互相关处理，就可以得到由激振而引起的响应，消除了噪声干扰的影响。

在测试技术中，互相关技术得到了广泛的应用。下面是应用互相关技术进行测试的几个例子。

1）相关测速

工程中常用两个间隔一定距离的传感器进行非接触测量运动物体的速度。图 5.12 是非接触测定热轧钢带运动速度的示意图，其测试系统由性能相同的两组光电池、透镜、可调延时器和相关器组成。当运动的热轧钢带表面的反射光经透镜聚焦在相距为 d 的两个光电池上时，反射光通过光电池转换为电信号，经可调延时器延时，再进行相关处理。当可调延时 τ 等于钢带上某点在两个测点之间经过所需的时间 τ_d 时，互相关函数为最大值。所测钢带的运动速度为 $v=d/\tau_d$。

利用相关测速的原理，在汽车前后轴上放置传感器，可以测量汽车在冰面上行驶时车轮滑动加滚动的车速；在船体底部前后一定距离，安装两套向水底发射、接受声纳的装置，可以测量航船的速度；在高炉输送煤粉的管道中，在相距一定距离安装两套电容式相关测速装置，可以测量煤粉的流动速度和单位时间内的输煤量。

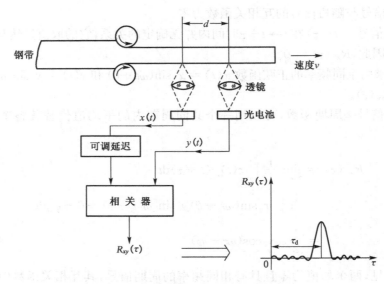

图 5.12　钢带运动速度的非接触测量

2）相关分析在故障诊断中的应用

图 5.13 是确定深埋在地下的输油管裂损位置的示意图。漏损处 K 为向两侧传播声响的声源。在两侧管道上分别放置传感器 1 和 2，因为放传感器的两点距漏损处不等远，所以漏油的音响传至两传感器就有时差 τ_m，在互相关图上 $\tau = \tau_m$ 处，$R_{x_1 x_2}(\tau)$ 有最大值。由 τ_m 可确定漏损处的位置。

$$s = \frac{1}{2} v \tau_m$$

式中：s——两传感器的中点至漏损处的距离；

　　　v——声响通过管道的传播速度。

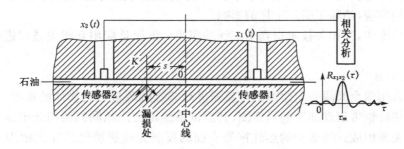

图 5.13　确定输油管裂损位置

3）传递通道的相关测定

相关分析方法可以应用于工业噪声传递通道的分析和隔离，剧场音响传递通道的分析和音响效果的完善，复杂管路振动的传递和振源的判别等。图 5.14 是汽车司机座振动传递途径的识别示意图。在发动机、司机座、后轮放置三个加速度传感器，将输出并放大的信号进行相关分析，可以看到：发动机与司机座的相关性较差，而后轮与司机座的互相关较大，可以认为司机座的振动主要是由汽车后轮的振动引起的。

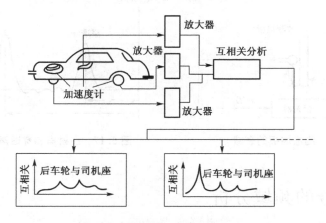

图 5.14 车辆振动传递途径的识别

图 5.15 是复杂管路系统振动传递途径识别的示意图。图中,主管路上测点 A 的压力正常,分支管路的输出点 B 的压力异常,将 A、B 传感器的输出信号进行相关分析,便可以确定哪条途径对 B 点压力变化影响最大(注意:各条途径的长度不同)。

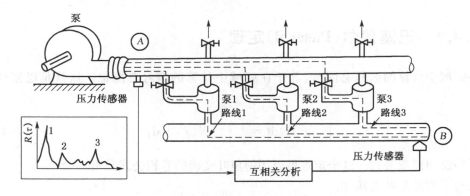

图 5.15 复杂管路系统振动传递途径的识别

4) 相关分析的声学应用

相关分析在声学测量中应用很多,它可以区分不同时间到达的声音,测定物体的吸声系数和衰减系数,从多个独立声源或振动源中测出某一声源到一定地点的声功率等。图 5.16 是测量墙板声音衰减的示意图,离被测墙板不远处放置一个宽带声源,它的声压是 $x_1(t)$。在墙板的另一边紧挨着墙板放置一个微音器,其输出信号 $x_2(t)$ 是由穿透墙板的声压和绕过墙板的声压叠加而成,由于穿透声传播的时间最短,因而图 5.17 中的相关函数 $R_{x_1 x_2}(\tau)$ 的第一个峰就表示穿透声的功率。利用同样道理,在测定物体反射时的吸声系数时,可以把图 5.16 的微音器放置在声源和墙板之间,这样,直接进入微音器的声压比反射声来得早,则第二个相关峰就是反射峰。

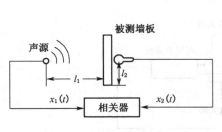

图 5.16 测量墙板的衰减

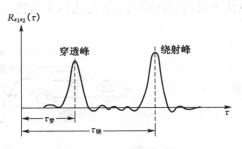

图 5.17 绕射声和穿透声的相关峰

5.4 信号的频域分析

信号的时域描述反映了信号幅值随时间变化的特征,而频域的描述反映了信号的频率结构和各频率成分的幅值、相位大小。相关分析从时延域为在噪声背景下提取有用信息提供了手段,功率谱密度函数、相干函数、倒谱分析则从频域为研究平稳随机过程提供了重要方法。

5.4.1 巴塞伐尔(Paseval)定理

在时域中计算的信号总能量,等于在频域中计算的信号总能量。这就是巴塞伐尔定理,即

$$\int_{-\infty}^{\infty} x^2(t)\mathrm{d}t = \int_{-\infty}^{\infty} |X(f)|^2 \mathrm{d}f \tag{5.33}$$

式(5.33)又叫能量等式。这个定理可以用傅里叶变换的卷积公式导出。

设有下列傅里叶变换对:

$$x_1(t)\Leftrightarrow X_1(f), x_2(t)\Leftrightarrow X_2(f)$$

按照频域卷积定理有

$$x_1(t)x_2(t)\Leftrightarrow X_1(f) * X_2(f)$$

即

$$\int_{-\infty}^{\infty} x_1(t)x_2(t)\mathrm{e}^{-\mathrm{j}2\pi f_0 t}\mathrm{d}t = \int_{-\infty}^{\infty} X_1(f)X_2(f_0 - f)\mathrm{d}f$$

令 $f_0 = 0$,得

$$\int_{-\infty}^{\infty} x_1(t)x_2(t)\mathrm{d}t = \int_{-\infty}^{\infty} X_1(f)X_2(-f)\mathrm{d}f$$

又令 $x_1(t) = x_2(t) = x(t)$,得

$$\int_{-\infty}^{\infty} x^2(t)\mathrm{d}t = \int_{-\infty}^{\infty} X(f)X(-f)\mathrm{d}f$$

$x(t)$ 是实函数,则 $X(-f) = X^*(f)$,所以

$$\int_{-\infty}^{\infty} x^2(t)\mathrm{d}t = \int_{-\infty}^{\infty} X(f)X^*(f)\mathrm{d}f = \int_{-\infty}^{\infty} |X(f)|^2\mathrm{d}f$$

$|X(f)|^2$ 称为能谱,它是沿频率轴的能量分布密度。

5.4.2 功率谱分析及其应用

1) 功率谱密度函数的定义

随机信号是时域无限信号,其积分不能收敛。因此,不能直接进行傅里叶变换。又因为随机信号的频率、幅值和相位都是随机的,所以从理论上讲,一般不做幅值谱和相位谱分析,而是用具有统计特性的功率谱密度来作频域分析。

均值为零的随机信号的相关函数在 $\tau \to \infty$ 时是收敛的,所以其傅里叶变换是存在的。我们定义该随机信号自相关函数的傅里叶变换为该信号的自功率谱密度函数,简称自谱或自功率谱,记作 $S_x(f)$

$$S_x(f) = \int_{-\infty}^{\infty} R_x(\tau)\mathrm{e}^{-\mathrm{j}2\pi f\tau}\mathrm{d}\tau \tag{5.34}$$

其逆变换为

$$R_x(\tau) = \int_{-\infty}^{\infty} S_x(f)\mathrm{e}^{\mathrm{j}2\pi f\tau}\mathrm{d}f \tag{5.35}$$

同样可定义两随机信号的互相关函数的傅里叶变换为该信号的互功率谱密度函数(简称互谱),即

$$S_{xy}(f) = \int_{-\infty}^{\infty} R_{xy}(\tau)\mathrm{e}^{-\mathrm{j}2\pi f\tau}\mathrm{d}\tau \tag{5.36}$$

其逆变换为

$$R_{xy}(\tau) = \int_{-\infty}^{\infty} S_{xy}(f)\mathrm{e}^{\mathrm{j}2\pi f\tau}\mathrm{d}f \tag{5.37}$$

由于 $S(f)$ 和 $R(\tau)$ 之间是傅里叶变换对的关系,两者是唯一对应的。$S(f)$ 中包含着 $R(\tau)$ 的全部信息。因为 $R_x(\tau)$ 为实偶函数,所以 $S_x(f)$ 亦为实偶函数。互相关函数 $R_{xy}(\tau)$ 并非偶函数,因此 $S_{xy}(f)$ 具有虚、实两部分。同样,$S_{xy}(f)$ 保留了 $R_{xy}(\tau)$ 的全部信息。

2) 功率谱密度函数的物理意义

$S_x(f)$ 和 $S_{xy}(f)$ 是随机信号的频域描述函数。因随机信号的积分不收敛,不满足狄里赫利条件,因此其傅里叶变换不存在,无法直接得到频谱。但均值为零的随机信号的相关函数在 $\tau \to \infty$ 时是收敛的,即 $R_x(\tau \to \infty) = 0$,可满足傅里叶变换条件 $\int_{-\infty}^{\infty} |R_x(\tau)|\mathrm{d}\tau < \infty$,根据傅里叶变换理论,自相关函数 $R_x(\tau)$ 是绝对可积的。

对于式(5.35),当 $\tau = 0$ 时,有

$$R_x(0) = \int_{-\infty}^{\infty} S_x(f)\mathrm{d}f \tag{5.38}$$

根据相关函数的定义,当 $\tau = 0$ 时,有

$$R_x(0) = \lim_{T \to \infty} \frac{1}{T} \int_0^T x(t)x(t+0)\mathrm{d}t$$

$$= \lim_{T \to \infty} \frac{1}{T} \int_0^T x^2(t)\mathrm{d}t = \lim_{T \to \infty} \int_0^T \frac{x^2(t)}{T}\mathrm{d}t \tag{5.39}$$

比较以上两式可得

$$\int_{-\infty}^{\infty} S_x(f)\mathrm{d}f = \lim_{T \to \infty} \int_0^T \frac{x^2(t)}{T}\mathrm{d}t \tag{5.40}$$

式(5.40)表明:$S_x(f)$ 曲线下的总面积与 $x^2(t)/T$ 曲线下的总面积相等,如图 5.18 所示。从物理意义上讲,$x^2(t)$ 是信号 $x(t)$ 的能量,$\frac{x^2(t)}{T}$ 是信号 $x(t)$ 的功率,而 $\lim\limits_{T \to \infty} \int_0^T \frac{x^2(t)}{T}\mathrm{d}t$ 是信号 $x(t)$ 的总功率。这一总功率与 $S_x(f)$ 曲线下的总面积相等,故 $S_x(f)$ 曲线下的总面积就是信号的总功率。这一总功率是由无数不同频率上的功率元 $S_x(f)\mathrm{d}f$ 组成,$S_x(f)$ 的大小表明总功率在不同频率处的功率分布,因此,$S_x(f)$ 表示信号的功率密度沿频率轴的分布,故又称 $S_x(f)$ 为功率谱密度函数。用同样的方法,可以解释互谱密度函数 $S_{xy}(f)$。

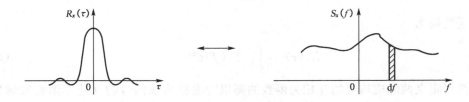

图 5.18　自功率谱的图形解释

下面说明自功率谱密度函数 $S_x(f)$ 和幅值谱 $X(f)$ 或能谱 $|X(f)|^2$ 之间的关系。根据巴塞伐尔定理,在整个时间轴上信号平均功率为

$$P_{\mathrm{av}} = \lim_{T \to \infty} \frac{1}{T} \int_0^T x^2(t)\mathrm{d}t = \int_{-\infty}^{\infty} \lim_{T \to \infty} \frac{1}{T} |X(f)|^2 \mathrm{d}f \tag{5.41}$$

比较式(5.41)与式(5.38)可得

$$S_x(f) = \lim_{T \to \infty} \frac{1}{T} |X(f)|^2 \tag{5.42}$$

自功率谱密度函数是偶函数,它的频率范围是 $(-\infty, \infty)$,又称双边自功率谱密度函数。它在频率范围 $(-\infty, 0)$ 的函数值是其在 $(0, \infty)$ 频率范围函数值的对称映射,因此,可用在 $0 \sim \infty$ 频率范围内 $G_x(f) = 2S_x(f)$ 来表示信号的全部功率谱。我们把 $G_x(f)$ 称为 $x(t)$ 信号的单边功率谱密度函数。图 5.19 为单边谱和双边谱的比较。

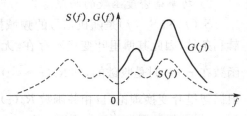

图 5.19　单边谱和双边谱

3) 功率谱的计算

功率谱的计算有以下几种方法。第一种为布拉克-杜开(Blackman-Tukey)法,这种方法首先根据原始信号计算出相关函数,然后进行傅里叶变换而得到相应的功率谱函数;第二种为模拟滤波器法,它是采用模拟分析仪进行分析计算的一种方法;第三种是库立-杜开(Cooley-Tukey)法,即用 FFT 计算功率谱。前两种方法是较早采用的方法。由于计算机的飞速发展,用 FFT 算法进行实时、在线信号处理已经成为现实,下面是这种算法的估计式。

模拟信号自谱的估计式为

$$\left.\begin{aligned} \hat{S}_x(f) &= \frac{1}{T} \mid X(f) \mid^2 \\ \hat{G}_x(f) &= \frac{2}{T} \mid X(f) \mid^2 \end{aligned}\right\} \tag{5.43}$$

数字信号自谱的估计式为

$$\left.\begin{aligned} \hat{S}_x(k) &= \frac{1}{N} \mid X(k) \mid^2 \\ \hat{G}_x(k) &= \frac{2}{N} \mid X(k) \mid^2 \end{aligned}\right\} \tag{5.44}$$

模拟信号互谱的估计式为

$$\left.\begin{aligned} \hat{S}_{xy}(f) &= \frac{1}{T} X^*(f) \cdot Y(f) \\ \hat{S}_{yx}(f) &= \frac{1}{T} X(f) \cdot Y^*(f) \end{aligned}\right\} \tag{5.45}$$

数字信号互谱的估计式为

$$\left.\begin{aligned} \hat{S}_{xy}(k) &= \frac{1}{N} X^*(k) \cdot Y(k) \\ \hat{S}_{yx}(k) &= \frac{1}{N} X(k) \cdot Y^*(k) \end{aligned}\right\} \tag{5.46}$$

4) 功率谱的应用

(1) 自功率谱密度 $S_x(f)$ 与幅值谱 $\mid X(f) \mid$ 及系统的频率响应函数 $H(f)$ 的关系

自功率谱密度 $S_x(f)$ 为自相关函数 $R_x(\tau)$ 的傅里叶变换,故 $S_x(f)$ 包含着 $R_x(\tau)$ 中的全部信息。自功率谱密度 $S_x(f)$ 反映信号的频域结构,这与幅值谱 $\mid X(f) \mid$ 相似,但是自功率谱密度所反映的是信号幅值的平方,因此其频域结构特征更为明显,如图 5.20 所示。

对于图 5.21 所示的线性系统,若输入为 $x(t)$,输出为 $y(t)$,系统的频率响应函数为 $H(f)$,则

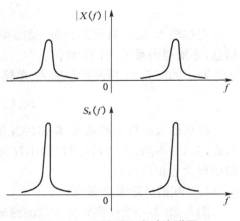

图 5.20　幅值谱和自功率谱图

$$H(f) = \frac{Y(f)}{X(f)}$$

式中：$H(f)$、$Y(f)$、$X(f)$ 均为 f 的复函数。如 $X(f)$ 可表示为

5.21　理想单输入、输出系统

$$X(f) = X_R(f) + jX_I(f)$$

$X(f)$ 的共轭值为

$$X^*(f) = X_R(f) - jX_I(f)$$

则有

$$X(f)X^*(f) = X_R^2(f) + X_I^2(f) = |X(f)|^2$$

$$H(f) = \frac{Y(f)}{X(f)} \cdot \frac{X^*(f)}{X^*(f)} = \frac{S_{xy}(f)}{S_{xx}(f)} = \frac{G_{xy}(f)}{G_{xx}(f)} \tag{5.47}$$

上式说明，系统的频响函数可以由输入、输出间的互谱密度函数与输入功率谱密度函数之比求得。由于 $S_{xy}(f)$ 包含频率和相位信息，故 $H(f)$ 亦包含幅频与相频信息。此外，$H(f)$ 还可用下式求得：

$$H(f)H^*(f) = \frac{Y(f)}{X(f)} \cdot \frac{Y^*(f)}{X(f)} = \frac{S_y(f)}{S_x(f)} = |H(f)|^2$$

$$|H(f)| = \sqrt{\frac{S_y(f)}{S_x(f)}}$$

在频响函数求得之后，对 $H(f)$ 取逆傅氏变换，便可求得脉冲响应函数 $h(t)$。但应注意，未经平滑或平滑不好的频响函数中的虚假峰值（干扰引起），将在脉冲响应函数中形成虚假的正弦分量。

可以证明，输入、输出的自功率谱密度与系统频率响应函数的关系如下：

$$S_y(f) = |H(f)|^2 S_x(f) \tag{5.48}$$

$$G_y(f) = |H(f)|^2 G_x(f) \tag{5.49}$$

通过输入、输出自谱的分析，就能得出系统的幅频特性。但这样的谱分析丢失了相位信息，不能得出系统的相频特性。

对于如图 5.21 所示的单输入、单输出的理想线性系统，由式（5.47）可得

$$S_{xy}(f) = H(f)S_x(f) \tag{5.50}$$

故从输入的自谱和输入、输出的互谱就可以直接得出系统的频率响应函数。式（5.50）与式（5.48）不同，所得到的 $H(f)$ 不仅含有幅频特性而且含有相频特性，这是因为互相关函数中包含着相位信息。

（2）互谱排除噪声影响

图 5.22 为一个受到外界干扰的测试系统，$n_1(t)$ 为输入噪声，$n_2(t)$ 为加于系统中间环节的噪声，$n_3(t)$ 为加在输出端的噪声。该系统的输出 $y(t)$ 为

$$y(t) = x'(t) + n'_1(t) + n'_2(t) + n_3(t) \tag{5.51}$$

式中：$x'(t)$、$n'_1(t)$ 和 $n'_2(t)$ 分别为系统对 $x(t)$、$n_1(t)$ 和 $n_2(t)$ 的响应。

输入与输出 $y(t)$ 的互相关函数为

$$R_{xy}(\tau) = R_{xx'}(\tau) + R_{xn'_1}(\tau) + R_{xn'_2}(\tau) + R_{xn_3}(\tau) \tag{5.52}$$

由于输入 $x(t)$ 和噪声 $n_1(t)$、$n_2(t)$、$n_3(t)$ 是独立无关的,故互相关函数 $R_{xn'_1}(\tau)$、$R_{xn'_2}(\tau)$ 和 $R_{xn_3}(\tau)$ 均为零,所以

$$R_{xy}(\tau) = R_{xx'}(\tau) \tag{5.53}$$

故

$$S_{xy}(f) = S_{xx'}(f) = H(f)S_x(f) \tag{5.54}$$

式中：$H(f) = H_1(f) \cdot H_2(f)$ ——系统的频率响应函数。

可见,利用互谱分析可排除噪声的影响,这是这种分析方法突出的优点。然而应当注意到,利用式(5.54)求线性系统的 $H(f)$ 时,尽管其中的互谱 $S_{xy}(f)$ 可不受噪声的影响,但是输入信号的自谱 $S_x(f)$ 仍然无法排除输入端测量噪声的影响,从而形成测量的误差。

图 5.22 所示系统中的 $n_1(t)$ 是输入端的噪声,对分离我们感兴趣的输入信号来看,它是一种干扰。为了测试系统的动特性,有时我们故意给正在运行的系统加以特定的已知扰动——输入 $n(t)$,由式(5.53)可以看出,只要 $n(t)$ 和其他各输入量无关,在测得 $S_{xy}(f)$ 和 $S_n(f)$ 后就可以计算得到 $H(f)$。

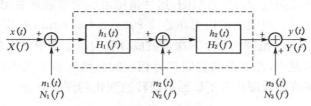

图 5.22　受外界干扰的系统

（3）功率谱在设备诊断中的应用

图 5.23 是汽车变速箱上加速度信号的功率谱图。图(a)是变速箱正常工作谱图,图(b)为机器运行不正常时的谱图。可以看到图(b)比图(a)增加了 9.2 Hz 和 18.4 Hz 两个谱峰,这两个频率为设备故障的诊断提供了依据。

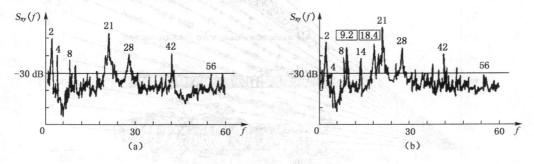

图 5.23　汽车变速箱功率谱图

（4）瀑布图

在机器增速或降速过程中,对不同转速时的振动信号进行等间隔采样,并进行功率谱分析,将各转速下的功率谱组合在一起成为一个转速—功率谱三维图,又称为瀑布图。图 5.24 为柴油机振动信号瀑布图。图中,在转速为 1 480 r/min 的三次频率处和 1 990 r/min 的六次频率处谱峰较高,也就是在这两个转速处产生两种阶次的共振,这就可以定出危险旋转速度,进而找到共振根源。

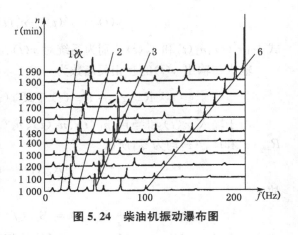

图 5.24 柴油机振动瀑布图

（5）坎贝尔(Canbel)图

坎贝尔图是在三维谱图的基础上,以谐波阶次为特征的振动旋转信号三维谱图。图 5.25 为汽轮发电机组振动的坎贝尔图。图中转速为横坐标,频率为纵坐标,右方的序数 1～13 为转速的谐波次数,每一条斜线代表转速在变化过程中该次谐波的谱线变化情况。坎贝尔图的绘制方法是:先在汽轮发电机组升速(或降速)过程中在各转速点上取振动信号,然后作出各转速点上振动的自谱,以各条谱线的高度为半径,以该条谱线在频率轴上的点为圆心作圆,形成一个以圆的大小表达的自谱图,将各转速上振动信号的圆自谱图组合起来,绘出各次谐波斜线就成为最后的坎贝尔图,这种谱图可更为直观地看出随着转速的增加各次谐波频率成分的变化。由该图可以看出在 1 800～2 400 r/min 范围内基波频率成分较大,在 1 500～1 800 r/min 范围内第十三次谐波成分较大。二者中尤以前者更为严重,所以可以看出危险的转速范围,并可根据它们找寻相应的振动响应过大的结构部分加以改进。图中与水平轴平行的许多圆圈代表了机器不随转速变化的频率成分,一般表示了某些构造部分的固有频率。

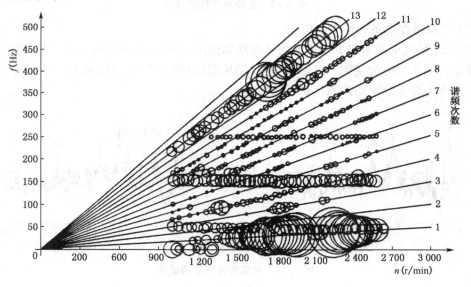

图 5.25 汽轮发电机组振动的坎贝尔图

5.4.3 相干函数

1) 相干函数的定义

评价测试系统的输入信号和输出信号之间的因果性,即输出信号的功率谱中有多少是所测试输入量所引起的响应,这个指标通常用相干函数 $\gamma_{xy}^2(f)$ 表示,其定义为

$$\gamma_{xy}^2(f) = \frac{|S_{xy}(f)|^2}{S_x(f)S_y(f)} \qquad (0 \leqslant \gamma_{xy}^2(f) \leqslant 1) \tag{5.55}$$

如果相干函数为零,表示输出信号与输入信号不相干。当相干函数为1时,表示输出信号与输入信号完全相干。若相干函数在0~1之间,则表明有如下三种可能:(1)测试中有外界噪声干扰;(2)输出 $y(t)$ 是输入 $x(t)$ 和其他输入的综合输出;(3)联系 $x(t)$ 和 $y(t)$ 的线性系统是非线性的。

若系统为线性系统,则根据式(5.48)、(5.50)可得

$$\gamma_{xy}^2(f) = \frac{|S_{xy}(f)|^2}{S_x(f)S_y(f)} = \frac{|H(f)S_x(f)|^2}{S_x(f)S_y(f)} = \frac{S_y(f)S_x(f)}{S_x(f)S_y(f)} = 1$$

上式表明:对于线性系统,输出完全是由输入引起的响应。

2) 相干函数的应用

图 5.26 是船用柴油机润滑油泵压油管振动和压力脉动间的相干分析。

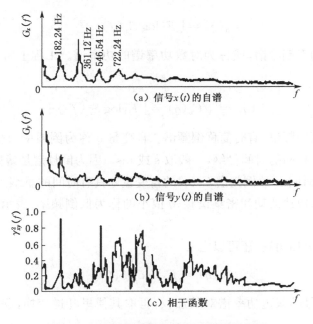

图 5.26　油压脉动与油管振动的相干分析

润滑油泵转速为 $n = 781$ r/min,油泵齿轮的齿数为 $z = 14$,测得油压脉动信号 $x(t)$ 和压油管振动信号 $y(t)$,压油管压力脉动的基频为

$$f_0 = \frac{nz}{60} = 182.24 (\text{Hz})$$

由图 5.26(c)可以看到,当 $f = f_0 = 182.24$ Hz 时,$\gamma_{xy}^2(f) \approx 0.9$;当 $f = 2f_0 \approx$ 361.12 Hz 时,$\gamma_{xy}^2(f) \approx 0.37$;当 $f = 3f_0 \approx 546.54$ Hz 时,$\gamma_{xy}^2(f) \approx 0.8$;当 $f = 4f_0 \approx$ 722.24 Hz时,$\gamma_{xy}^2(f) \approx 0.75$;…。齿轮引起的各次谐频对应的相干函数值都比较大,而其他频率对应的相干函数值很小,由此可见,油管的振动主要是由油压脉动引起的。从 $x(t)$ 和 $y(t)$ 的自谱图也明显可见油压脉动的影响(如图 5.26(a)、(b)所示)。

5.4.4 倒频谱分析

倒频谱分析亦称为二次频谱分析,是近代信号处理中的一项新技术,它可以检测复杂信号频谱上的周期结构,分离和提取在密集泛频谱信号中的周期成分,倒谱对于同族谐频或异族谐频、多成分的边频等复杂的信号分析、识别是非常有效的。在语音分析、机械振动、噪声源识别、故障诊断与预报、地震回波与传声回响分析等领域也得到了广泛的应用。

1) 倒频谱的数学描述

已知时域信号 $x(t)$ 经过傅里叶变换后,可得到频域函数 $X(f)$ 或功率谱密度函数 $S_x(f)$,当频谱图上呈现出复杂的周期、谐频、边频等结构时,如果再进行一次对数的功率谱密度傅里叶变换并取平方,则可以得到倒频谱函数 $C_p(q)$ (power cepstrum)其数学表达式为

$$C_p(q) = | F\{\log S_x(f)\} |^2 \tag{5.56}$$

$C_p(q)$ 又称为功率倒频谱,或称为对数功率谱的功率谱。工程上常用的是式(5.55)的开方形式,即

$$C_0(q) = \sqrt{C_p(q)} = | F\{\log S_x(f)\} | \tag{5.57}$$

$C_0(q)$ 称为幅值倒频谱,有时简称倒频谱。自变量 q 称为倒频率,它具有与自相关函数 $R_x(\tau)$ 中的自变量 τ 相同的时间量纲,一般取 s 或 ms。因为倒频谱是傅里叶正变换,积分变量是频率 f 而不是时间 τ,故倒频谱 $C_0(q)$ 的自变量 q 具有时间的量纲。q 值大的称为高倒频率,表示谱图上的快速波动和密集谐频;q 值小的称为低倒频率,表示谱图上的缓慢波动和离散谐频。

为了使其定义更加明确,还可以定义

$$C_y(q) = F^{-1}\{\log S_y(f)\} \tag{5.58}$$

即倒频谱定义为信号的双边功率谱对数加权,再取其傅里叶逆变换,联系一下信号的自相关函数

$$R(\tau) = F^{-1}\{S_y(f)\}$$

可以看出,这种定义方法与自相关函数很相近,变量 q 与 τ 在量纲上完全相同。

为了反映出相位信息，分离后能恢复原信号，又提出一种复倒频谱的运算方法。若信号 $x(t)$ 的傅里叶变换为 $X(f)$

$$X(f) = X_R(f) + jX_I(f)$$

$x(t)$ 的倒频谱记为

$$C_0(q) = F^{-1}\{\log X(f)\} \tag{5.59}$$

显而易见，它保留了相位的信息。

倒频谱是频域函数的傅里叶变换，与相关函数不同的只差对数加权，其目的是使再变换以后的信号能量集中，扩大动态分析的频谱范围和提高再变换的精度。同时，由于对数加权作用，易于对原信号进行分离和识别。

2) 倒频谱的应用

(1) 分离信息通道对信号的影响

在机械状态监测和故障诊断中，所测得的信号，往往是由故障源经系统路径的传输而得到的响应，也就是说它不是原故障点的信号，如欲得到该源信号，必须删除传递通道的影响。如在噪声测量时，所测得的信号，不仅有源信号而且又有不同方向反射回来的回声信号的混入，要提取源信号，也必须删除回声的干扰信号。

若系统的输入为 $x(t)$，输出为 $y(t)$，脉冲响应函数是 $h(t)$，两者的时域关系如下：

时域为
$$y(t) = x(t) * h(t)$$

频域为
$$Y(f) = X(f)H(f)$$

或
$$S_y(f) = S_x(f) \mid H(f) \mid^2$$

对上式两边取对数，则有

$$\log S_y(f) = \log S_x(f) + \log \mid H(f) \mid^2 \tag{5.60}$$

式(5.60)关系如图 5.26 所示，源信号为具有明显周期特征的信号，经过系统特性 $\log G_h(f)$ 的影响修正，合成而得输出信号 $\log G_y(f)$。

对于式(5.60)进一步作傅里叶变换，即可得幅值倒频谱：

$$F\{\log S_y(f)\} = F[\log S_x(f)] + F\{\log \mid H(f) \mid^2\} \tag{5.61}$$

即

$$C_y(q) = C_x(q) + C_h(q) \tag{5.62}$$

由以上推导可知，信号在时域可以利用 $x(t)$ 与 $h(t)$ 的卷积求输出，在频域则变成 $X(f)$ 与 $H(f)$ 的乘积关系，而在倒频域则变成 $C_x(q)$ 和 $C_h(q)$ 相加的关系，使系统特性 $C_h(q)$ 与信号特性 $C_x(q)$ 明显区别开来，这对清除传递通道的影响很有用处，而用功率谱处理就很难实现。

图 5.27(b)即为图 5.27(a)的倒频谱图。从图上清楚地表明有两个组成部分：一部分是高倒频率 q_2，反映源信号特征；另一部分是低倒频率 q_1，反映系统的特性。两部分在倒频谱图上占有不同的倒频率范围，根据需要可以将信号与系统的影响分开。

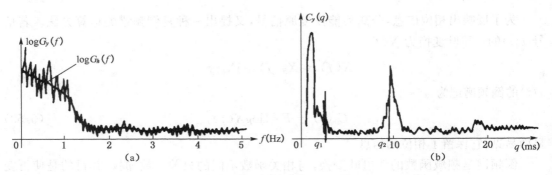

图 5.27 对数功率谱及倒谱图

(2) 用倒频谱诊断齿轮故障

对于高速大型旋转机械,其旋转状况是复杂的,尤其当设备出现不对中,轴承或齿轮的缺陷、油膜涡动、摩擦及质量不对称等现象时,振动更为复杂,用一般频谱分析方法已经难于辨识(识别反映缺陷的频率分量),而用倒频谱则会增强识别能力。

如一对工作中的齿轮,在实测得到的振动或噪声信号中,包含着一定数量的周期分量。如果齿轮产生缺陷,则其振动或噪声信号还将大量增加谐波分量及所谓的边带频率成分。

什么叫边带频率,它又是如何产生的?

设在旋转机械中有两个频率 ω_1 与 ω_2 存在,在这两个频率的激励下,机械振动的响应呈现出周期性脉冲的拍,也就是呈现其振幅以差频 $(\omega_2 - \omega_1)$(设 $\omega_2 > \omega_1$)进行幅度调制的信号,从而形成拍的波形,这种调幅信号是自然产生的。例如调幅波起源于齿轮啮合频率(齿数×轴转数)ω_0 的正弦载波,其幅值由于齿轮之偏心影响成为随时间而变化的某一函数 $S_m(t)$,于是

$$y(t) = S_m(t)\sin(\omega_0 t + \varphi) \tag{5.63}$$

假设齿轮轴转动频率为 ω_m,则可写成

$$y(t) = A(1 + m\cos\omega_m t)\sin(\omega_m t + \varphi) \tag{5.64}$$

其图形如图 5.28(a)所示,看起来像一个周期函数,但实际上它并非是一个周期函数,除非 ω_0 与 ω_m 成整倍数关系,在实际应用中,这种情况并不多见。根据三角函数关系,式(5.76)可写成

$$y(t) = A\sin n(\omega_0 t + \varphi) + \frac{mA}{2}\sin[(\omega_0 + \omega_m)t + \varphi] + \frac{mA}{2}\sin[(\omega_0 - \omega_m)t + \varphi] \tag{5.65}$$

由式(5.65)不难看出,它是 ω_0、$(\omega_0 + \omega_m)$ 与 $(\omega_0 - \omega_m)$ 三个不同频率的正弦波之和,具有如图 5.28(b)之频谱图。这里差频 $(\omega_0 - \omega_m)$ 与和频 $(\omega_0 + \omega_m)$ 通称为边带频率。

假如对于一个具有四个轮辐的 100 个齿的齿轮,其轴转速为 50 r/s,而其啮合频率为 5 000 Hz,其幅值(啮合力的大小)则由每转四次的周期为 200 Hz 所调制(因为有四个轮辐的影响)。所以在测得的振动分量中,不仅有明显的轴转数 50 Hz 及啮合频率(5 000 Hz)外,还有 4 800 Hz 及 5 200 Hz 的边带频率。

实际上,如果齿轮缺陷严重或多种故障存在,以致许多机械中经常出现的不对准、松动及非线性刚度等原因,或者出现拍波截断等原因时,则边带频率将大量增加。

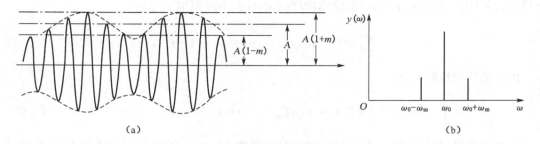

图 5.28　齿轮啮合中的拍波及频谱

在一个频谱图上出现过多的差频,难以识别,而倒频谱图则有利于识别,如图 5.29 所示。图 5.29(a)是一个减速箱的频谱图,图 5.29(b)是它的倒频谱图。从倒谱图上清楚地看出,有两个主要频率分量:117.6 Hz(85 ms)及 48.8 Hz(20.5 ms)。

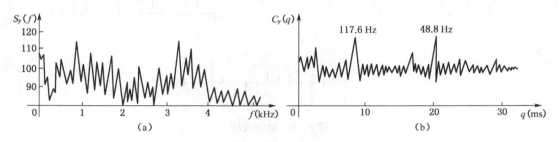

图 5.29　倒频谱分析图

5.5　数字信号处理基础

相关分析和功率谱分析等信号处理方法可以消除噪声的影响,提取信号的特征,但是用模拟方法进行这些分析是难以实现的。数字信号处理就是用数字方法处理信号,它可以在专用信号处理仪上进行,也可以在通用计算机上通过编程来实现。20 世纪 40 年代末 Z 变换理论的出现,使人们可以用离散序列表示波形,为数字信号处理奠定了理论基础;20 世纪 50 年代电子计算机的出现及大规模集成电路技术的飞速发展,为数字信号处理奠定了物质基础;20 世纪 60 年代一些高效信号处理算法的出现,尤其是 1965 年快速傅里叶变换(FFT)的问世,为数字信号处理奠定了技术基础。目前,数字信号处理已经得到越来越广泛的应用,其处理速度可以达到实时的程度,数字信号处理技术已形成了一门新兴的学科,本节只介绍其中的基本内容。

5.5.1　时域采样和采样定理

1)时域采样

采样是在模数转换过程中以一定时间间隔对连续时间信号进行取值的过程。它的数

学描述就是用间隔为 T_s 的周期单位脉冲序列 $g(t)$ 去乘以模拟信号 $x(t)$

$$g(t) = \sum_{n=-\infty}^{\infty} \delta(t - nT_s) \qquad (n = 0, \pm 1, \pm 2, \cdots) \qquad (5.66)$$

由 δ 函数的性质可知

$$\int_{-\infty}^{\infty} x(t)\delta(t - nT_s) = x(nT_s) \qquad (n = 0, \pm 1, \pm 2, \cdots) \qquad (5.67)$$

上式说明经时域采样后,各采样点的信号幅值为 $x(nT_s)$,其中 T_s 为采样间隔。采样原理如图 5.30 所示。函数 $g(t)$ 称为采样函数。

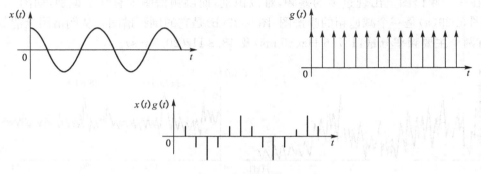

图 5.30 时域采样

采样结果 $x(t)g(t)$ 必须唯一地确定原始信号 $x(t)$,所以采样间隔的选择是一个重要的问题。采样间隔太小(采样频率高),对定长的时间记录来说其数字序列就很长,使计算工作量增大;如果数字序列长度一定,则只能处理很短的时间历程,可能产生较大的误差。若采样间隔太大(采样频率低),则可能丢掉有用的信息。如图 5.31 所示,采样频率低于信号频率,以致不能复现原始信号。

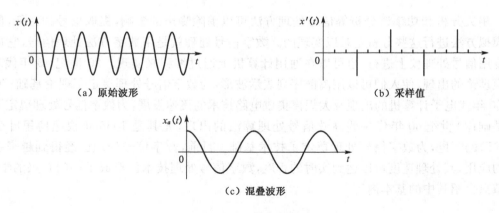

(a) 原始波形

(b) 采样值

(c) 混叠波形

图 5.31 混叠现象

2) 混叠和采样定理

采样函数为一周期信号,即

$$g(t) = \delta(t - nT_s) \qquad (n = 0, \pm 1, \pm 2, \cdots) \qquad (5.68)$$

写成傅里叶级数形式,有

$$g(t) = \frac{1}{T_s} \sum_{n=-\infty}^{\infty} e^{j2\pi n f_s t} \qquad (n = 0, \pm 1, \pm 2, \cdots) \tag{5.69}$$

式中:$f_s = 1/T_s$,称为采样频率。

对 $g(t)$ 取傅里叶变换,有

$$G(f) = \frac{1}{T_s} \sum_{n=-\infty}^{\infty} \delta(f - n f_s) = \frac{1}{T_s} \sum_{n=-\infty}^{\infty} \delta\left(f - n \frac{1}{T_s}\right) \quad (n = 0, \pm 1, \pm 2, \cdots) \tag{5.70}$$

可见,间距为 T_s 的采样脉冲序列的傅里叶变换也是脉冲序列,其间距为 $1/T_s$。

由卷积定理,并考虑到 δ 函数与其他函数卷积的特性,有

$$F[x(t)g(t)] = X(f) * G(f) = \frac{1}{T_s} \sum_{n=-\infty}^{\infty} X\left(f - \frac{n}{T_s}\right) \tag{5.71}$$

上式为信号 $x(t)$ 经过间隔为 T_s 的采样之后所形成的采样信号的频谱,如图 5.32 所示。

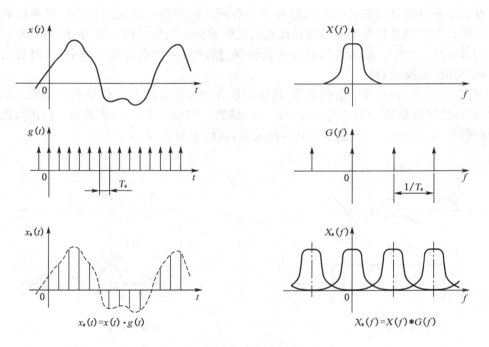

图 5.32　采样过程

如果采样间隔 T_s 太大,即采样频率 f_s 太低,那么由于平移距离 $1/T_s$ 过小,移至各采样脉冲对应的序列点的频谱 $X(f)/T_s$ 就会有一部分相互交叠,新合成的 $X(f) * G(f)$ 图形与 $X(f)/T_s$ 不一致,这种现象称为混叠。发生混叠后,改变了原来频谱的部分幅值,这样就不可能准确地从离散的采样信号 $x(t)g(t)$ 中恢复原来的时域信号 $x(t)$。

如果 $x(t)$ 是一个带限信号(最高频率 f_c 为有限值),采样频率 $f_s = 1/T_s > 2f_c$,那么采样后的频谱 $X(f) * G(f)$ 就不会发生混叠,如图 5.33 所示。

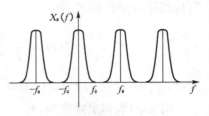

图 5.33　不产生混叠的条件

为了避免混叠以便采样后仍能准确地恢复原信号,采样频率 f_s 必须大于信号最高频率 f_c 的两倍,即 $f_s > 2f_c$,这就是采样定理。在实际工作中,一般采样率应选为被处理信号中最高频率的 2.56 倍以上。f_s 称为采样频率或奈奎斯特频率。

如果确知测试信号中的高频部分是由噪声干扰引起的,为了满足采样定理又不使数据过长,可先把信号做低通滤波处理。这种滤波器称为抗混滤波器,在信号预处理过程中是非常必要的。如果只对某一个频带感兴趣,那么可用低通滤波器或带通滤波器滤掉其他频率成分,这样可以避免混叠并减少信号中其他成分的干扰。

5.5.2　截断、泄漏和窗函数

1) 截断、泄漏与窗函数

在数字处理时必须把长时间的信号序列截断。截断就是将无限长的信号乘以有限宽的窗函数。"窗"的意思是指通过窗口使我们能够看到原始信号的一部分,原始信号在时窗以外的部分均视为零。窗函数就是在模数转换过程中(或数据处理过程中)对时域信号取样时所采用的截断函数。

在图 5.34 中,$x(t)$ 为一余弦信号,其频谱是 $X(f)$,它是位于 $\pm f_0$ 处的 δ 函数。矩形窗函数 $w(t)$ 的频谱是 $W(f)$,它是一个 $\sin c(f)$ 函数。当用一个 $w(t)$ 去截断 $x(t)$ 时,得到截断后的信号为 $x(t)w(t)$,根据傅里叶变换关系,其频谱为 $X(f) * W(f)$。

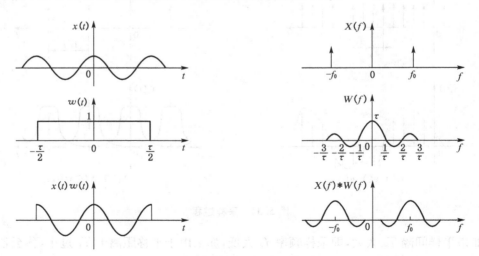

图 5.34　余弦信号的截断与泄漏

$x(t)$ 被截断后的频谱不同于它加窗以前的频谱。由于 $w(t)$ 是一个频带无限的函数,所以即使 $x(t)$ 是带限信号,在截断以后也必然变成无限带宽的函数。原来集中在 $\pm f_0$ 处的能

量被分散到以 $\pm f_0$ 为中心的两个较宽的频带上,也就是有一部分能量泄漏到 $x(t)$ 的频带以外。因此信号截断必然产生一些误差,这种由于时域上的截断而在频域上出现附加频率分量的现象称为泄漏。

在图 5.34 中,频域中 $|f|<1/\tau$ 的部分称为 $W(f)$ 的主瓣,其余两旁的部分即附加频率分量称为旁瓣。可以看出主瓣与旁瓣之比是固定的。窗口宽度 τ 与 $W(f)$ 的关系可用傅里叶变换的面积公式来说明:

由

$$W(f) = \int_{-\infty}^{\infty} w(t) e^{-j2\pi ft} dt$$

有

$$W(0) = \int_{-\tau/2}^{\tau/2} w(t) dt = \tau \tag{5.72}$$

同理

$$w(0) = \int_{-\infty}^{\infty} W(f) df = 1 \tag{5.73}$$

由此可见,当窗口宽度 τ 增大时,主瓣和旁瓣的宽度变窄,并且主瓣高度恒等于窗口宽度 τ。当 $\tau \to \infty$ 时,$W(f) \to \delta(f)$,而任何 $X(f)$ 与单位脉冲函数 $\delta(f)$ 相卷积仍为 $X(f)$,所以加大窗口宽度可使泄漏减小,但无限加宽等于对 $x(t)$ 不截断,这是不可能的。为了减少泄漏,应该尽量寻找频域中接近 $\delta(f)$ 的窗函数 $W(f)$,即主瓣窄旁瓣小的窗函数。

2) 几种常用的窗函数

由以上的讨论可知,对时间窗的一般要求是其频谱(也叫做频域窗)的主瓣尽量窄,以提高频率分辨力;旁瓣要尽量低,以减少泄漏。但两者往往不能同时满足,需要根据不同的测试对象选择窗函数。

为了定量地比较各种窗函数的性能,特给出以下三个频域指标:

(1) 3 dB(分贝)带宽 B

它是主瓣归一化幅值 $20\lg|W(f)/W(0)|$ 下降到 -3 dB 时的带宽。当时间窗的宽度为 τ,采样间隔为 T_s 时,对应于 N 个采样点,其最大的频率分辨力可达到 $1/(NT_s) = 1/\tau$,令 $\Delta f = 1/\tau$,则 B 的单位可以是 Δf。

(2) 最大旁瓣峰值 A(dB)

A 越小,由旁瓣引起的谱失真越小。

(3) 旁瓣谱峰渐进衰减速度 D(dB/oct)

一个理想的窗口应该有最小的 B 和 A,最大的 D。B、A、D 的意义如图 5.35 所示。

下面给出几种常用的窗函数。

(1) 矩形窗

$$w(t) = \begin{cases} 1, & |t| \leqslant \frac{\tau}{2} \\ 0, & |t| > \frac{\tau}{2} \end{cases} \tag{5.74}$$

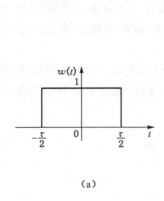

(a)

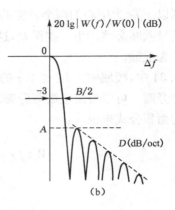

(b)

图 5.35 窗函数的频域指标

$$W(f) = \tau \frac{\sin \pi f \tau}{\pi f \tau} = \tau \sin c(\pi f \tau) \tag{5.75}$$

$$B = 0.89 \Delta f, A = -13 \text{ dB}, D = -6 \text{ dB/oct}$$

矩形窗及其频谱图形见第 1 章所示。矩形窗使用最普遍,因为习惯中的不加窗就相当于使用了矩形窗,并且矩形窗的主瓣是最窄的。

(2) 汉宁(Hanning)窗

$$w(t) = \begin{cases} 0.5 + 0.5\cos\left(\dfrac{2\pi}{\tau}t\right), & |t| \leqslant \dfrac{\tau}{2} \\ 0, & |t| > \dfrac{\tau}{2} \end{cases} \tag{5.76}$$

$$W(f) = 0.5Q(f) + 0.25[Q(f+1/\tau) + Q(f-1/\tau)] \tag{5.77}$$

式中

$$Q(f) = \tau \frac{\sin \pi f \tau}{\pi f \tau}$$

$$B = 1.44 \Delta f, A = -32 \text{ dB}, D = -18 \text{ dB/oct}$$

汉宁窗及其频谱的图形如图 5.36 所示。它的频率窗可以看作是三个矩形时间窗的频谱之和,而括号中的两项相对于第一个频率窗向左右各有位移 $1/\tau$。和矩形窗比较,汉宁窗的旁瓣小得多,因而泄漏也少得多,但是汉宁窗的主瓣较宽。

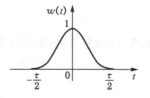

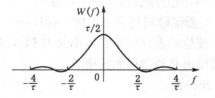

图 5.36 汉宁窗及其频谱

（3）汉明（Hamming）窗

$$w(t) = \begin{cases} 0.54 + 0.46\cos\left(\dfrac{2\pi}{\tau}t\right), & |t| \leqslant \dfrac{\tau}{2} \\ 0, & |t| > \dfrac{\tau}{2} \end{cases} \tag{5.78}$$

$$W(f) = 0.54Q(f) + 0.23[Q(f + 1/\tau) + Q(f - 1/\tau)] \tag{5.79}$$

$$B = 1.3\Delta f, A = -43\ \text{dB}, D = -6\ \text{dB/oct}$$

汉明窗本质上和汉宁窗是一样的，只是系数不同。汉明窗比汉宁窗消除旁瓣的效果好一些，而且主瓣稍窄，但是旁瓣衰减较慢是不利的方面。适当地改变系数，可得到不同特性的窗函数。

几种典型窗函数的性能见表 5.2。

表 5.2　典型窗函数的性能

窗函数类型	−3 dB 带宽/Δf	旁瓣幅度（dB）	旁瓣衰减速度 [dB/(10 oct)]
矩　形	0.89	−13	−20
三角形	1.28	−27	−60
汉　宁	1.44	−32	−60
汉　明	1.30	−43	−20
高　斯	1.55	−55	−20

5.5.3　频域采样与栅栏效应

信号采样并加窗处理，其时域可表述为信号 $x(t)$、采样脉冲序列 $g(t)$ 和窗函数 $w(t)$ 三者的乘积 $x(t)g(t)w(t)$，是长度为 N 的离散信号；由频域卷积定理可知，它的频域函数是 $X(f) * G(f) * W(f)$，这是一个频域连续函数。在计算机上，信号的这种变换是用 DFT（Discrete Fourier Transform，离散傅里叶变换）进行的，而 DFT 计算后的输出则是离散的频域序列。也就是说，DFT 不仅算出 $x(t)g(t)w(t)$ 的频谱，而且同时对其频谱 $X(f) * G(f) * W(f)$ 实施了采样处理，使其离散化。这相当于在频域中乘上图 5.37 所示的采样函数 $D(f)$，$d(t)$ 是 $D(f)$ 的时域函数。

$$D(f) = \sum_{-\infty}^{\infty} \delta\left(f - n\frac{1}{T}\right) \tag{5.80}$$

DFT 在频域的一个周期 $f_s = 1/T_s$ 中输出 N 个数据点，故输出的频率序列的频率间隔 $\Delta f = f_s/N = 1/(T_s N) = 1/T$。计算机的实际输出是 $Y(f)$，如图 5.37 所示。

$$Y(f) = [X(f) * G(f) * W(f)] \cdot D(f) \tag{5.81}$$

根据傅里叶变换的性质，频域的乘积对应时域的卷积，故与 $Y(f)$ 相对应的时域函数是 $y(t) = [x(t)g(t)w(t)] * d(t)$。应当说明，频域函数的离散化所对应的时域函数应当是周

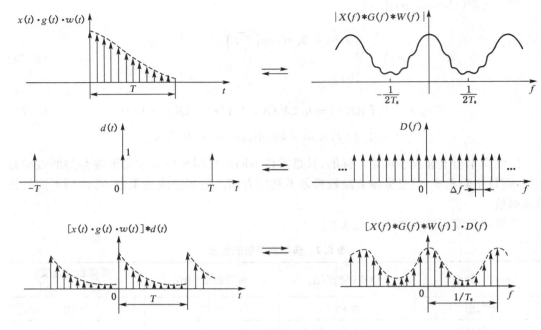

图 5.37　频域采样

期函数,因此,$y(t)$ 是一个周期函数。

　　用数字处理频谱,必须使频率离散化,实行频域采样。频域采样与时域采样相似,在频域中用脉冲序列 $D(f)$ 乘以信号的频谱函数,在时域相对应的是信号与周期脉冲序列 $d(t)$ 的卷积。在图 5.37 中,$y(t)$ 是将时域采样加窗信号 $x(t)g(t)w(t)$ 平移到 $d(t)$ 各脉冲位置重新构图,相当于在时域中将窗内的信号波形在窗外进行周期延拓。

　　对一函数实行采样,即是抽取采样点上对应的函数值。其效果如同透过栅栏的缝隙观看外景一样,只有落在缝隙前的少数景象被看到,其余景象均被栅栏挡住而视为零,这种现象称为栅栏效应。不管是时域采样还是频域采样,都有相应的栅栏效应。只是当时域采样满足采样定理时,栅栏效应不会有什么影响。而频域采样的栅栏效应则影响很大,"挡住"或丢失的频率成分有可能是重要的或具有特征的成分,使信号处理失去意义。

　　减小栅栏效应可用提高采样间隔 Δf,也就是频率分辨力的方法来解决。间隔小,频率分辨力高,被"挡住"或丢失的频率成分就会越少。但是,由 $\Delta f = f_s/N = 1/T$ 可知,减小频率采样间隔 Δf,就必须增加采样点数,使计算工作量增加。解决此项矛盾可以采用如下方法:在满足采样定理的前提下,采用频率细化技术(Zoom),亦可改用其他把时域序列变换成频谱序列的方法。

　　在分析简谐信号时,需要了解某特定频率 f_0 的谱值,希望 DFT 谱线落在 f_0 上,减小 Δf 不一定会使谱线落在频率 f_0 上。从 DFT 的原理看,谱线落在 f_0 处的条件是 $f_0/\Delta f = $ 整数。考虑到 Δf 与分析长度 T 的关系是 $\Delta f = 1/T$,信号周期 $T_0 = 1/f_0$,可得 $T/T_0 = $ 整数 时,便可以满足分析谱线落在简谐信号的频率 f_0 上,才能获得准确的频谱。这个结论适用于所有的周期信号。

5.5.4 离散傅里叶变换(DFT)和快速傅里叶变换(FFT)

1) 离散傅里叶变换(DFT)

如前所述,傅里叶变换及其逆变换都不适合用数字计算机计算。要进行数字计算和处理,必须将连续信号离散化,无限数据有限化。这种对有限个离散数据的傅里叶变换,称为有限离散傅里叶变换,简称 DFT。

在进行 DFT 时,首先需要将连续信号离散化。在区间 $(0,T)$ 内,以时间间隔 $\Delta t = N/T$ 对 $x(t)$ 采样,得到 $x_0,x_1,x_2,\cdots,x_{N-1}$ 有限个离散数据组成的序列 $\{x(k)\}$。要用计算机对离散时间序列进行傅里叶变换,给出的谱线只能是离散值。由于频域中离散谱线对应时域中的周期函数,为此,要对此离散时间序列求频谱,必须假设信号是周期的,即以 T 为周期。在此假设的基础上,便可以利用周期函数的傅里叶变换公式分析上面的离散时间序列。周期函数的傅里叶变换公式为

$$x(t) = \sum_{n=-\infty}^{\infty} C_n \mathrm{e}^{\mathrm{j}2\pi fnt} \tag{5.82}$$

其中

$$C_n = \frac{1}{T} \int_{-T/2}^{T/2} x(t) \mathrm{e}^{-\mathrm{j}2n\pi ft} \mathrm{d}t \tag{5.83}$$

对信号进行时域离散的同时,频域同样需要离散。离散的基频 $\Delta f = 1/T = 1/(N\Delta t)$,高阶频率分别记为 $n\Delta f,(n=0,1,2,\cdots,N-1)$。则式(5.83)变为

$$X(n) = C_n = \frac{1}{T} \sum_{k=0}^{N-1} x(k\Delta t) \mathrm{e}^{-\mathrm{j}2\pi \cdot n\Delta f \cdot k\Delta t} \Delta t$$

式中,$\Delta f \cdot \Delta t = (1/T) \cdot \Delta t = 1/N, \Delta t/T = \Delta t/(N\Delta t) = 1/N$,则上式变为

$$X(n) = \frac{1}{N} \sum_{k=0}^{N-1} x(k) \mathrm{e}^{-\mathrm{j}2\pi kn/N} \qquad (n,k=0,1,2,\cdots,(N-1)) \tag{5.84}$$

式(5.84)称为离散傅里叶正变换,离散傅里叶反变换为

$$x(k) = \sum_{n=0}^{N-1} X(n) \mathrm{e}^{\mathrm{j}2\pi kn/N} \qquad (n,k=0,1,2,\cdots,(N-1)) \tag{5.85}$$

式中,$x(k)$ 即 $x(k\Delta t)$,是离散后的时间序列;$X(n)$ 即 $X(n\Delta f)$,是频谱 $X(f)$ 在离散点 $n\Delta f$ 点的值。有时,以上的 DFT 式也可以写为如下形式:

$$\begin{cases} X(n) = \sum_{k=0}^{N-1} x(k) \mathrm{e}^{-\mathrm{j}2\pi kn/N} \\ X(k) = \frac{1}{N} \sum_{k=0}^{N-1} x(n) \mathrm{e}^{\mathrm{j}2\pi kn/N} \end{cases} \qquad (n,k=0,1,2,\cdots,(N-1)) \tag{5.86}$$

2) 快速傅里叶变换(FFT)

快速傅里叶变换(FFT)是一种减少 DFT 计算工作量的算法。在 FFT 出现之前,虽然

DFT 为离散信号的分析从理论上提供了变换工具,但由于计算量太大而很难实现。因为按照式(5.84)可进行 DFT 运算,但计算一个 n 点的 $X(n)$ 值要做 N 次复数乘法,$N-1$ 次复数加法运算,计算全部 N 个 $X(n)$ 值就要做 N^2 次复数乘法,$N(N-1)$ 次复数加法运算,计算工作量随 N 的增大而急剧增大。

1965 年,J. W Cooley 和 J. W Tukey 研究出了一种 DFT 的快速算法,称为快速傅里叶变换,简称 FFT(Fast Fourier Transform)。FFT 的迅速发展,使数字频谱分析取得了突破性的进展,使得数字信号处理更为实用化。市场上出现了大量的以 FFT 为原理的数字信号处理机,曾被认为是信号分析和处理的划时代的技术进步。现在,FFT 算法有多种变型,其计算方法是很多的。但每种变型都是考虑了被分析数据的特性,或是考虑利用计算机的特性,或是考虑利用专用计算机的 FFT 的硬件特性。FFT 的原理和算法请参考相关书籍。

习　题

5.1　已知信号的自相关函数 $R_x(\tau) = \left(\dfrac{60}{\tau}\right)\sin(50\tau)$,求该信号的均方值 ψ_x^2。

5.2　求 $x(t)$ 的自相关函数

$$x(t) = \begin{cases} Ae^{-at}, & (t \geqslant 0, a > 0); \\ 0, & (t < 0)。 \end{cases}$$

5.3　求初始相角 φ 为随机变量的正弦函数 $x(t) = A\cos(\omega t + \varphi)$ 的自相关函数,如果 $x(t) = A\sin(\omega t + \varphi)$,$R_x(\tau)$ 有何变化?

5.4　求方波和正弦波(题 5.4 图)的互相关函数。

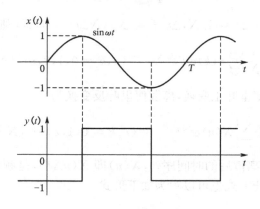

题 5.4 图

5.5　一线性系统,其传递函数为 $H(s) = \dfrac{1}{1+Ts}$,当输入信号为 $x(t) = X_0 \sin 2\pi f_0 t$ 时,求:(1)$S_y(f)$;(2)$R_y(\tau)$;(3)$S_{xy}(f)$;(4)$R_{xy}(\tau)$。

5.6　已知限带白噪声的功率谱密度为

$$S_x(f) = \begin{cases} S_0, & |f| \leqslant B; \\ 0, & |f| > B_\circ \end{cases}$$

求其自相关函数 $R_x(\tau)$。

5.7 对三个余弦信号 $x_1(t) = \cos 2\pi t, x_2(t) = \cos 6\pi t, x_3(t) = \cos 10\pi t$，分别做理想采样，采样频率为 $f = 4\,\mathrm{Hz}$，求三个采样输出序列，画出信号波形和采样点的位置并解释混叠现象。

5.8 利用矩形窗函数求积分 $\int_{-\infty}^{\infty} \sin c^2(t)\mathrm{d}t$ 的值。

6 现代测试系统

随着计算机、微电子等技术的发展并逐步渗透到测试和仪器仪表技术领域,测试技术与仪器在不断进步,相继出现了智能仪器、PC 仪器、网络化仪器等微机化仪器及其自动测试系统,计算机与现代仪器设备间的界限日渐模糊。与计算机技术紧密结合,已成为当今仪器与测控技术发展的主流。因此,通常把以计算机系统为基础,具有自动化、智能化等功能的测试系统称为现代测试系统,也称为计算机测试系统。

配以相应软件和硬件的计算机将能够完成许多仪器、仪表的功能,实质上相当于一台多功能的通用测量仪器。这样的现代仪器设备的功能已不再由按钮和开关的数量来限定,而是取决于其存储器内装有软件的多少。从这个意义上,可以认为计算机与现代仪器设备日渐趋同,两者间已表现出全局意义上的相通性。

本章主要讨论计算机测试系统的基本原理及其系统组成方式,并对基于计算机的现代测试系统的发展现状作简要介绍。

6.1 计算机测试系统的基本组成

计算机测试系统采用计算机作为主体和核心,代替传统测试系统的常规电子线路,解决传统测试系统难以解决的问题,还能简化电路、增强功能、降低成本、易于升级。现代测试系统主要采用计算机或微处理器为核心进行系统设计。

计算机测试系统的基本组成框图如图 6.1 所示。与传统的测试系统比较,计算机测试系统通过将传感器输出的模拟信号转换为数字信号,利用计算机系统丰富的软、硬件资源达到测试自动化和智能化的目的。

在计算机测试系统中,被测和被控制的量,主要是各种模拟信号。虽然已有了不少能输出数字信号的传感器,但是在许多测量中,采用的还是输出模拟信号的传感器。为了实现计算机对被测信号的分析和数据处理,首先需要解决模拟测量信号的数据采集问题。数据采集就是把从传感器输出的模拟量,经过预处理并依靠模数(记为 A/D)转换器转换为计算机所需的数字量,以便用计算机进行存储、显示、分析、处理和传输。

数据采集技术解决了工程测试中模拟信号输入数字计算机的问题。因此,数据采集系统又称为计算机的模拟信号输入通道或模拟信号输入子系统。

计算机的模拟信号输入子系统,主要由多路模拟开关(记为 MUX),采样保持电路(记为 S/H),A/D 转换器及其与微处理机的接口电路组成。由于传感器的工作环境往往较为恶劣,传感器输出的被测信号经常受到较大的干扰。因此,在很多数据采集系统中还包含滤波器和抑制干扰能力很强的数据放大器。数据放大器的增益是可程控的,通过计算机软件编程可实现信号调理。

　　计算机数据处理的结果往往需要模拟记录、显示以及模拟过程控制。因此，又必须采用数模(记为 D/A 转换器，把数字量转换为模拟输出量。计算机的模拟数据输出通道或称为模拟信号输出子系统是由 D/A 转换器及其与微处理机的接口电路组成的。

　　在计算机测试系统中，模拟信号的输入和输出子系统是计算机与工程测试设备连接的桥梁。下面主要讨论这些子系统中的几个重要的环节。

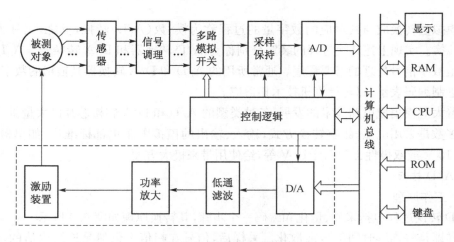

图 6.1　计算机测试系统

6.1.1　多路模拟开关

　　实际的测试系统通常需要进行多参量的测量，即采集来自多个传感器的输出信号，如果每一路信号都采用独立的输入回路(信号调理、采样/保持、A/D)，则系统成本将比单路成倍增加，而且系统体积庞大。同时，由于模拟器件、阻容元件参数、特性不一致，对系统的校准带来很大困难。为此，通常采用多路模拟开关来实现信号测量通道的切换，将多路输入信号分时输入公用的采样保持(S/H)电路和模数转换电路，然后输入到计算机。这种结构共同使用一个采样保持和模数转换电路，简化了电路结构，降低了成本。

　　目前，计算机测试系统常采用 CMOS 场效应模拟电子开关，尽管模拟电子开关的导通电阻受电源、模拟信号电平和环境温度变化的影响会发生改变，但是与传统的机械触点式开关相比，其功耗低、体积小、易于集成、速度快且没有机械式开关的抖动现象。CMOS 场效应模拟电子开关的导通电阻一般在 200 Ω 以下，关断时漏电流一般可达纳安级甚至皮安级，开关时间通常为数百纳秒。

　　图 6.2 给出了八选一 CMOS 多路模拟开关原理框图，根据控制信号 A_0、A_1 及 A_2 的状态，三-八

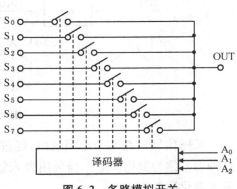

图 6.2　多路模拟开关

译码器在同一时刻只选中 $S_0 \sim S_7$ 中相应的一个开关闭合。实际的 CMOS 集成多路模拟开关通常还具有一个使能（Enable）控制端，当使能输入有效时才允许选中的开关闭合，否则所有开关均处于断开状态。使能端的存在主要是便于通道扩展，如将八选一扩展为十六选一。

6.1.2　A/D 转换与 D/A 转换

将模拟量转换成与其对应的数字量的过程称为模/数（A/D）转换，反之，则称为数/模（D/A）转换。实现上述转换过程的装置分别称为 A/D 转换器和 D/A 转换器。A/D 和 D/A 转换是数字信号处理的必要程序。通常所用的 A/D 和 D/A 转换器其输出的数字量大多是用二进制编码表示，以与计算机技术相适应。

随着大规模集成电路技术的发展，各种类型的 A/D 和 D/A 转换芯片已大量供应市场，其中大多数是采用电压-数字转换方式，输入、输出的模拟电压也都标准化，如单极性 $0 \sim 5 \text{ V}$、$0 \sim 10 \text{ V}$ 或双极性 $\pm 5 \text{ V}$、$\pm 10 \text{ V}$ 等，给使用带来极大方便。

1）A/D 转换

（1）工作原理

A/D 转换过程包括采样、量化和编码三个步骤，其转换原理如图 6.3 所示。

采样即是将连续时间信号离散化。采样后，信号在幅值上仍然是连续取值的，必须进一步通过幅值量化转换为幅值离散的信号。若信号 $x(t)$ 可能出现的最大值为 A，令其分为 d 个间隔，则每个间隔大小为 $q = A/d$，q 称为量化当量或量化步长。量化的结果即是将连续信号幅值通过舍入或截尾的方法表示为量化当量的整数倍。量化后的离散幅值需通过编码表示为二进制数字以适应数字计算机处理的需要，即 $A = qD$，其中 D 为编码后的二进制数。

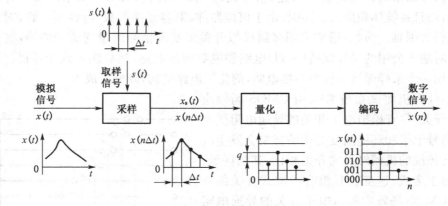

图 6.3　A/D 转换过程

采样信号落在某个小间隔内，经过舍入或截尾量化变为有限值后其幅值会产生误差，这种误差称为量化误差。当采用舍入量化时，最大量化误差为 $\pm q/2$，而采用截尾量化时，最大量化误差为 $-q$。

量化误差的大小一般取决于二进制编码的位数,因为它决定了幅值被分割的间隔数量 d。如采用 8 位二进制编码时,$d = 2^8 = 256$,即量化当量为最大可测信号幅值的 1/256。

实际的 A/D 转换器通常利用测量信号与标准参考信号进行比较获得转换后的数字信号,根据其比较的方式可将其分为直接比较型和间接比较型两大类。

直接比较型 A/D 转换器将输入模拟电压信号直接与作为标准的参考电压信号相比较,得到相应的数字编码。如逐次逼近式 A/D 转换器通过将待转换的模拟输入量 V_i 与一个推测信号 V_R 相比较,根据比较结果调节 V_R 以向 V_i 逼近。

直接比较型 A/D 转换器属于瞬时比较,转换速度快,常作为数字信号处理系统的前端,但缺点是抗干扰能力差。

间接比较型 A/D 转换器首先将输入的模拟信号与参考信号转换为某种中间变量(如时间、频率、脉冲宽度等),然后再对其比较得到相应的数字量输出。如双积分式 A/D 转换器通过时间作为中间变量实现转换。其原理是:先对输入模拟电压 V_i 进行固定时间的积分,然后通过控制逻辑转为对标准电压 V_{REF} 进行反向积分,直至积分输出返回起始值,这样对标准电压积分的时间 T 将正比于 V_i,V_i 越大,反向积分时间越长。若用高频标准时钟测量时间 T,即可得到与 V_i 相应的数字量。

间接比较型 A/D 转换器抗干扰能力强,但转换速度慢,常用于数字显示系统中。

(2) A/D 转换器的主要技术指标

① 分辨力

A/D 转换器的分辨力用其输出二进制数码的位数来表示。位数越多,则量化当量越小,量化误差越小,分辨力也就越高。常用的有 8 位、10 位、12 位、16 位、24 位、32 位等。

例如,某 A/D 转换器输入模拟电压的变化范围为 $-10 \text{ V} \sim +10 \text{ V}$,转换器为 8 位,若第一位用来表示正、负符号,其余 7 位表示信号幅值,则最末一位数字可代表 80 mV 模拟电压($10 \text{ V} \times 1/2^7 \approx 80 \text{ mV}$),即转换器可以分辨的最小模拟电压为 80 mV。而同样情况,用一个 10 位转换器能分辨的最小模拟电压为 20 mV($10 \text{ V} \times 1/2^9 \approx 20 \text{ mV}$)。

② 转换精度

具有某种分辨力的转换器在量化过程中由于采用了四舍五入的方法,因此最大量化误差应为分辨力数值的一半。如上例 8 位转换器最大量化误差应为 40 mV($80 \text{ mV} \times 0.5 = 40 \text{ mV}$),全量程的相对误差则为 0.4%($40 \text{ mV}/10 \text{ V} \times 100\%$)。可见,A/D 转换器数字转换的精度由最大量化误差决定。实际上,许多转换器末位数字并不可靠,实际精度还要低一些。

由于含有 A/D 转换器的模数转换模块通常包括有模拟处理和数字转换两部分,因此整个转换器的精度还应考虑模拟处理部分(如积分器、比较器等)的误差。一般转换器的模拟处理误差与数字转换误差应尽量处在同一数量级,总误差则是这些误差的累加。例如,一个 10 位 A/D 转换器用其中 9 位计数时的最大相对量化误差为 $1/2^9 \times 0.5 \times 100\% \approx 0.1\%$,若模拟部分精度也能达到 0.1%,则转换器总精度可接近 0.2%。

③ 转换速度

转换速度是指完成一次转换所用的时间,即从发出转换控制信号开始,直到输出端得到稳定的数字输出为止所用的时间。转换时间越长,转换速度就越低。转换速度与转换原理有关,如逐次逼近式 A/D 转换器的转换速度要比双积分式 A/D 转换器高许多。除此以外,转换速度还与转换器的位数有关,一般位数少的(转换精度差)转换器转换速度高。目前常用的 A/D 转换器转换位数有 8 位、10 位、12 位、14 位、16 位等,其转换速度依转换原理和转换位数不同,一般在几微秒至几百毫秒之间。

由于转换器必须在采样间隔 T_s 内完成一次转换工作,因此转换器能处理的最高信号频率就受到转换速度的限制。如 50 μs 内完成 10 位 A/D 转换的高速转换器,这样,其采样频率可高达 20 kHz。

2) D/A 转换

(1) 工作原理

D/A 转换器将输入的数字量转换为模拟电压或电流信号输出,其基本要求是输出信号 A 与输入数字量 D 成正比,即

$$A = q \cdot D \tag{6.1}$$

其中 q 为量化当量,即数字量的二进制码最低有效位所对应的模拟信号幅值。

根据二进制计数方法,一个数是由各位数码组合而成的,每位数码均有确定的权值,即

$$D = 2^{n-1} a_{n-1} + 2^{n-2} a_{n-2} + \cdots + 2^1 a_1 + 2^0 a_0 \tag{6.2}$$

式中,$a_i (i = 0, 1, \cdots, n-1)$ 等于 0 或 1,表示二进制数的第 i 位。即二进制数可表示为 $a_{n-1} a_{n-2} \cdots a_2 a_1 a_0$。

D/A 转换器的转换过程是把输入的二进制数中为 1 的每一位代码,按其位权的大小,转换成相应的模拟量,然后将各位转换以后的模拟量,经求和运算相加,其和便是与被转换数字量成正比的模拟量,从而实现数模转换。

D/A 转换器一般先通过 T 型电阻网络将数字信号转换为模拟电脉冲信号,从 D/A 转换器得到的输出电压值 V_o 是转换指令来到时刻的一次瞬时值,不断转换可得到各个不同时刻的瞬时值,这些瞬时值的集合对一个信号而言在时域仍是离散的,要将其恢复为原来的时域模拟信号,还必须通过保持电路进行波形复原。

保持电路在 D/A 转换器中相当于一个模拟存储器,其作用是在转换间隔的起始时刻接收 D/A 转换输出的模拟电压脉冲,并保持到下一转换间隔的开始(零阶保持器)。由图 6.4 可见,D/A 经保持器输出的信号实际为许多矩形脉冲构成,为了得到光滑的输出信号,还必须通过低通滤波器去除其中的高频噪声,从而恢复出厂信号。

对 D/A 转换器而言,当采样频率足够高,量化当量足够小时,可以相当精确地恢复原波形。

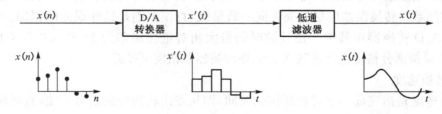

图 6.4 D/A 转换过程

（2）D/A 转换器的主要技术指标

① 分辨力

D/A 转换器的分辨力可用输入的二进制数码的位数来表示。位数越多，则分辨力也就越高。常用的有 8 位、10 位、12 位、16 位等。

② 转换精度

转换精度定义为实际输出与期望输出之比。以全量程的百分比或最大输出电压的百分比表示。理论上 D/A 转换器的最大误差为最低位的 $1/2$，10 位 D/A 转换器的分辨力为 $1/1\,024$，约为 0.1%，它的精度为 0.05%。如果 10 位 D/A 转换器的满量程输出为 10 V，则它的最大输出误差为 $10\ \text{V} \times 0.000\,5 = 5\ \text{mV}$。

③ 转换速度

转换速度是指完成一次 D/A 转换所用的时间。转换时间越长，转换速度就越低。

6.1.3 采样保持（S/H）

在对模拟信号进行 A/D 转换时，从启动转换到转换结束，需要一定的时间，即 A/D 转换器的孔径时间。当输入信号频率较高时，由于孔径时间的存在，会造成较大的孔径误差。要防止这种误差的产生，必须在 A/D 转换开始时将信号电平保持不变，而在 A/D 转换结束后又能跟踪输入信号的变化，即对输入信号处于采样状态。能完成上述功能的器件称为采样保持器，图 6.5 给出了采样保持的波形。由上述分析可知，采样保持器在保持阶段相当于一个"模拟信号存储器"。在 A/D 转换过程中，采样保持对保证 A/D 转换的精确度具有重要作用。

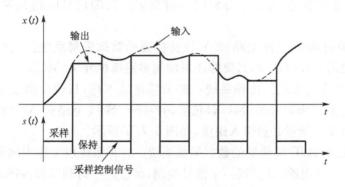

图 6.5 采样保持波形

采样保持电路的基本原理如图 6.6(a)所示，主要由保持电容 C、输入、输出缓冲放大器以及控制开关 S 组成。图中，两放大器均接成跟随器形式，采样期间开关闭合，输入跟随器的输出给电容器 C 快速充电；保持期间开关断开，由于输出缓冲放大器的输入阻抗极高，电容器上存储的电荷将基本维持不变，保持充电时的最终值供 A/D 转换。

采样保持器工作状态由外部控制信号控制，由于开关状态的切换需要一定的时间，因此实际保持的信号电压会存在一定的误差，如图 6.6(b)所示。这种时间滞后称为采样保持器的孔径时间,显然,它必须远小于 A/D 的转换时间,同时也必须远小于信号的变化时间。

实际系统中,是否需要采样保持电路,取决于模拟信号的变化频率和 A/D 转换时间,通常对直流或缓变低频信号进行采样时可不用采样保持电路。

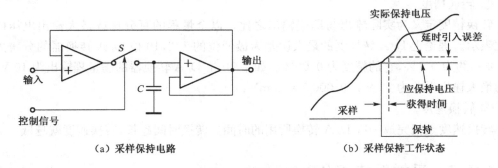

（a）采样保持电路　　　　　　　　　　（b）采样保持工作状态

图 6.6　采样保持原理

6.1.4　多通道数据采集系统的组成方式

计算机的多通道模拟信号输入子系统,常称为多通道数据采集系统,按不同的要求主要有以下几种结构(图 6.7):

(1) 每通道具有独立的 S/H 电路和 A/D 转换器的数据采集系统。这种系统主要适用于高速数据采集,每个通道的采样速度都能达到 A/D 转换器的最大转换速度。采集后各通道被测信号是完整的,有利于分析同一时刻多路被测信号的相关关系,如图 6.7(a) 所示。

(2) 多通道分时共享 S/H 电路和 A/D 转换器的数据采集系统。这种系统较为常见,系统结构简单,使用芯片数量少,必要时还可增加多路模拟开关(MUX)来扩展通道数,常采用 n 个通道顺序工作的方式。这种系统一般采样速度不高,只适合测量变化缓慢的信号。而且,信号是通过多路模拟开关(MUX)轮流切换送入 S/H 电路和 A/D 转换器,所以被测信号是断续的,对实时测量必然引入误差,如图 6.7(b)所示。

(3) 多通道共享 A/D 转换器的数据采集系统。这种系统也常称为同步数据采集系统,每个通道有一个 S/H 电路,并受同一个信号控制,保证同一时刻采样各通道信号,有利于对各个通道的信号波形进行相关分析,如图 6.7(c)所示。

(4) 主计算机管理的各通道独立变换和预处理的数据采集系统。这种系统的各通道都有 S/H 电路,A/D 转换器和微处理器或单片机,具有很强的独立性。每通道都可按各自的测试要求选用 S/H 电路和 A/D 转换器芯片,并按各通道具体要求设置微处理机和信号预处理的程序,因此可以节省主计算机工作量。特别适合于智能化传感技术和远距离传输的要求。这种系统实质上属于由主计算机管理的主从式多机系统范畴,如图 6.7(d)所示。

近年来,由于微电子技术的迅速发展,已经出现了单片集成式数据采集系统,采用厚膜混合技术制造的多功能数据采集模块,把数据采集系统的各部分(MUX,S/H,A/D,D/A

等)全部集中在一个模块里,并与微机接口兼容,在此基础上发展的插卡式数据采集系统和模拟输入、输出插件板,功能强,用途广,极大地简化了系统的设计和结构。

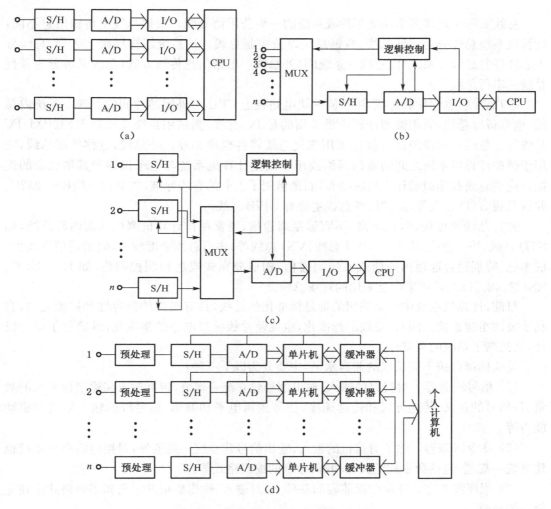

图 6.7 多通道数据采集系统的典型结构

6.2 计算机测试系统的总线技术

计算机系统通常采用总线结构,即构成计算机系统的 CPU、存储器和 I/O 接口等部件之间都是通过总线互连。总线的采用使得计算机系统的设计有了统一的标准可循,不同的开发厂商或开发人员只要依据相应的总线标准即可开发出通用的扩展模块,使得系统的模块化、积木化成为可能。本节主要介绍计算机测控系统中常用的几种总线的发展概况及其基本特点。

6.2.1　总线的基本概念及其标准化

总线实际是连接多个功能部件或系统的一组公用信号线。根据总线上传输信息不同，计算机系统总线分为地址总线、数据总线以及控制总线。从系统结构层次上区分，总线分为芯片(间)总线、(系统)内总线、(系统间)外总线。根据信息传送方式，总线又可分为并行总线和串行总线。

芯片总线，也称片级总线，用于同一块电路板上 CPU 与外围芯片间的互连。系统内总线，也称板级总线，通用微型计算机最常用的是 PC 总线，测试用系统总线有 VXI、PXI、PC 总线等。总线式智能测试仪就是采用该类总线将各模块相连。外总线，也称外部总线，它用于微型计算机系统之间的通信网络或用于微型计算机系统与电子仪器和其他设备的连接。这类总线并非微型计算机所特有，而是借用了工业的总线标准，如串行总线RS‑232C、并行总线 STD 总线等，测试用外总线主要有 GPIB 总线。

并行总线速度快，但成本高，不宜远距离通信，通常用作计算机测试仪器内部总线，如 STD 总线、ISA 总线、CompactPCI 总线、VXI 总线等；串行总线速度较慢，但所需信号线少、成本低，特别适合远距离通信或系统间通信，构成分布式或远程测控网络，如 RS‑232C、RS422/485，以及近年来广泛采用的现场总线。

目前，计算机系统中广泛采用的都是标准化的总线，具有很强的兼容性和扩展能力，有利于灵活组建系统。同时，总线的标准化，也促使总线接口电路的集成化，既简化了硬件设计，又提高了系统的可靠性。

总线标准化按不同层次的兼容水平，主要分为以下三种：

（1）信号级兼容。对接口的输入、输出信号建立统一规范，包括输入和输出信号线的数量、各信号的定义、传递方式和传递速度、信号逻辑电平和波形、信号线的输入阻抗和驱动能力等。

（2）命令级兼容。除了对接口的输入、输出信号建立统一规范外，对接口的命令系统也建立统一规范，包括命令的定义和功能、命令的编码格式等。

（3）程序级兼容。在命令级兼容的基础上，对输入、输出数据的定义和编码格式也建立统一的规范。

不论在何种层次上兼容的总线，接口的机械结构都应建立统一规范，包括接插件的结构和几何尺寸、引脚定义和数量、插件板的结构和几何尺寸等。

常见的信号级兼容的标准总线有 STD、ISA、VME、PXI 和 RS‑232C 等，命令级兼容的总线有 GPIB(IEEE488)和 CAMAC 总线等。

6.2.2　总线的通信方式

为了准确可靠地传递数据和系统之间能够协调工作，总线通信通常采用应答方式。应答通信要求通信双方在传递每一个(组)数据的过程中，通过接口的应答信号线彼此确认，在时间和控制方法上相互协调。图 6.8 给出了计算机测试系统中 CPU 与外设应答通信的原理框图。

图 6.8 中,CPU 作为主控模块请求与外设通信,它首先发出"读或写操作请求"信号,外设接收到 CPU 发出的请求信号后,根据 CPU 请求的操作,作好相应准备后发出相应应答信息输出给 CPU,如当 CPU 请求读取数据时,外设将数据送入数据总线,然后发出"数据准备好"信息至"读应答输出"信号线;当 CPU 请求输出(写入)数据给外设时,外设作好接收数据的准备后,发出"准备好接收"应答信息至"写应答输出"信号线,CPU 得到相应应答后,即可读入由外设输入的数据或将数据送出给外设。

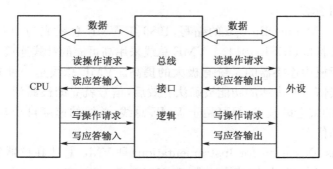

图 6.8   CPU 与外设应答式通信原理

上述这种由硬件连线实现的应答通信方式通常应用于并行总线,对于串行总线,硬件应答线不存在,此时就必须由软件根据规定的通信协议来实现应答信息的交互。

6.2.3   测控系统内部总线

1) STD/STD32 总线

STD 总线最早由 ProLog 公司 1978 年提出,1987 年被批准为国际标准 IEEE-961。STD 总线主要应用于工业测控计算机,STD 总线的 16 位总线性能满足嵌入式和实时性应用要求,它具有丰富的工业 I/O OEM 模板、低成本、低功耗、扩展的温度范围等特点,特别是它的小板尺寸、垂直放置无源背板的直插式结构,使其在空间和功耗受到严格限制的、可靠性要求较高的工业自动化领域得到了广泛应用。1990 年,STD32 MG 公布 STD32 规范1.0 版,并于 1996 年发展为 2.1 版。STD32 具有 32 位数据宽度,32 位寻址能力,是工业型的高端计算机。STD32 总线兼容 STD-80 规范,产品可以互操作。STD32 总线支持热插拔和多主系统,满足工业测控冗余设计要求。

2) ISA/PC104/AT96 总线

ISA(Industrial Standard Architecture)总线是 IBM 公司 1984 年为推出 PC/AT 机而建立的系统总线标准,也叫 AT 总线。它是对 IBM PC/XT 总线的扩展,以适应 8/16 位数据总线要求。ISA 总线面向特定 CPU,应用于 80X86 系列以及 Pentium CPU 的商用和个人计算机。

PC/104 总线电气规范与 ISA 总线兼容。1992 年 PC/104 总线联合会发布 PC/104 规范 1.0 版,1996 年公布 PC/104 规范 2.3 版。PC/104 总线采用自层叠互连方式和 3.6 in×3.8 in 的小板结构,使其更适合在尺寸和空间受到限制的嵌入式环境中使用。为了兼容 PCI 总线技术,1997 年 PC/104 总线联合会推出了 PC/104-Plus 规范 1.0 版,在 PC/104

规范 2.3 版的基础上,通过增加另外的连接器,支持 PCI 局部总线规范 2.1 版。

AT96 总线欧洲卡标准(IEEE996)由德国 SIEMENS 公司于 1994 年发起制定,并在欧洲得到了推广应用。AT96 总线＝ISA 总线电气规范＋96 芯针孔连接器(DIN IEC 41612 C)＋欧洲卡规范(IEC297/IEEE 1011.1)。AT96 总线工控机消除了模板之间的边缘金手指连接,具有抗强震动和冲击能力;其 16 位数据总线、24 位寻址能力、高可靠性和良好的可维护性,更适合在恶劣工业环境中应用。

3) VME/VXI 总线

VME 是 Versa Module Europe 的缩写,1986 年 VME 总线成为 IEC 标准(IEC821),1987 年成为 IEEE 标准(IEEE 1014)。VME 总线采用高可靠的针式连接器,使得系统的可靠性比采用印刷板板边连接器的系统有极大的提高。VME 总线是一种非复用的 32 位异步总线。只要总线信号所表达的功能被确认有效后,信号就立即被激活。这样无论是快的还是慢的器件,新的或老的技术,都可用于 VME 总线,总线的速度自动与器件的速度相适配。这是其最大的优点。

VXI(VMEbus eXtension for Instrumentation)是 VME 总线在仪器领域的扩展,是在 VME 总线、Eurocard 标准(机械结构标准)和 IEEE 488 等的基础上,由主要仪器制造商共同制定的开放性仪器总线标准。1993 年,VXI 规范被采纳为国际标准 IEEE 1155。

从 VXI 总线和 VME 总线工控机运行的操作系统可以看出:VXI 总线工控机制造商希望兼容主流计算机市场提供的丰富而廉价的应用软件开发工具包、外设和驱动软件,而 VME 总线只能利用 OS 制造商或第三方合作伙伴提供的专用开发环境和外设工作。

4) PCI/CompactPCI 总线

PCI(Peripheral Component Interconnect)局部总线由美国 Intel 公司提出,由 Intel 公司联合多家公司成立的 PCISIG(PCI Special Interest Group)制定。PCI 局部总线是微型机上的处理器/存储器与外围控制部件、外围附加卡之间的互连机构,它规定了互连机构的协议、电气、机械以及配置空间规范。在电气方面还专门定义了 5 V 和 3.3 V 的信号环境。特别是 PCI 局部总线规范的 2.1 版定义了 64 位总线扩展和 66 MHz 总线时钟的技术规范。

PCI 局部总线规范是当今微型机行业事实上的标准,也是业界微型机系统及产品普遍遵循的工业标准之一。PCI 局部总线不仅满足高、中、低档台式机的应用需要,而且适应于从移动计算到服务器整个领域的需要。PCI 局部总线的主要特点是:

(1) 地址、数据多路复用的高性能 32 位或 64 位同步总线。总线引脚数目少,对于总线目标设备只有 47 根信号线,对主设备最多只有 49 根信号线。

(2) 高性能和高带宽。PCI 局部总线支持触发工作方式,在 33 MHz 总线时钟、32/64 位数据通路时可达到峰值 132/264 MB/s 的带宽。在 66 MHz 总线时钟下,数据通路时可达到峰值 264/528 MB/s 的带宽。

(3) 通用性强,适用面广,PCI 局部总线独立于处理器。当今流行的 Intel 系列的处理器以及其他处理器系列,如 Alpha Axp 系列、PowerPC 系列、SPARC 系列以及下一代处理器都可以使用 PCI 局部总线。

(4) PCI 局部总线的多主线总控能力允许 PCI 总线的主设备能对等地访问总线上的任何主设备或目标设备。PCI 的配置空间规范能保证全系统的自动配置,即插即用,PCI 的向前和向后的兼容性又使得现存的各种产品能平滑地向新标准过渡,保护了用户的利益。

CompactPCI 总线＝PCI 总线的电气规范＋标准针孔连接器(IEC－1076－4－101)＋欧洲卡规范(IEC297/IEEE 1011.1)，是当今最新的一种工业计算机总线标准。CompactPCI 规范 1.0 版 1995 年由 PICMG(PCI Industrial Computer Manufacturers Group)提出，1997 年发展为 CompactPCI 规范 2.1，并制定了 CompactPCI 热插拔接口规范(CompactPCI Hot Swap Infrastructure Interface Specification)。设计 CompactPCI 的出发点在于，迅速利用 PCI 的优点，提供满足工业环境应用要求的高性能的核心系统，同时还能充分利用传统的总线产品，如 ISA、STD、VME 或 PC104 来扩充系统的 I/O 和其他功能。因此，CompactPCI 不是重新设计 PCI 规范，而是改造现行的 PCI 规范，使其成为无源底板总线式的系统结构。例如，原 PCI 规范最多只能接纳 4 块附加的插卡，这对工业应用往往不够。CompactPCI 的基本系统设计成 8 块卡，并可通过 PCI－PCI 桥电路芯片进行扩展，同时，利用桥电路技术，也可将 CompactPCI 与别的总线组成混合系统。

CompactPCI 依附于 PCI 平台，在芯片、软件和开发工具方面可以得到大批量生产制造的 PC 机资源，有利于自身成本的降低。另外，为了利用最新的技术成果，CompactPCI 技术将进一步融合 USB 和 1394 技术，并通过 PCI－USB 和 PCI－1394 桥进行转换。

5) PXI 总线

PXI(PCI eXtension for Instrumentation)是 NI 公司 1997 年 9 月发布的一种新的开放性、模块化仪器总线规范，是 PCI 总线在仪器领域的扩展。PXI 管脚的定义已在 PICMG 的仪器分会中注册，以确保与 CompactPCI 完全兼容，PXI 与 CompactPCI 模块可以在同一系统中共存而不发生冲突。

PXI 支持在工业仪器、数据采集及工业自动化应用中要求更高的机械、电气、软件特性。为更适于工业应用，PXI 扩充了 CompactPCI 规范，对提供优异的机械完整性及易装易卸的 PCI 硬件定义了坚固的结构形式。PXI 产品对工业环境中的振动、冲击、温度和湿度等环境性能试验提供了更高更细的要求。PXI 在 CompactPCI 机械规范上增加了必需的测试环境和主动冷却。这样一来，可以简化系统集成并确保多供应商产品的互操作性。

PXI 系统与 PC 100%兼容，将 Microsoft Windows 操作系统定义为其标准的系统级软件框架，熟悉台式 PC 的仪器系统开发商，花很少的时间和费用便可将他们的资源应用到更坚固的 PXI 系统中。另外，所有的 PXI 外设必须包括相应的设备驱动软件以降低最终用户的开发成本。

由于 PXI 总线的机械、电气、软件特性是采用成熟 PC 技术的直接结果，PXI 以容易承受的价格提供了其他昂贵测试平台(如 VXI)上高精度仪器才具有的同步、定时特性。此外，组合了主流 PCI 计算机技术和 Windows 软件及坚固的工业封装、功率、冷却及 EMC 的系统规范，新的 PXI 模块仪器在不牺牲测量精度或突破预算的情况下，提供高性能的测试、测量和数据采集。

6.2.4　测控系统外部总线

1) RS－232C 总线

RS－232C 是美国电子工业协会 EIA(Electronic Industry Association)制定的一种串行物理接口标准。RS－232C 总线标准设有 25 条信号线，包括一个主通道和一个辅助通道,在多数情况下主要使用主通道,对于一般双工通信,仅需几条信号线就可实现,如一条发送线、一条接收线及一条地线。

RS-232C 标准规定的数据传输速率为 50、75、100、150、300、600、1 200、2 400、4 800、9 600、19 200 b/s。RS-232C 标准规定,驱动器允许有 2 500 pF 的电容负载,通信距离将受此电容限制。

RS-232C 传输的信号电平对地对称,与 TTL、CMOS 逻辑电平完全不同,其逻辑 0 电平规定为+5～+15 V 之间,逻辑 1 电平规定为-5～-15 V 之间,因此,计算机系统采用 RS-232C 通信时需经过电平转换接口。此外,RS-232C 未规定标准的连接器,因而同样是 RS-232C 接口却可能互不兼容。

2) RS-449/RS-423A/422A/485 总线

1977 年 EIA 制定了电子工业标准接口 RS-449,并于 1980 年成为美国标准。RS-449 是一种物理接口功能标准,其电气标准依据 RS-423A 或 RS-422A 以及 RS-485。RS-449 除了与 RS-232C 兼容外,还在提高传输速率、增加传输距离、改进电气性能方面作了很大努力,并增加了 RS-232C 未用的测试功能,明确规定了标准连接器,解决了机械接口问题。

RS-423A 和 RS-422A 分别给出在 RS-449 应用中对电缆、驱动器和接收器的要求。RS-423A 给出非平衡信号差的规定,采用非平衡(单端)发送、差分接收接口;RS-422A 给出平衡信号差的规定,采用平衡(双端)驱动、差分接收接口。如图 6.9 所示。

RS-423A/422A 比 RS-232C 传输信号距离长、速度快,最大传输率可达 10 Mb/s(RS-422A 电缆长度 120 m,RS-423A 电缆长度 15 m)。如果采用较低的传输速率,如 90 000 b/s,最大距离可达 1 200 m。

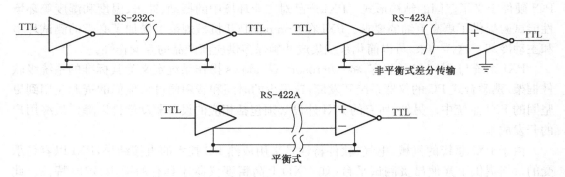

图 6.9 RS-232C、RS-423A、RS-422A 电气连接图

RS-485 是 RS-422A 的变型。RS-422A 为全双工,可同时发送与接收;RS-485 则为半双工,在某一时刻,只能有一个发送器工作。RS-485 是一种多发送器的电路标准,它扩展了 RS-422A 的性能,允许双导线上一个发送器驱动多达 32 个负载设备。负载设备可以是被动发送器、接收器或收发器(发送器和接收器的组合)。RS-485 用于多点互连时非常方便,可以省掉许多信号线。应用 RS-485 可以非常方便地联网构成分布式测控系统。

3) GPIB 总线

GPIB(General Purpose Interface Bus)是计算机和仪器间的标准通信协议,它是最早的仪器总线,属于命令级兼容的并行总线接口标准,目前多数仪器都配置了遵循 IEEE 488 的

GPIB 接口。

GPIB 通用接口总线最初由惠普(Hewlett - Packard)公司于 1965 年提出,并称之为 HP - IB。1975 年由 IEEE(the Institute of Electrical and Electronic Engineers)接纳为 IEEE 488-1975 标准并于 1978 年对之进行了修订公布为 IEEE 488 并行接口标准。1987 年,IEEE 发布 IEEE - 488.2 并将原有标准改称为 IEEE - 488.1,IEEE - 488.2 在 IEEE - 488.1 的基础上增加了通信协议和通用命令方面的新内容,1990 年,IEEE - 488.2 进一步加入 SCPI(Standard Commands for Programmable Instrumentation)程控仪器标准命令,全面加强了 GPIB 接口总线在编码、格式、协议和命令方面的标准化。

典型的 GPIB 测试系统包括一台计算机、一块 GPIB 接口卡和若干台 GPIB 仪器。每台 GPIB 仪器有单独的地址,由计算机控制操作。系统中的仪器可以增加、减少或更换,只需对计算机的控制软件作相应改动。

GPIB 按照位并行、字节串行双向异步方式传输信号,连接方式为总线方式,仪器设备直接并联于总线上而不需中介单元,在价格上,GPIB 仪器覆盖了从比较便宜的到异常昂贵的仪器。GPIB 总线上最多可连接 15 台设备。最大传输距离为 20 m,信号传输速度一般为 500 KB/s,最大传输速度为 1 MB/s。不适合于对系统速度要求较高的应用。为了解决此缺陷,NI 公司于 1993 年提出了 HS - 488 高速接口标准,将传输速度提高到 8MB/s,该标准与 IEEE - 488.1 和 IEEE - 488.2 兼容,具有 HS - 488 接口的仪器可以与具有 IEEE - 488.1/.2 接口的仪器共同使用。

4) USB 总线

USB(Universal Serial Bus)是由 Intel、Compaq、Digital、IBM、Microsoft、NEC、Northern Telecom 等七家世界著名的计算机和通信公司共同推出的串行接口标准。1995 年 11 月正式发布了 USB0.9 规范,1997 年开始有真正符合 USB 技术标准的外设出现。USB1.1 是目前推出的在支持 USB 的计算机与外设上普遍采用的标准。

USB1.1 主要应用在中低速外部设备上,它提供的传输速度有低速 1.5 Mb/s 和全速 12 Mb/s 两种。直到 1999 年 2 月,USB 2.0 规范的出现,情况才有所改观,USB2.0 向下兼容 USB1.1,其速度可高达 480 Mb/s,支持多媒体应用。

使用 USB 接口可以连接多个不同的设备,支持热插拔,在软件方面,为 USB 设计的驱动程序和应用软件可以自动启动,无需用户干预。USB 设备也不涉及中断冲突等问题,它单独使用自己的保留中断,不会同其他设备争用计算机有限的资源,为用户省去了硬件配置的烦恼。

USB 接口连接的方式也十分灵活,既可以使用串行连接,也可以使用 Hub,把多个设备连接在一起,再同 PC 机的 USB 口相接。在 USB 方式下,所有的外设都在机箱外连接,不必打开机箱,不必关闭主机电源。USB 采用"级联"方式,即每个 USB 设备用一个 USB 插头连接到一个外设的 USB 插座上,而其本身又提供一个 USB 插座供下一个 USB 外设连接用。通过这种类似菊花链式的连接,一个 USB 控制器理论上可以连接多达 127 个外设,而每个外设间距离(线缆长度)可达 5 m。USB 还能智能识别 USB 链上外围设备的接入或拆卸,真正做到"即插即用"。而且 USB 接口提供了内置电源,能向低压设备提供 5 V 的电源,从而降低了这些设备的成本并提高了性价比。

5）现场总线

现场总线是一种工业数据总线，主要解决智能化仪表、控制器、执行机构等现场设备间的数字通信，以及这些现场控制设备和高级控制系统之间的信息传递问题。从 1984 年起，ISA（美国仪表学会）开始制定关于现场总线的规范——ISA SP50，并于 1992 年完成了物理层标准的制定。在 1992—1993 年间，形成了关于现场总线标准制定的两大国际化组织：IS-PF 和 WorldFIP。到 1994 年后期，两大组织合并成唯一的现场总线标准化组织：现场总线基金会（Fieldbus Foundation，FF）。

根据 IEC 标准和 FF 的定义：现场总线是连接智能现场设备和自动化系统的数字式、双向传输、多分支结构的通信网络。其技术特点有以下几个方面：

（1）现场总线是用于过程自动化和制造自动化的现场设备或现场仪表互连的现场数字通信网络，利用数字信号代替模拟信号，其传输抗干扰性强，测量精度高，大大提高了系统的性能。

（2）现场总线网络是开放式互联网络，用户可以自由集成不同制造商的通信网络，通过网络对现场设备和功能块统一组态，把不同厂商的网络及设备有机地融合为一体，构成统一的 FCS（Fieldbus Control System）。

（3）所有现场设备直接通过一对传输线（现场总线）互连，双向传输多个信号，可大大减少连线的数量，使得费用降低，易于维护，与 DCS 相比，现场总线减少了专用的 I/O 装置及控制站，降低了成本，提高了可靠性。

（4）增强了系统的自治性，系统控制功能更加分散，智能化的现场设备可以完成许多先进的功能，包括部分控制功能，促使简单的控制任务迁移到现场设备中来，使现场设备既有检测、变换功能，又有运算和控制功能，一机多用。这样既节约了成本，又使控制更加安全和可靠。FCS 废除了 DCS 的 I/O 单元和控制站，把 DCS 控制站的功能块分散到现场设备，实现了彻底的分散控制。

6.3　虚拟仪器

6.3.1　概述

1）虚拟仪器的概念

随着微电子技术、计算机技术、软件技术、通信技术、现代测量技术的发展，电子测量仪器在许多方面突破了传统仪器的概念，其功能和作用也发生了质的变化。在以计算机为平台的测控仪器中软件和总线的作用日渐突出，测试仪器的物理功能越来越多，计算功能越来越强。传统硬件化仪器越来越不能满足测试仪器日益强大的功能要求；同时被测对象的频率范围越来越宽，因此要求总线具有相应的高速数据传输能力和灵活的扩展性能；另外，面对各种各样复杂的测试要求，希望软件系统不仅能完成测试所需的功能，而且还要易于使用。在这个背景下，软件即仪器的时代到来了，这种全新的软件化仪器被称为虚拟仪器。

"虚拟"仪器（Virtual Instruments，简称 VI）是目前国内外测试技术界和仪器制造界十分关注的热门话题。虚拟仪器是一种概念性仪器,迄今为止,业界还没有一个明确的国际标准和定义。虚拟仪器实际上是一种基于计算机的自动化测试仪器系统,是现代计算机技术和仪器技术完美结合的产物,是当今计算机辅助测试(CAT)领域的一项重要技术。虚拟仪器利用加在计算机上的一组软件与仪器模块相连接,以计算机为核心,充分利用计算机强大的图形界面和数据处理能力提供对测量数据的分析和显示。

虚拟仪器技术的开发和应用的活跃源于 1986 年美国 NI 公司设计的 LabVIEW,它是一种基于图形的开发、调试和运行程序的集成化环境,实现了虚拟仪器的概念。NI 提出的"软件即仪器"(The software is the instrument)的口号,彻底打破了传统仪器只能由生产厂家定义,用户无法改变的模式,利用虚拟仪器,用户可以很方便地组建自己的自动测试系统。

2)虚拟仪器的出现

电子测量仪器发展至今,大体分为四代:模拟仪器、数字化仪器、智能仪器和虚拟仪器。

第一代模拟仪器,如指针式万用表、晶体管电压表等。其基本结构是电磁机械式的,借助指针来显示最终结果。

第二代数字化仪器,这类仪器目前相当普及,如数字电压表、数字频率计等。这类仪器将模拟信号的测量转化为数字信号测量,并以数字方式输出最终结果。

第三代智能仪器,这类仪器内置微处理器,既能进行自动测试又具有一定的数据处理能力,习惯上称为智能仪器。其功能块以硬件或固化的软件的形式存在。

第四代虚拟仪器,虚拟仪器是由计算机硬件资源、模块化仪器硬件和用于数据分析、过程通信及图形用户界面的软件组成的测控系统;是一种由计算机操纵的模块化仪器系统。

虚拟仪器可广泛应用于电子测量、振动分析、声学分析、故障诊断、航天航空、军事工程、电力工程、机械工程、建筑工程、铁路交通、地质勘探、生物医疗、教学及科研等诸多方面,达到国民经济的各个领域。虚拟仪器的发展对科学技术的发展和国防、工业、农业的生产将产生不可估量的影响。

与传统仪器相比,虚拟仪器有以下优点:

(1)融合计算机强大的硬件资源,突破了传统仪器在数据处理、显示、存储等方面的限制,大大增强了传统仪器的功能。

(2)利用了计算机丰富的软件资源,实现了部分仪器硬件的软件化,增加了系统灵活性。通过软件技术和相应数值算法,可以实时、直接地对测试数据进行各种分析与处理。同时,图形用户界面(GUI)技术使得虚拟仪器界面友好、人机交互方便。

(3)基于计算机总线和模块化仪器总线,硬件实现了模块化、系列化,提高了系统的可靠性和易维护性。

(4)基于计算机网络技术和接口技术,具有方便、灵活的互联能力,广泛支持各种工业总线标准。因此,利用 VI 技术可方便地构建自动测试系统,实现测量、控制过程的智能化、网络化。

(5)基于计算机的开放式标准体系结构。虚拟仪器的硬、软件都具有开放性、可重复使用及互换性等特点。用户可根据自己的需要,选用不同厂家的产品,使仪器系统的开发更为灵活、效率更高,缩短了系统组建时间。

3）虚拟仪器的构成

与传统仪器一样，虚拟仪器由三大功能块构成：信号采集与控制、信号分析与处理、结果表达与输出，如图6.10所示。

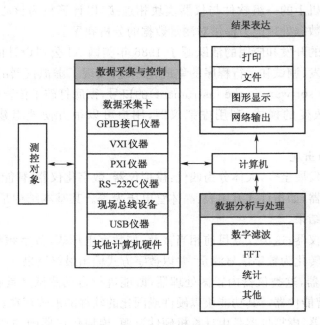

图6.10　虚拟仪器结构

虚拟仪器系统的体系结构如图6.11所示，下面从硬件、软件两个方面介绍虚拟仪器的构建技术。

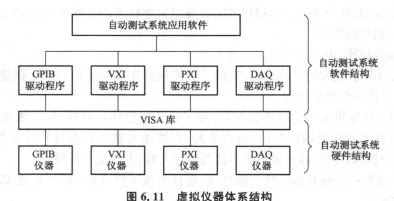

图6.11　虚拟仪器体系结构

6.3.2　虚拟仪器的硬件系统

虚拟仪器的硬件系统一般分为计算机硬件平台和测控功能硬件。

计算机硬件平台可以是各种类型的计算机，如普通台式计算机、便携式计算机、工作站、嵌入式计算机等。计算机管理着虚拟仪器的硬、软件资源，是虚拟仪器的硬件基础。计算机技术在显示、存储能力、处理性能、网络、总线标准等方面的发展,导致了虚拟仪器系统的快速发展。

按照测控功能硬件的不同,VI 可分为 GPIB、VXI、PXI 和 PC 插卡式四种标准体系结构。其中前面三种仪器总线已在上节作了简要介绍。这里简要介绍 PC 插卡式虚拟仪器系统。

PC 插卡是基于计算机标准总线的内置(如 ISA、PCI、PC/104 等)或外置(如 USB、IEEE - 1394 等)功能插卡,其核心主要是 DAQ(Data AcQuisition,数据采集)卡。它更加充分地利用计算机的资源,大大增加了测试系统的灵活性和扩展性。利用 DAQ 可方便快速地组建基于计算机的仪器,实现"一机多型"和"一机多用"。在性能上,随着 A/D 转换技术、仪器放大技术、抗混叠滤波技术与信号调理技术的迅速发展,DAQ 的采样速率已达到 1 GB/s,精度高达 24 位,通道数高达数十个,并能任意结合数字 I/O、模拟 I/O、计数器/定时器等通道。

仪器厂家生产了大量的 DAQ 功能模块可供用户选择,如示波器、数字万用表、串行数据分析仪、动态信号分析仪、任意波形发生器等。在 PC 计算机上挂接若干 DAQ 功能模块,配合相应的软件,就可以构成一台具有若干功能的 PC 仪器("个人仪器")。PC 仪器,既具有高档仪器的测量品质,又能满足测量需求的多样性。对大多数用户来说,这种方案既实用又具有很高的性能价格比。

6.3.3 虚拟仪器的软件系统

虚拟仪器技术的核心思想,就是利用计算机的硬/软件资源,使本来需要硬件实现的技术软件化(虚拟化),以便最大限度地降低系统成本,增强系统的功能与灵活性。基于软件在 VI 系统中的重要作用,NI 提出了"软件即仪器"的口号。VPP 系统联盟提出了系统框架、驱动程序、VISA、软面板、部件知识库等一系列 VPP 软件标准,推动了虚拟仪器软件标准化的进程。

虚拟仪器的软件框架从底层到顶层,包括三部分:VISA 库、仪器驱动程序、应用软件。

VISA(Virtual Instrumentation Software Architecture)虚拟仪器软件体系结构,实质就是标准的 I/O 函数库及其相关规范的总称。一般称这个 I/O 函数库为 VISA 库。它驻留于计算机系统之中执行仪器总线的特殊功能,是计算机与仪器之间的软件层连接,以实现对仪器的程控。它对于仪器驱动程序开发者来说是一个个可调用的操作函数集。

仪器驱动程序是完成对某一特定仪器控制与通信的软件程序集。它是应用程序实现仪器控制的桥梁。每个仪器模块都有自己的仪器驱动程序,仪器厂商以源码的形式提供给用户。

应用软件建立在仪器驱动程序之上,直接面对操作用户,通过提供直观友好的测控操作界面、丰富的数据分析与处理功能,来完成自动测试任务。

对于虚拟仪器应用软件的编写,大致可分为两种方式:

(1) 用通用编程软件进行编写。主要有 Microsoft 公司的 Visual Basic 与 Visual C++、Borland 公司的 Delphi、Sybase 公司的 PowerBuilder。

(2) 用专业图形化编程软件进行开发。如 HP 公司的 VEE 和 HPTIG、NI 公司的

LabVIEW 和 Lab Windows/CVI、美国 Tektronis 公司的 Ez - Test 和 Tek - TNS 以及美国 HEM Data 公司的 Snap - Marter 平台软件。

当前最流行的图形化编辑语言是 LabVIEW 和 LabWindows/CVI,都是美国 NI 公司推出的面向计算机测控领域虚拟仪器的软件开发平台。软件介绍如下:

1) LabVIEW

LabVIEW(Laboratory Virtual Instrumentation Engineering Workbench,实验室虚拟仪器集成环境)是一种图形化编程语言,是 NI 公司的软件产品,是目前应用最广、发展最快、功能最强的图形化软件集成开发环境。LabVIEW 用图标代码代替编程语言创建应用程序,用数据流编程方法描述程序的执行,用图标和连线代替文本形式编写程序,为虚拟仪器设计者提供了便捷的设计环境。设计者可以像搭积木一样,轻松组建一个测试系统以及构造自己的仪器面板,无需进行任何繁琐的程序代码编写。LabVIEW 作为一种强大的虚拟仪器开发平台,广泛地被工业界、学术界和研究实验室所接受,被视为一个标准的数据采集和仪器控制软件。

LabVIEW 是一个真正的 32 位编译器,能创建 32 位的编译程序,解决了其他按解释方式工作的图形编程环境速度慢的问题。同时,LabVIEW 可生成独立的可执行文件,使用户的数据采集、测试和测量方案得以高速运行。

LabVIEW 集成了与 GPIB、VXI、RS - 232C 和数据采集卡通信的全部功能,并且还内置了便于 TCP/IP、ActiveX 等软件标准的库函数。在这种通用程序设计系统中,提供的应用程序有数百种之多,除具备其他语言所提供的常规函数功能和上述的生成图形界面的大量模板外,内部还包括许多特殊的功能库函数和开发工具库以及多种硬件设备驱动功能,从底层的 I/O 接口控制子程序到大量的仪器驱动程序,从基本的数学函数、字符串处理函数到高级分析库函数,从对 TCP/IP 协议、ActiveX 标准控件的支持到具有硬件底层通信驱动以及调用其他语言的代码级模块等,供用户直接调用,可以完成复杂的面向仪器编程,并可以进行诸如小波变换和联合时频分析、数字图像处理等的测试与分析。

此外,LabVIEW 还支持 Windows、Macintosh 等操作系统平台,并可把在不同平台上开发的应用程序直接进行移植,提供了大量的通过 DLL(动态链接库)、DDE(共享库)等与外部代码或软件进行连接的机制,以及大量 DLL(动态数据交换库)接口和对 OLE 的支持,扩展了 ActiveX(COM)技术应用,并可以与 Mathworks 公司的 MATLAB 及 NI 公司的 HiQ 的数学和分析软件进行无缝集成。

2) Lab Windows/CVI

NI 公司的 LabWindows/CVI 是一个用于测试和测量的 ANSI C 开发环境,它的使用极大地提高了工程师和科学家们的生产效率。使用 LabWindows/CVI 来开发高性能的、可靠的应用程序,可用于测试、军事/航天、通信、设计验证和汽车工业等领域。开发人员可以在设计阶段利用 LabWindows/CVI 的硬件配置助手、综合调试工具以及交互式执行功能,来运行各项功能,使得这些领域的开发流水线化。使用内置的测量库,可以迅速的开发出复杂的应用程序,例如多线程编程和 ActiveX 的服务器/客户端程序。由于 LabWindows/CVI 的便利性,可以通过在相似环境中重复使用以前的代码来维护代码投资,并且实现 Windows、Linux&reg 或实时平台上分布测试系统的无缝集成。

LabWindows/CVI 是为 C 语言程序员提供的软件开发系统,在其交互式开发环境中编写的程序必须符合标准 C 语言规范。使用 LabWindows/CVI 可以完成如下工作：①交互式的程序开发；②具有功能强大的函数库，用来创建数据采集和仪器控制的应用程序；③充分利用完备的软件工具进行数据采集、分析和显示；④利用向导开发 IVI 仪器驱动程序和创建 ActiveX 服务器；⑤为其他程序开发 C 目标模块、动态链接库（DLL）、C 语言库。

在 LabWindows/CVI 开发环境中可以利用其提供的库函数来实现程序设计、编辑、编译、链接和标准 C 语言程序调试。在该开发环境中可以用 LabWindows/CVI 丰富的函数库来编写程序，此外每个函数都有一个叫做函数面板（Function Panel）的交互式操作界面，在函数面板中可以执行该函数并可以生成调用该函数的代码，也可通过右击面板或控件获得有关函数、参数、函数类和函数库的帮助。在 LabWindnows/CVI 的交互式环境中编写程序必须符合标准 C 语言的规范。另外，在开发应用程序时可以使用编译好的 C 语言目标模块，动态链接库（DLL），C 静态库和仪器驱动程序。LabWindows/CVI 的功能强大在于它提供了丰富的函数库。利用这些库函数除可实现常规的程序设计外，还可实现更加复杂的数据采集和仪器控制系统的开发。仪器库是 LabWindows/CVI 的特殊资源。它包 GPIB、VXI 和 RS－232 仪器的驱动程序，如示波器、多用表和函数发生器，每个驱动程序都提供可编辑的源代码。使用 LabWindows/CVI 开发工具提供的库函数可以创建自己的仪器驱动程序，可以创建单个仪器、多个仪器或实际上并不存在的虚拟仪器的驱动程序，在创建仪器驱动程序过程中可以使用 LabWindows/CVI 的其他库函数。使用 LabWindows/CVI 的用户界面编辑器可以创建并编辑图形用户界面（GUI），而使用 LabWindows/CVI 的用户界面库函数可以在程序中创建并控制 GUI。此外，LabWindows/CVI 为 GUI 面板的设计准备了许多专业控件，如曲线图控件、带状图控件、表头、旋钮和指示灯等，以适应测控系统软件开发的需求，利用这些控件可以设计出专业的测控程序界面。

6.3.4　虚拟仪器的发展趋势

虚拟仪器走的是一条标准化、开放性、多厂商的技术路线，经过多年发展，正沿着总线与驱动程序的标准化、硬/软件的模块化、硬件模块的即插即用化、编程平台的图形化等方向发展。

随着计算机网络技术、多媒体技术、分布式技术等的飞速发展，融合了计算机技术的 VI 技术，其内容会更加丰富。如简化仪器数据传输的 Internet 访问技术 DataSocket、基于组件对象模型（COM）的仪器软硬件互操作技术 OPC、软件开发技术 ActieveX 等。这些技术不仅能有效提高测试系统的性能水平，而且也为"软件仪器时代"的到来做好了技术上的准备。

此外，IVI（Interchangeable Virtual Instruments，可互换虚拟仪器）也是虚拟仪器领域一个很重要的发展方向，目前，IVI 是基于 VXI 即插即用规范的测试/测量仪器驱动程序建议标准，它允许用户无需更改软件即可互换测试系统中的多种仪器。比如，从 GPIB 转换到 VXI 或 PXI。这一针对测试系统开发者的 IVI 规范通过提供标准的通用仪器类软件接口可以节省大量工程开发时间，其主要作用为：关键的生产测试系统发生故障或需要重校时无需离线进行调整；可在由不同仪器硬件构成的测试系统上开发单一测试软件系统，以充分利用现有资源；在实验室开发的测试代码可以移植到生产环境中的不同仪器上。

6.4　网络化测试仪器

　　总线式仪器、虚拟仪器等微机化仪器技术的应用,使组建集中和分布式测控系统变得更为容易。但集中测控越来越满足不了复杂、远程(异地)和范围较大的测控任务的需求,为此,组建网络化的测控系统就显得非常必要。近年来,以 Internet 为代表的网络技术的出现以及它与其他高新科技的相互结合,不仅已开始将智能互联网产品带入现代生活,而且也为测量与仪器技术带来了前所未有的发展空间和机遇,网络化测量技术与具备网络功能的新型仪器应运而生。

　　在网络化仪器环境条件下,被测对象可通过测试现场的普通仪器设备,将测得数据(信息)通过网络传输给异地的精密测量设备或高档次的微机化仪器去分析、处理;能实现测量信息的共享;可掌握网络节点处信息的实时变化的趋势;此外,也可通过具有网络传输功能的仪器将数据传至源端即现场。

　　在带来上述诸多好处的同时,采用网络测量技术、使用网络化仪器无疑能显著提高测量功效,有效降低监测、测控工作的人力和财力投入,缩短完成一些类型计量测试工作的周期,并将增强测量需求客户的满意程度。

　　基于 Web 的信息网络 Intranet,是目前企业内部信息网的主流。应用 Internet 的具有开放性的互联通信标准,使 Intranet 成为基于 TCP/IP 协议的开放系统,能方便地与外界连接,尤其是与 Internet 连接。借助 Internet 的相关技术,Intranet 给企业的经营和管理能带来极大便利,已被广泛应用于各个行业。Internet 也已开始对传统的测控系统产生越来越大的影响。目前,测控系统的设计思想明显受到计算机网络技术的影响,基于网络化、模块化、开放性等原则,测控网络由传统的集中模式转变为分布模式,成为具有开放性、可互操作性、分散性、网络化、智能化的测控系统。网络的节点上不仅有计算机、工作站,还有智能测控仪器仪表,测控网络将有与信息网络相似的体系结构和通信模型。比如目前测控系统中迅猛发展的现场总线,它的通信模型和 OSI 模型对应,将现场的智能仪表和装置作为节点,通过网络将节点连同控制室内的仪器仪表和控制装置联成有机的测控系统。测控网络的功能将远远大于系统中各独立个体功能的总和。结果是测控系统的功能显著增强,应用领域及范围明显扩大。

　　软件是网络化测试仪器开发的关键,Unix、Windows NT、Windows 2000、Netware 等网络化计算机操作系统,现场总线,标准的计算机网络协议,如 OSI 的开放系统互连参考模型 RM、Internet 上使用的 TCP/IP 协议等,在开放性、稳定性、可靠性方面均有很大优势,采用它们很容易实现测控网络的体系结构。在开发软件方面,比如 NI 公司的 LabVIEW 和 LabWindows/CVI、HP 公司的 VEE、微软公司的 VB 和 VC 等,都有开发网络应用项目的工具包。

　　总之,随着计算机技术、网络通信技术的进步而不断拓展,以 PC 机和工作站为基础,通过组建网络来形(构)成实用的测控系统,提高生产效率和共享信息资源,已成为现代仪器仪表发展的方向。从某种意义上说,计算机和现代仪器仪表已相互包容,计算机网络也就是通用的仪器网络,继"计算机就是仪器"和"软件就是仪器"概念之后,"网络就是仪器"的概念确切地概括了仪器的网络化发展趋势。

习　题

6.1　一个 6 位逐次逼近式 A/D 转换器，分辨力为 0.05 V，若模拟输入电压为 2.2 V，试求其数字输出量的数值。

6.2　采用 12 位 A/D 转换器对 10 Hz 信号进行采样，若不加采样保持器，同时要求 A/D 采样孔径误差小于 1/2LSB 时，A/D 转换器的转换时间最大不能超过多少？

6.3　如果要求一个 D/A 转换器能分辨 5 mV 的电压，设其满量程电压为 10 V，试问其输入端数字量至少要多少位？

6.4　说明逐次逼近式 A/D 转换器的工作原理。试设计一软件模拟该 A/D 转换器的转换过程。

6.5　简要说明计算机测试系统各组成环节的主要功能及其技术要求。

7 测试技术的工程应用

7.1 位移的测量

位移测量包括线位移和角位移的测量。位移测量在工程中经常遇到,这不仅因为在工程中经常需要精确地测量物体的位移或位置,而且还因为速度、加速度、力、压力、扭矩、温度、流量及物位等参数的许多测试方法,都是以位移测量作为基础的。位移是向量,它表示物体上某一点在一定方向上的位置变动。因而对位移的度量,除了确定其大小之外,还应考虑其方向。一般情况下,应使测量方向与位移方向重合。

7.1.1 位移测量方法

位移测量的方法多种多样,常用的有下列几种:

(1)积分法

测量运动体的速度或加速度,经过积分或二次积分求得运动体的位移。例如在惯性导航中,就是通过测量载体的加速度,经过二次积分而求得载体的位移。

(2)回波法

从测量起始点到被测面是一种介质,被测面以后是另一种介质,利用介质分界面对波的反射原理测位移。例如激光测距仪、超声波液位计都是利用分界面对激光、超声波的反射测量位移的。相关测距则是利用相关函数的时延性质,将向某被测物发射信号与经被测物反射的返回信号作相关处理,求得时延 τ,从而推算出发射点与被测物之间的距离。

(3)位移传感器法

通过位移传感器,将被测位移量的变化转换成电量(电压、电流、阻抗等)、流量、光通量、磁通量等的变化。位移传感器法是目前应用最广泛的一种方法。

一般来说,在进行位移测量时,要充分利用被测对象所在场合和具备的条件来设计、选择测量方法,其中传感器对测量精度影响很大,必须特别重视。

7.1.2 常用位移传感器

位移传感器种类很多,根据测量原理的不同,一般可以分为以下几类:

(1)被测位移使传感器结构发生变化,把位移量转换成电量,如电位器式传感器、电容式传感器、电感式传感器、差动变压器式传感器、电涡流式传感器、霍尔式传感器等均能实现位移测量。

（2）利用某些功能材料的效应，如压电传感器、金属应变片、半导体应变片等，通过将小的位移转换成电荷或者应变片阻值的变化，实现位移的测量。

（3）将位移量转换成数字量，如光电式光栅和光电编码器；磁电式磁栅和感应同步器。

表7.1列出了机械位移测量常用方法及其主要性能。

表 7.1 常用位移传感器的性能与特点

型　式		测量范围	精确度	直线性	特　点
电阻式					分辨力较好,可用于静态或动态测量。机械结构不牢固
滑线式	线位移	1～300 mm	±0.1%	±0.1%	
	角位移	0°～360°	±0.1%	±0.1%	
变阻器	线位移	1～1 000 mm	±0.5%	±0.5%	结构牢固,寿命长,但分辨力差,电噪声大
	角位移	0～60 rad	±0.5%	±0.5%	
应变式					
非粘贴式		±0.5%应变	±0.1%	±1%	不牢固
粘贴式		±0.3%应变	±2%～3%		牢固,使用方便,需温度补偿和高绝缘电阻
半导体		±0.25%应变	±2%～3%	满刻度±20%	输出幅值大,温度灵敏性高
电感式					只宜用于微小位移测量
自感式	变气隙型	±0.2 mm	±1%	±3%	测量范围较前者宽,使用方便可靠,动态性能较差
	螺管型	1.5～2 mm			
	特大型	300～2 000 mm		0.15%～1%	分辨力好,受到磁场干扰时需屏蔽
差动变压器		±0.08～±75 mm	±0.5%	±0.0%	
涡电流式		±2.5～±250 mm	±1%～3%	<3%	分辨力好,受被测物体材料、形状、加工质量影响
同步机		360°	±0.1°～±7°	±0.5%	可在 1 200 r/min 的转速下工作,坚固,对温度和湿度不敏感
微动同步器		±10°	±1%	±0.05%	
旋转变压器		±60°		±0.1%	非线性误差与变压比和测量范围有关
电容式					介电常数受环境温度、湿度变化的影响
变面积		10^{-3}～100 mm	±0.005%	±1%	
变间距		10^{-3}～10 mm	0.1%		分辨力很好,但测量范围很小,只能在小范围内近似地保持线性
霍尔元件		±1.5 mm	0.5%		结构简单,动态特性好
感应同步器					模拟和数字混合测量系统,数字显示(直线式感应同步器的分辨力可达 1 μm)
直线式		10^{-3}～1 000 mm	2.5 μm/250 mm		
旋转式		0°～360°	±0.5″		
计量光栅					模拟和数字混合测量系统,数字显示(长光栅分辨力 0.1～1 μm)
长光栅		10^{-3}～1 000 mm	3 μm/1 mm		
圆光栅		0°～360°	±0.5″		

续表7.1

型 式	测量范围	精确度	直线性	特 点
磁栅 　长磁栅 　圆磁栅	$10^{-3} \sim 10\ 000$ mm $0° \sim 360°$	$5\ \mu m/1$ mm $\pm 1''$		测量时工作速度可达 12 m/min
角度编码器 　接触式 　光电式	$0° \sim 360°$ $0° \sim 360°$	10^{-6} r 10^{-8} r		分辨力好,可靠性高

表 7.1 中的电容式位移传感器、差动电感式位移传感器和电阻应变式位移传感器,一般用于小位移的测量(几微米至几毫米)。差动变压器式传感器用于中等位移的测量(几毫米～100 毫米左右),这种传感器在工业测量中应用得最多。电位器式传感器适用于较大范围位移的测量,但精度不高。光栅、磁栅等常用于位移的精密测量,精度较高。

7.1.3　位移测量应用实例

1) 轴位移的测量

旋转机器轴位移测量是十分重要的,轴位移不仅能表明机器的运行特性和状况,而且能够指示止推轴承的磨损情况以及转动部件和静止部件之间发生碰撞的可能性。

目前常用电涡流位移传感器来测量轴位移。这里,位移测量只考虑传感器中的直流电压成分。

轴位移分为相对轴位移(即轴向位置)和相对轴膨胀。

(1)相对轴位移的测量

相对轴位移指的是轴向推力轴承和导向盘之间在轴向的距离变化。轴向推力轴承用来承受机器中的轴向力,它要求在导向盘和轴承之间有一定的间隙以便能够形成承载油膜。一般汽轮机在 0.2～0.3 mm 之间,压缩机组在 0.4～0.6 mm 之间。如果小于这些间隙,轴承就会受到损坏,严重时甚至会导致整个机器损坏。因此需要监测轴的相对位移以测量轴向推力轴承的磨损情况(图 7.1)。

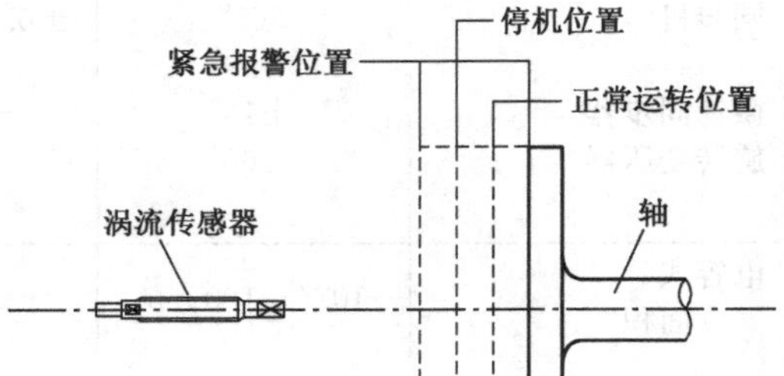

图 7.1　相对轴位移测量示意图

(2) 相对轴膨胀的测量

相对轴膨胀(差胀)是指机器的旋转部件和静止部件因为受热或冷却导致的膨胀或收缩量。在旋转机器的启(停)机过程中因为机组加热和冷却,其转子和机壳会发生不同的膨胀。例如,功率大于 1 000 MW 的大型汽轮机的相对轴膨胀可能达到 50 mm。

为了防止转子与机壳在差胀时发生接触,在轴肩或相应的一个锥面安装非接触式位移传感器监测相对轴膨胀。常用的位移传感器有涡流式和感应式两种。因为膨胀量比较大,对不同测量范围所采用的测量方式不同,如图 7.2 所示。

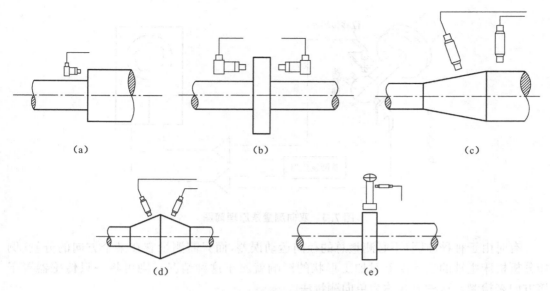

（a）　　　　　　　　　（b）　　　　　　　　　（c）

（d）　　　　　　　　　（e）

图 7.2　相对轴膨胀测量示意图

图 7.2(a)所示为测量不超过 12.5 mm 的相对轴膨胀，一般采用涡流传感器在轴肩处直接测量。图 7.2(b)中在轴肩两侧相对安装涡流传感器，再结合监测仪器中的叠加电路，可以测量 25 mm 左右的相对轴膨胀。如果要测 50 mm 或更大的相对轴膨胀，可以利用转轴上锥面进行测量，如图 7.2(c)所示，当锥面移动时，轴向位移就转换为较小的径向位移，如锥角为 14°的锥面转换率为 1∶4。对于轴在轴承中浮动引起的真正径向位移，可以安装两个涡流传感器构成差分电路进行补偿。图 7.2(d)所示为双锥面，采用这种方法测量相对轴位移，同样是用一个传感器测量相对轴膨胀，用另一传感器补偿轴的径向浮动。如果空间有限、轴肩太低或太小或者相对轴膨胀太大，通常采用摆式非接触传感器测量，摆端的磁性使得摆能跟随轴肩运动，通过测量摆固定点附近的运动而测量相对轴膨胀，如图 7.2(e)所示。

2) 回转轴径向运动误差的测量

回转轴运动误差是指在回转过程中回转轴线偏离理想位置而出现的附加运动。回转轴运动误差的测量在机械工程的许多行业中都是很重要的。无论对于精密机床主轴的回转精度，还是对于大型、高速机组（如汽轮发电机组）的安全运行都有重要意义。

运动误差是回转轴上任何发生与轴线平行的移动和在垂直于轴线的平面内的移动。前一种移动称为该点的端面运动误差，后一种移动称为该点的径向运动误差。端面运动误差因测量点所在半径位置不同而异，径向运动误差则因测量点所在的轴向位置不同而异。因此，在讨论运动误差时，应指明测量点的位置。

下面介绍径向运动误差常用的方法。

测量一根通用的回转轴的径向运动误差时，可将参考坐标选在轴承支承孔上。这时运动误差所表示的是回转过程中回转轴线对于支承孔的相对位移，它主要反映轴承的回转品质。任意径向截面上的径向误差运动可采用置于 x、y 方向的两只位移传感器来分别检测径向运动误差在 x、y 方向的分量。在任何时刻两分量的矢量和就是该时刻径向运动误差矢量。这种测量方式称为双向测量法（图 7.3）。

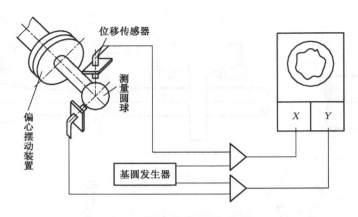

图 7.3　双向测量法原理简图

有时由于种种原因，不必测量总的径向运动误差，而只需测量它在某个方向的分量（例如分析机床主轴的运动误差对加工形状的影响就属于这种情况），则可将一只传感器置于该方向来检测。这种方式称为单向测量法。

测量时必须利用基准面来"体现"回转轴线。通常是选用具有高圆度的圆球或圆环来作为基准面。直接采用回转轴上的某一回转表面来作为基准面虽然可行，但由于该表面的形状误差不易满足测量要求，因此测量精确度较差。

7.1.4　微纳米测量技术

微纳米测量技术是精密制造、精密驱动中的关键技术之一。高新科学技术研究成果、跨学科综合设计、高精尖技术的应用使微纳米测量技术正在突破传统的光、机、电框架，广泛应用在微型机械制造、超精密加工、半导体技术、显微镜技术、生物工程、数据存储技术、生命与医疗科学、集成电路制造、光学调整、扫描隧道显微镜、微型零件的操作和装配、半导体制造设备以及光电等领域中。微纳米测量技术作为关键技术之一，在近代尖端工业生产和科学研究中占有极其重要的地位，左右着各领域精密技术的发展。欧美等先进国家在军工武器和高技术等方面的领先地位得益于其在精密定位和测试技术方面的发展水平；同样，他们在微电子技术、通信领域、计算机、光学、IT 和办公自动化等民用高技术方面的领先也是与其在精密测试与制造技术方面的领先地位分不开的。

随着纳米测量技术的发展，各种超灵敏传感器的诞生以及各种精密工程领域的精度要求不断提高，新研制的纳米测量仪器精度越来越高，体积越来越小，功能越来越强。目前已出现了多种分辨力达到纳米甚至亚纳米量级的测量手段，常见的位移传感器中光栅、磁栅的分辨力也能达到纳米级。新型纳米级测量方法主要有：

（1）激光干涉仪：分辨力为 0.2～10 nm，测量范围大于 1 m。

（2）X 射线干涉仪和 F－P 干涉仪：分辨力接近皮米（pm，10^{-12} m），测量范围从几纳米至数微米。

（3）原子力显微镜（AFM）和扫描探针显微镜（SPM）：垂直分辨力和水平分辨力为亚纳米，测量范围为垂直方向几微米，水平方向几十微米。

（4）扫描电子显微镜（SEM）：垂直分辨力为 $0.01~\mu m$，水平分辨力为 1 nm，测量范围为垂直方向几百微米，水平方向几毫米。

（5）扫描共焦显微镜（SOM）：垂直分辨力为几十微米，水平分辨力为亚微米，测量范围为垂直方向和水平方向均为几十毫米。

（6）光学干涉显微镜（OIM）：垂直分辨力亚纳米至几纳米，水平分辨力为亚微米，测量范围为垂直方向几十微米，水平方向 1 mm 至几十毫米。

下面简单介绍两种较为常用的微纳米测量仪器。

1）扫描隧道显微镜（STM）

扫描隧道显微镜的英文缩写是 STM。这是 20 世纪 80 年代初期出现的一种新型表面分析工具。STM 的发明使人类第一次能够实时地观测单个原子在物质表面的排列状态及其与表面电子行为有关的物理化学性质，在物理化学表面科学等众多领域的研究中有着重大的意义和广阔的应用前景，被国际科学界公认为 20 世纪 80 年代世界十大科技成就之一。发明者 G. Binning 和 H. Rohrer 也因此获得 1986 年的诺贝尔物理学奖。

STM 的基本原理是基于量子力学的隧道效应和三维扫描。它是用一个极细的尖针（针尖头部为单个原子）去接近样品表面，当针尖和样品表面靠得很近，即小于 1 nm 时，针尖头部的原子和样品表面原子的电子云发生重叠。此时若在针尖和样品之间加上一个偏压，电子便会穿过针尖和样品之间的势垒而形成纳安级（10^{-9} A）的隧道电流。通过控制针尖与样品表面间距的恒定，并使针尖沿表面进行精确的三维移动，就可将表面形貌和表面电子态等有关表面信息记录下来。

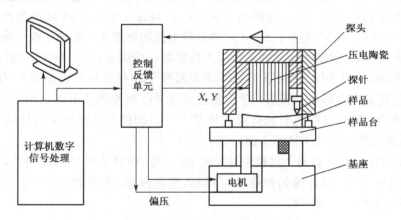

图 7.4 STM 原理结构示意图

图 7.4 是 STM 原理结构示意图，它有两种扫描方式。

一种是恒电流模式，当探针针尖在 XY 方向扫描时，利用电子反馈线路控制压电陶瓷使探针升降以保持隧道电流恒定，则探针在垂直于样品方向上高低的变化就反映出样品表面的起伏，从而得到样品表面态密度的分布及原子排列图像。这种扫描方式可用于观察表面形貌起伏较大的样品，且可通过加在 Z 向驱动器压电陶瓷上的电压值推算表面起伏高度的数值。

另一种扫描方式是恒高度模式，对于起伏不大的样品表面，可以控制针尖高度恒定扫描，由隧道电流的变化亦可得到表面态密度的分布。这种方式扫描速度快，能减少噪声和热漂移对信号的影响，但检测范围小于 1 nm。

与其他表面分析技术相比,STM 具有以下特点:

(1)具有原子级高分辨力。STM 在平行和垂直于样品表面方向的分辨力分别可达 0.1 nm 和 0.01 nm,即可以分辨出单个原子。

(2)可实时地得到实空间中表面的三维图像,可用于具有周期性或不具备周期性的表面结构研究,这种可实时观测的性能可用于表面扩散等动态过程的研究。

(3)可以观察单个原子层的局部表面结构,而不是体相或整个表面的平均性质,因而可直接观察到表面缺陷、表面重构、表面吸附体的形态和位置,以及由吸附体引起的表面重构等。

(4)可在真空、大气、常温等不同环境下工作,甚至可将样品浸在水和其他溶液中,不需要特别的制样技术,并且探测过程对样品无损伤。这些特点特别适用于研究生物样品和在不同实验条件下对样品表面的评价,例如对于多相催化原理、超导机制、电化学反应过程中电极表面变化的监测等。

(5)配合扫描隧道谱可以得到有关表面电子结构的信息,例如表面不同层次的态密度、表面电子阱、电荷密度波、表面势垒的变化和能隙结构等。

STM 主要用来描绘表面三维的原子结构图,在纳米尺度上研究物质的特性,利用扫描隧道显微镜还可以实现对表面的纳米加工,如直接操纵原子或分子,完成对表面的剥蚀、修饰以及直接书写等。

2)原子力显微镜(AFM)

STM 的原理要求所观测的样品必须有一定程度的导电性,对绝缘体就无法观测。1986年受邀前往美国的 G. Binning 在斯坦福大学与 C. F. Quate 等人在 STM 的基础上发明了原子力显微镜(AFM),AFM 克服了 STM 对样品导电性的要求亦达到原子级分辨力。

如图 7.5 所示,对微弱力敏感的悬臂梁力传感器一端固定,另一端装有探针,针尖表面与样品轻轻接触,由于探针尖端原子与样品表面原子间存在极微弱的排斥力(10^{-8} N～10^{-6} N),使悬臂梁产生形变。利用光学检测法或隧道电流检测法可以测出形变大小,从而得到排斥力大小。通过反馈控制悬臂梁或样品上下运动使扫描时针尖与样品表面排斥力恒定,则扫描运动轨迹反映了样品表面形貌和特性。

与 STM 相比,AFM 有两个比较关键的技术:一是 AFM 力传感器的制备,二是力传感器悬臂梁形变的检测,而其他如扫描控制样品、逼近振动、隔离数据、处理显示等方面在STM 技术基础上稍加发展即可。

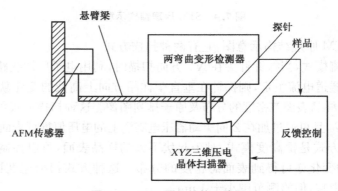

图 7.5　AFM 原理结构示意图

在 AFM 中探针与样品原子之间有两种类型相互作用力:一种是短程力,在针尖与样品表面接触时相互作用力主要是短程的原子间斥力,如泡利斥力和离子斥力、摩擦力等;另一种是长程力,即当针尖离开样品表面 10～100 nm 或更大时,像磁力、静电力和范德瓦尔斯力等。

短程力的作用范围在 0.1 nm 以下,因此把工作在这种模式下的 AFM 称为接触模式 AFM(Contact Mode AFM)。长程力作用范围较大,从零点几纳米到几百纳米,因此把工作在这种方式下的 AFM 称为非接触模式 AFM(Non-contact Mode AFM)。

AFM 的探针与样品不接触,它们之间存在吸引力。将悬臂梁在接近其固有频率处激振,当探针接近样品凸起部位表面时,由于样品对悬臂探针产生吸附,因而使悬臂梁的力弹性常数明显软化,结果引起固有频率减小,其振幅减小;反之,如扫描经过凹陷部位时,其振幅增大。通过测量悬臂梁振动的振幅、相位或频率的改变可以测量固有频率的变化。图 7.5 中反馈控制根据探针针尖的振动情况的变化而改变加在垂直 Z 向压电晶体上的电压,从而使振幅保持恒定,用驱动电压变化来表征被测表面状态的信息。由于某针尖距样品较远,因此其图像横向分辨力降低,一般为纳米级。非接触模式的 AFM 用于生物样品方面可避免划伤样品。

7.2 力、扭矩的测量

力是最基本和最常见的工作载荷,也是其他载荷形式和有关物理量(弯矩、扭矩、应力、功、功率及刚度等)的基本因素。通过力、扭矩的测量,可以分析构件的受力状况和工作状态,验证设计计算,确定工作过程和某些物理现象的机理。对设备的安全运行、自动控制及设计理论的发展等都有重要的指导作用。

在国际单位制中,力是一个导出量,由质量和加速度的乘积来定义。力的基准量取决于质量、时间和长度的基准量。

力的测量方法可以归纳为利用力的静力效应和动力效应两种:

(1) 利用静力效应测力

力的静力效应使物体产生变形,通过测定物体的变形量或用与内部应力相对应参量的物理效应来确定力值。例如,用差动变压器、激光干涉等方法测定弹性体变形;或利用与力有关的物理效应,如压电效应、压磁效应等达到测力的目的。

(2) 利用动力效应测力

力的动力效应使物体产生加速度,测定了物体的质量及所获得的加速度大小就测定了力值。在重力场中地球的引力使物体产生重力加速度,因而可以用已知质量的物体在重力场某处的重力来体现力值,如基准测力机等。

7.2.1 应力、应变的测量

常用的应力和应变测量方法是利用应变片和电阻应变仪测量构件的表面应变,根据应变和应力、力之间的关系,确定构件的受力状态。

根据被测应变信号的频率范围可以将电阻应变仪分为以下四类：

（1）静态电阻应变仪　用以测量静态载荷下的应变，以及变化十分缓慢或变化后能很快稳定下来的应变。

（2）静动态电阻应变仪　工作频率为 $0\sim200$ Hz，用以测量静态应变或频率在 200 Hz 以下的低频动态应变。

（3）动态电阻应变仪　工作频率为 $0\sim2\,000$ Hz，用以测量 2 000 Hz 以下的动态应变。

（4）超动态电阻应变仪　工作频率为 $0\sim20\,000$ Hz，用以测量爆炸冲击等瞬态变化过程下的超动态应变。

在应变仪中，电桥将被测应变转化为电压输出，再经过放大、相敏检波、A/D 转换等处理，最后显示被测应变数值。

由第 4 章相关内容可知，直流电桥输出电压为

$$u_{\mathrm{o}} = \frac{R_1 R_3 - R_2 R_4}{(R_1 + R_2)(R_3 + R_4)} u_{\mathrm{i}} \tag{7.1}$$

桥臂电阻 R_1、R_2、R_3、R_4 在力作用下所产生的阻值变化分别为 ΔR_1、ΔR_2、ΔR_3、ΔR_4，若 $R_1 = R_2 = R_3 = R_4$，且只考虑微应变，则

$$u_{\mathrm{o}} = \frac{u_{\mathrm{i}}}{4}\left(\frac{\Delta R_1}{R} - \frac{\Delta R_2}{R} + \frac{\Delta R_3}{R} - \frac{\Delta R_4}{R}\right) \tag{7.2}$$

如果各桥臂应变片的灵敏度 S_{g} 相同，则有

$$u_{\mathrm{o}} = \frac{u_{\mathrm{i}}}{4} S_{\mathrm{g}}(\varepsilon_1 - \varepsilon_2 + \varepsilon_3 - \varepsilon_4) \tag{7.3}$$

式中，$\varepsilon_i = \dfrac{\Delta R_i / R}{S_{\mathrm{g}}}(i=1,2,3,4)$。而弹性元件上应变片的布置和电桥组接应根据测量的目的、被测对象载荷分布的估计而定。

1）拉伸（压缩）应变测量

表 7.2 列举了轴向拉伸（压缩）载荷下应变测量时应变片的布置和接桥方法。从表中可以清楚地看到不同的布置和接桥方法对灵敏度、温度补偿情况和消除弯矩影响是不同的。一般应优先选用输出信号大、能实现温度补偿、粘贴方便和便于分析的方案。

2）弯曲应变测量

表 7.3 所列是以等强度梁为例，在受垂直于梁臂方向的力 F 作用下，产生挠度和弯矩，在梁的上、下表面形成大小相等、方向相反的应变。从表中可以看出，不同的布片组桥方式对电桥的输出、温度补偿和消除弯矩影响是不同的。

3）扭转应变的测量

圆轴在扭矩的作用下，表面各点都为纯切应力状态，其主应力大小及方向如图 7.6 所示。在与轴线分别成 45°（或 135°）方向的面上，有最大拉应力 σ_1 和最大压应力 σ_3，且 $\sigma_1 = \sigma_3 = \tau$。

表 7.2 拉伸(压缩)应变测量的布片和组桥

序号	受力状态简图	应变片数量	电桥形式	电桥接法	温度补偿情况	电桥输出电压	测量项目及应变值	特 点
1		2	半桥式		R_1与R_2同温	$u_o = \dfrac{1}{4}u_i S_g \varepsilon$	拉(压)应变 $\varepsilon = \varepsilon_r$	不能消除弯矩的影响
2		2	半桥式		互为补偿	$u_o = \dfrac{1}{4}u_i S_g \varepsilon(1+\mu)$	拉(压)应变 $\varepsilon = \dfrac{\varepsilon_r}{(1+\mu)}$	输出电压提高到$(1+\mu)$倍,不能消除弯矩的影响
3		4	半桥式		R_1R_2 $R_1'R_2'$ 四片同温	$u_o = \dfrac{1}{4}u_i S_g \varepsilon$	拉(压)应变 $\varepsilon = \varepsilon_r$	可以消除弯矩的影响
4		4	全桥式			$u_o = \dfrac{1}{2}u_i S_g \varepsilon$	拉(压)应变 $\varepsilon = \varepsilon_r/2$	输出电压提高一倍,且可消除弯矩的影响
5		4	半桥式		互为补偿	$u_o = \dfrac{1}{4}u_i S_g \varepsilon$	拉(压)应变 $\varepsilon = \dfrac{\varepsilon_r}{1+\mu}$	输出电压提高到$(1+\mu)$倍,且可消除弯矩的影响
6		4	全桥式			$u_o = \dfrac{1}{2}u_i S_g \varepsilon(1+\mu)$	拉(压)应变 $\varepsilon = \dfrac{\varepsilon_r}{2(1+\mu)}$	输出电压提高到$(1+\mu)$倍,且可消除弯矩的影响 2

注:S_g——应变片灵敏度;u_i——供桥电压;μ——被测件的泊松比;ε_r——应变仪读数,即指示应变;ε——所要测量的机械应变值。

表 7.3 弯曲应变测量的布片和组桥

序号	受力状态简图	应变片数量	电桥组合形式		温度补偿情况	电桥输出电压	测量项目及应变值	特点
			电桥形式	电桥接法				
1		2	半桥式		R_1 与 R_2 同温	$u_o = \dfrac{1}{4} u_i S_g \varepsilon$	弯曲最大应变 $\varepsilon = \varepsilon_r$	不能消除拉伸的影响
2		2	半桥式		互为补偿	$u_o = \dfrac{1}{4} u_i S_g \varepsilon (1+\mu)$	弯曲最大应变 $\varepsilon = \dfrac{\varepsilon_r}{(1+\mu)}$	输出电压提高到 $(1+\mu)$ 倍，不能消除拉伸的影响
3		2	半桥式		互为补偿	$u_o = \dfrac{1}{2} u_i S_g \varepsilon$	弯曲最大应变 $\varepsilon = \dfrac{\varepsilon_r}{2}$	输出电压提高 1 倍，且可消除拉伸的影响
4		4	全桥式		互为补偿	$u_o = \dfrac{1}{2} u_i S_g \varepsilon (1+\mu)$	弯曲最大应变 $\varepsilon = \dfrac{\varepsilon_r}{2(1+\mu)}$	输出电压提高到 $2(1+\mu)$ 倍，且可消除拉伸的影响

注：S_g——应变片的灵敏度；u_i——供桥电压；μ——被测件的泊松比；ε_r——应变仪读数，即指示应变；ε——所要测量的机械应变值。

如果组成半桥,则电桥输出

$$u_o = \frac{u_i}{2} S_g \varepsilon$$

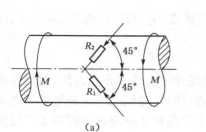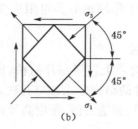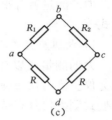

图 7.6 扭转应变的测量

4)其他复杂受力状态下应变的测量

表 7.4 所列为复杂受力状态下的应变测量。包括拉(压)扭转组合变形下分别测量扭转主应变和拉(压)应变,以及扭转组合变形下分别测量扭转主应变和弯曲应变。

表 7.4 复杂受力状况下的应变测量

变形形式	需测应变	应变片粘贴位置	电桥连接方法	测量应变 ε 与仪器读数应变 ε_r 间的关系	备注
拉(压)扭组合	扭转主应变			$\varepsilon = \dfrac{\varepsilon_r}{2}$	R_1 和 R_2 均为工作片
	拉(压)			$\varepsilon = \dfrac{\varepsilon_r}{1+\mu}$	R_1、R_2、R_3、R_4 均为工作片
				$\varepsilon = \dfrac{\varepsilon_r}{2(1+\mu)}$	
扭弯组合	扭转主应变			$\varepsilon = \dfrac{\varepsilon_r}{4}$	R_1、R_2、R_3、R_4 均为工作片
	弯曲			$\varepsilon = \dfrac{\varepsilon_r}{2}$	R_1、R_2 均为工作片

注:ε_r——应变仪读数,即指示应变;ε——所要测量的机械应变值。

7.2.2　力的测量

力的测量装置很多,按工作原理分为电阻应变式、电感式、电容式、压电式、压磁式、压阻式等。

1) 电阻应变式测力装置

力的测量可以在被测对象上直接布片组桥,也可以在弹性元件上布片组桥,组成各种测力仪。测力仪按弹性元件的结构形式分类有柱式、梁式、环式、轮辐式等多种形式。电阻应变式测力仪具有结构简单、制造方便、精度高等优点,在静态和动态测量中得到了广泛的应用。

(1) 柱式弹性元件

柱式弹性元件分为实心和空心两种,如图 7.7 所示。在外力作用下,应力和应变呈正比关系:

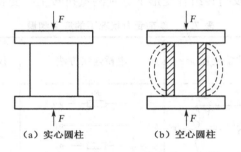

（a）实心圆柱　　　　（b）空心圆柱

图 7.7　柱式弹性元件

$$\varepsilon = \frac{\Delta l}{l} = \frac{\sigma}{E} = \frac{F}{AE} \tag{7.4}$$

式中:F——作用在弹性元件上的外力;

　　E——材料的弹性模量;

　　A——圆柱的横截面积;

对于实心圆柱弹性元件,灵敏度与横截面积 A 成反比,但 A 的减小受到允许应力和线性要求的限制,同时,A 的减小会对横向力干扰敏感。空心圆柱(圆筒)式弹性元件多用于小集中力的测量。在同样的截面积情况下,空心圆柱式的横向刚度大,横向稳定性好。

弹性元件上的应变片的粘贴和电桥连接,应尽可能的消除偏心和弯矩的影响,一般将应变片对称地贴在应力均匀的圆柱中部表面,如图 7.8 所示,四个轴向片和四个横向片,连接成串联全桥电路后,其轴向应变为

$$\varepsilon = \frac{\varepsilon_r}{2(1+\mu)}$$

柱式力传感器结构简单,加工方便,具有较大的强度和刚度,可测量较大载荷(10^7 N),可用于拉力、压力和称重系统。需要注意的是,当作用力偏离轴线方向时,将使元件受到附加的横向力和弯矩,产生测量误差。

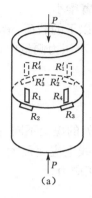
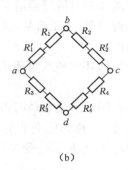

(a)   (b)

图 7.8　空心圆柱弹性元件

（2）梁式弹性元件

① 等截面梁

等截面梁式弹性元件为一端固定的悬臂梁，如图 7.9 所示。当力作用在自由端时，刚性端截面的应力最大，而自由端挠度最大。在距受力点为 l_0 的上下表面，沿 l 向贴电阻应变片 R_1、R_2 和 R_3、R_4。粘贴应变片处的应变为

$$\varepsilon = \frac{\sigma}{E} = \frac{6Fl_0}{bh^2 E}$$

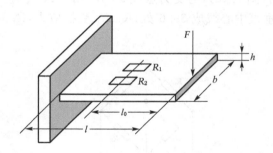
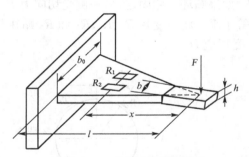

图 7.9　等截面梁弹性元件   **图 7.10　等强度梁弹性元件**

② 等强度梁

如图 7.10 所示，梁厚为 h，梁长为 l，固定端宽为 b_0，自由端宽为 b。梁的截面成等腰三角形，集中力 F 作用在三角形顶点。梁内各横截面产生的应力是相等的，表面上任意位置的应变也相等，因此称为等强度梁，其应变为

$$\varepsilon = \frac{\sigma}{E} = \frac{6Fl}{b_0 h^2 E}$$

③ 双端固定梁

梁的两端都固定，中间加载荷 F，梁宽为 b，梁厚为 h，梁长为 l，应变片粘贴在中间位置，则梁的应变为

$$\varepsilon = \frac{\sigma}{E} = \frac{3Fl}{4bh^2 E}$$

这种梁的结构在相同力 F 的作用下产生的挠度比悬臂梁小。

用梁式弹性元件制作的力传感器适于测量 5 000 kN 以下的载荷,最小可测至 10^{-2}N 重的力。这种传感器结构简单,加工容易,灵敏度高,常用于小压力测量中。

(3)环式弹性元件

环式弹性元件分为圆环式和八角环式。

① 圆环式

如图 7.11 所示,在圆环上施加径向力 F_y 时,圆环各处的应变不同,在与作用力成39.6°处(图中 B 点)应变等于零,称为应变节点,而在水平中心线上应变最大。将应变片 R_1、R_2、R_3 和 R_4 贴在水平中心线上,R_1、R_3 受拉应力,R_2、R_4 受压应力。

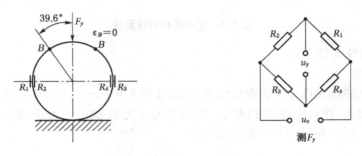

图 7.11 圆环上施加径向力

如果圆环一侧固定,另一侧受切向力 F_x 时(图 7.12),与受力点成 90°处(图中 A 点)应变等于零。将应变片 R_5、R_6、R_7 和 R_8 贴在与垂直中心线成 39.6°处,R_5、R_7 受拉应力,R_6、R_8 受压应力。

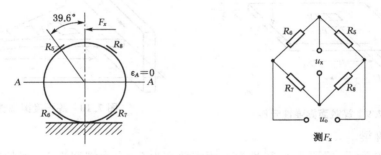

图 7.12 圆环上施加切向力

当圆环上同时作用力 F_x 和 F_y 时,将应变片 $R_1 \sim R_4$、$R_5 \sim R_8$ 分别组成电桥,就可以互不干扰地测力 F_x 和 F_y。

② 八角环式

圆环方式不易加紧固定,实际上常用八角环代替,如图 7.13(a)所示。八角环厚度为 h,平均半径为 r。当 h/r 较小时,零应变点在 39.6°附近。当 $h/r = 0.4$ 时,零应变点在 45°处,故一般八角环测力 F_x 时,应变片贴在 45°处。图 7.13(b)所示为一种常见的上、下表面增大八角环,原理是相同的。当测力 F_z 时(或测力 F_z 形成的弯矩 M_z),在八角环水平中心线产生最大应变,应变片 $R_9 \sim R_{12}$ 贴在该处并成斜向 ±45°布片组成电桥,如图 7.13(c)所示。

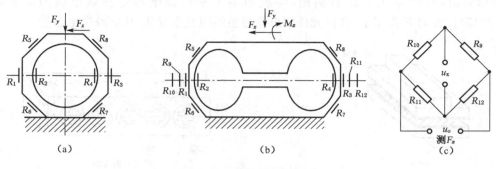

图 7.13   八角环式弹性元件

（4）轮辐式弹性元件

轮辐式弹性元件如图 7.14 所示，应变片沿轮辐成 45°角的方向粘贴于梁的侧面，辐条的最大切应力及弯曲应力分别为

$$\tau_{max} = \frac{3F}{8bh} \qquad \sigma_{max} = \frac{3Fl}{4bh^2}$$

令 $\dfrac{h}{l} = a$，则

$$\frac{\tau_{max}}{\sigma_{max}} = \frac{h}{2l} = \frac{a}{2}$$

为了使弹性元件具有足够的输出灵敏度而又不发生弯曲破坏，$\dfrac{h}{l}$ 比值一般在 1.2～1.6 之间选择。

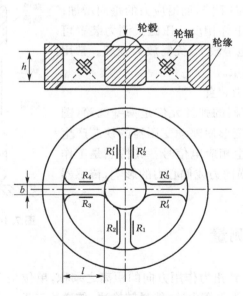

图 7.14   轮辐式弹性元件

2）其他测力装置

（1）电容式力传感器

在矩形的特殊弹性元件上，加工若干个贯通的圆孔，每个圆孔内固定两个端面平行的

丁字形电极,每个电极上贴有铜箔,构成由多个平行板电容器并联组成的测量电路(图7.15)。在力 F 作用下,弹性元件变形使极板间距发生变化,从而改变电容量。

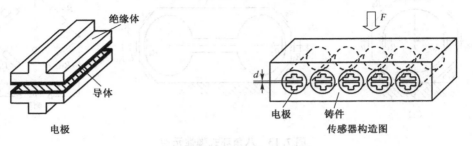

图 7.15　电容式力传感器

电容式力传感器结构简单,灵敏度高,动态响应快,但是由于电荷泄漏难以避免,不适宜静态力的测量。

（2）压电式力传感器

前面章节介绍过压电式传感器的原理,压电式测力传感器的结构类似。其特点是体积小,动态响应快,但是也存在电荷泄漏,不适宜静态力的测量。使用中应防止承受横向力和施加预紧力。

（3）压磁式传感器

某些铁磁材料受到外力作用时,引起导磁率变化现象,称作压磁效应,其逆效应称作磁致伸缩效应。硅钢受压缩时其导磁率沿应力方向下降,而沿应力的垂向增加;在受拉伸时,导磁率变化正好相反。压磁式测力装置可测量数万吨的力,且输出电势较大,无需放大处理。常用于大型轧钢机的轧制力测量。

（4）差动变压器式测力装置

差动变压器式力传感器的弹性元件是薄壁圆筒(图7.16),在外力 F 作用下,变形使差动变压器的铁芯产生微位移,变压器二次边产生相应电信号。其特点是工作温度范围较宽,为了减小横向力或偏心力的影响,传感器的高径比应较小。

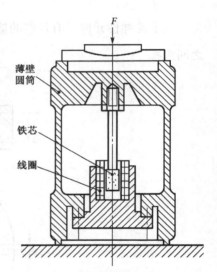

图 7.16　差动变压器式传感器

7.2.3　扭矩的测量

扭矩为扭力与作用点到扭力作用方向的距离之乘积,单位是 N・m。扭矩测量的方法按照它的基本原理可以分为平衡力法、能量转换法、传递法三类。

（1）平衡力法

处于匀速工作状态的传动机械构件,其主轴和机体上一定同时存在一对扭矩 T 和 T',并且二者大小相等、方向相反。通过测量机体上的 T' 来测量主轴上 T 的方法称为平衡力法。设 F 为力臂上的作用力,L 为力臂长度,则 $T' = LF$。可见,测得 F 和 L,即可得出 T' 和

T。平衡力法的优点是不存在传递扭矩信号的问题,力臂上的作用力 F 容易测得;缺点是测量范围仅局限为匀速工作状态,无法完成动态扭矩的测量。

（2）能量转换法

能量转换法是指根据能量守恒定律,利用热能、电能等其他参数来测量扭矩的一种间接测量方法。这种方法并不常用,其测量误差相对较高,一般为 $\pm(10\sim15)\%$,只有当直接测量无法进行时才考虑采用该种方法。

（3）传递法

传递扭矩时弹性元件的物理参数会发生某种程度的变化,利用这种变化与扭矩的对应关系来测量扭矩的方法称为传递法。按照不同的物理参数,可将传递法进一步划分为磁弹性式、应变式、振弦式、光电式、磁电式、电容式、光纤式、无线声表面波式、磁敏式、激光多普勒式、软测量式、激光衍射式等多种扭矩测量方法。目前,国内外扭矩测量所应用的方法绝大多数是传递法。

传递类扭矩传感器可以分为变形型、应力型、应变型三类:

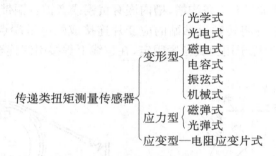

变形型是利用扭转轴产生的扭转变形角及切应变角设计而成的;应力型是利用扭转轴截面上的切应力与扭矩成正比的关系,以及磁性材料在机械应力作用下,其导磁性能发生相应变化的原理设计而成的;应变型是通过测量扭转轴产生的与扭矩值对应的应变设计而成的。

1）应变式扭矩测量

当受扭矩作用时,轴表面有最大剪应力 $\tau_{\max}$。轴表面为纯剪应力状态,与轴线成 $45°$ 的方向上有最大正应力 σ_1 和 σ_3,其值为 $\sigma_1=\sigma_3=\tau_{\max}$。相应的变形为 ε_1 和 ε_2,当测得应变后,便可算出 $\tau_{\max}$。测量时应变片沿与轴线成 $45°$ 的方向粘贴。若测得沿 $45°$ 方向的应变 ε_1,则相应的剪应变为

$$\tau=\frac{E\varepsilon_1}{1+\mu} \tag{7.5}$$

式中:E——材料的弹性模量;

　　μ——材料的泊松比。

于是,轴的扭矩为

$$T=\tau W_{n}=\frac{E\varepsilon_1}{1+\mu}W_{n} \tag{7.6}$$

式中:T——转轴扭矩;

W_n——材料的抗扭截面系数；

τ——切应力；

μ——材料的泊松比。

测扭矩时，电阻应变计须沿主应变 ε_1 及 ε_2 的方向（与轴线成 $45°$ 及 $135°$ 夹角）。应变计的布置及组桥方式应考虑灵敏度、温度补偿及抵消拉、压及弯曲等非测量因素干扰的要求。

应变式扭矩测量法的优点是结构简单、灵敏度高、适应性强、成本低廉、操作简便、技术成熟、应用范围广、测量精度高、响应速度快、性能稳定可靠、温度补偿性能好、能适应恶劣环境；其缺点是湿度、温度、粘结剂等因素都会影响到测量的准确度，而且抗干扰能力差，这种方法不适用于高速转轴的扭矩测量。

另外，需要注意的是，由于粘贴在旋转件上的应变片和电桥导线随着旋转件转动，而应变仪等测量记录仪器是固定的，需要采用集电装置或者无线传送的方式将测试信号传送出去。

常用的集电装置有两种：拉线式集电装置、电刷式集电装置。

拉线式集电装置如图 7.17 所示，尼龙制成的两个半圆形滑环，用螺钉固定在转轴上，并随之转动。滑环的外圆加工有 4 条沟槽，槽内嵌有黄铜或者铍青铜带，两个半圆形滑环上的 4 条铜带端部对头焊接，并将转轴上粘贴的应变片连接成的电桥端点引线焊接至该处。拉线置于滑环上，并经过绝缘子用弹簧拉紧固定，在拉线上焊接引线连至测量仪。

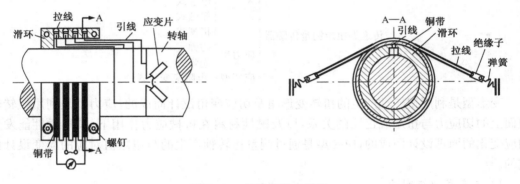

图 7.17　拉线式集电装置

拉线式集电装置使用中磨损严重，是一次性使用的集电装置，适用于低速旋转构件的应变测量。

电刷式集电装置结构如图 7.18 所示。为了保证电刷与滑环接触良好，减少接触电阻，在每条滑道上应对称配置多个并接在一起的电刷，且使各电刷用弹簧压紧滑道，其压紧力应适当。电刷材料多用石墨与银制成，也可用铍青铜片。

电刷式集电装置工作性能较好，可用于较高转速下的扭矩测量。由于导电滑环属于摩擦接触，因此不可避免地存在着磨损并发热，因而限制了旋转轴的转速及导电滑环的使用寿命。而且由于接触不可靠引起信号波动，因而造成测量误差大甚至测量不成功。

为了克服有线传输信号方式的缺陷，另一个办法就是采用无线传输方式：将应变电桥输出的微弱电压信号经过前置处理后，利用空间传播的无线电波、电磁波或光波来传输信号，通过无线的方式传送到地面上静止的分析仪器或设备。电波、电磁波收发方式的测量系统要求可靠的发射、接收和遥测装置，信号易受到干扰（数字化后传输可解决）；光电脉冲

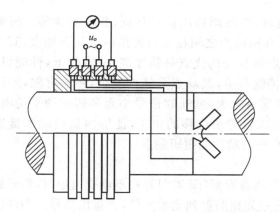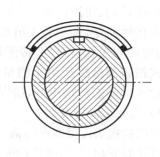

图 7.18　电刷式集电装置

测量抗干扰能力较强,测试数据数字化后以光信号的形式从转动的测量盘传送到固定的接收器,经解码器后还原为所需的信号。

2) 压磁式扭矩测量

铁磁材料的转轴受扭矩作用时,导磁率发生变化。两个 U 形铁芯分别绕有线圈 $A-A$ 和 $B-B$,其中 $A-A$ 沿轴线方向,$B-B$ 沿垂直于轴线的方向放置,彼此互相垂直。其开口端和转轴表面保持 $1\sim2$ mm 空隙(图 7.19)。

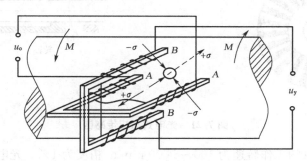

图 7.19　压磁式扭矩传感器

$A-A$ 线圈通入交流电,形成通过转轴的交变磁场。转轴不受扭矩时,磁力线和 $B-B$ 线圈不交链。转轴受扭矩作用后,转轴材料的磁导率发生变化,沿正应力方向磁阻减小,沿负应力方向磁阻增大,使得磁感线分布改变,与 $B-B$ 线圈交链,并在 $B-B$ 线圈产生感应电动势。感应电动势与扭矩在一定范围内呈线性关系,从而可测量扭矩的大小。

压磁法可以进行非接触式测量,使用方便。但要求旋转过程中不出现径向跳动,以避免铁芯与转轴间隙改变,造成测量误差甚至破坏测量设备。

3) 磁电感应式扭矩测量

磁电感应式扭矩传感器中,在转轴上固定两个齿轮,它们的材质、尺寸、齿形和齿数均相同(图 7.20)。永久磁铁和线圈组成的磁电式

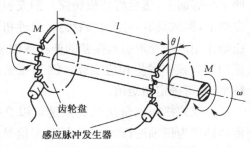

图 7.20　磁电感应式扭矩传感器

检测头对着齿顶安装。当转轴不受扭矩时,两线圈输出信号相同,相位差为零。转轴承受扭矩后,相位差不为零,且随两齿轮所在横截面之间相对扭转角的增加而加大,其大小与相对扭转角、扭矩成正比。磁电式扭矩测量法的优点是精度高,成本较低,性能可靠,其为非接触测量,即不需要电源和中间传输环节;其缺点是结构复杂,频响有限,难以制造,响应时间较长,相应的传感器尺寸和质量较大,低速时信号小而高速时动平衡困难。磁电式扭矩测量法适用于测量能够产生较大转角位移的扭矩,能够测量启动和低速转矩。由于其动态特性不好,所以不适于高速转动轴的扭矩测量。

4) 光电式扭矩测量

光电式扭矩传感器在转轴上固定两只圆盘光栅(图 7.21),在不承受扭矩时,两光栅的明暗区正好互相遮挡,光源的光线没有透过光栅照射到光敏元件,无输出信号。当转轴受扭矩后,转轴变形将使两光栅出现相对转角,部分光线透过光栅照射到光敏元件上产生输出信号。扭矩愈大,扭转角愈大,穿过光栅的光通量愈大,输出信号愈大,从而可实现扭矩测量。

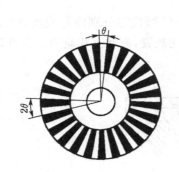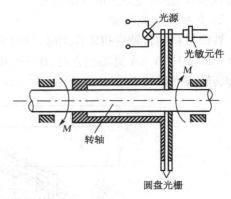

图 7.21 光电式扭矩传感器

这种扭矩测量仪的工作转速为 $100 \sim 8\,000$ r/min,精度为 1%。光电式扭矩测量法的优点是响应速度快,能实现扭矩的实时监测;其缺点是结构复杂,定标困难,可靠性较差,抗干扰能力差,测量精度受温度变化的影响较大。该方法不适用于刚启动和低转速轴的扭矩测量,目前应用较少。

5) 振弦式扭矩测量

如图 7.22 所示,将套筒分别卡在被测轴的两个相邻面上,然后将两根振弦分别安装在四个支架上,振弦具有一定的预紧力。弹性扭转轴受扭矩作用产生变形引起振弦的伸长或缩短,使振弦的固有频率发生相应变化。测得振弦的固有频率,就可确定扭矩值。

振弦式扭矩测量法的优点是可以直接利用传动轴作为扭轴进行测量;采用频率信号传输方式,抗干扰性能好;传感器部分与测力轴分开,便

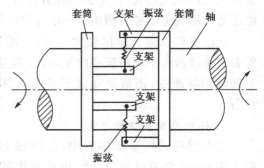

图 7.22 振弦式扭矩传感器

于在船舶或车辆上进行测量。其缺点是结构复杂,灵敏度较低,测量准确度较低,对弹性轴的弹性变形要求高。振弦式扭矩测量法适用于大型转轴的扭矩测量,而不适用于高速转轴的测量。

7.3　振动的测试

振动是自然界、工程技术和日常生活中普遍存在的物理现象。各种机械在运行时,不可避免地存在着诸如回转件的不平衡、负载的不均匀、结构刚度的各向异性、润滑状况的不良及间隙等原因而引起受力的变动、碰撞和冲击,以及由于使用、运输和外界环境下能量传递、存储和释放都会诱发或激励机械振动。可以说,任何一台运行着的机器、仪器和设备都存在着振动现象。

机械振动在大多数情况下是有害的。振动往往会破坏机器的正常工作和原有性能,振动的动载荷使机器加速失效、缩短使用寿命甚至导致损坏造成事故。机械振动还直接或间接地产生噪声,恶化环境和劳动条件,危害人的心理和生理健康。另一方面,振动也被利用来完成各项有益的工作,如运输、夯实、清洗、粉碎、脱水等。这时必须正确选择振动参数,充分发挥机械的振动性能。

随着现代工业技术的发展,除了对各种机械设备提出了低振级和低噪声的要求外,还应随时对生产过程或设备进行监测、诊断,对工作环境进行控制,这些都离不开振动测量。为了提高机械结构的抗振性能,有必要进行机械结构的振动分析和振动设计,找出其薄弱环节,改善其抗振性能。另外,对于许多承受复杂载荷或本身性质复杂的机械结构的动力学模型及其动力学参数,如阻尼系数、固有频率和边界条件等,目前尚无法用理论公式正确计算,振动试验和测量便是唯一的求解方法。因此,振动测试在工程技术中起着十分重要的作用。

振动测试包括两方面的内容:一是测量工作机械或结构在工作状态下存在的振动,如振动位移、速度、加速度,了解被测对象的振动状态、评定等级和寻找振源,以及进行监测、分析、诊断和预测;二是对机械设备或结构施加某种激励,测量其受迫振动,以便求得被测对象的动力学参量或动态性能,如固有频率、阻尼、刚度、响应和模态等。

7.3.1　振动的基本知识

1）振动的类型和参数

（1）振动类型

机械振动是一种比较复杂的物理现象。为了研究的方便,需要根据不同的特征将振动进行分类,如表7.5所示。

表 7.5　机械振动的分类

分　类	名　称	主要特征与说明
按振动产生的原因分	自由振动	系统受初始干扰或外部激振力取消后,系统本身由弹性恢复力和惯性力来维持的振动。当系统无阻尼时,振动频率为系统的固有频率;当系统存在阻尼时,其振动幅度将逐渐减弱
	受迫振动	由于外界持续干扰引起和维持的振动,此时系统的振动频率为激振频率
	自激振动	系统在输入和输出之间具有反馈特性时,在一定条件下,没有外部激振力而由系统本身产生的交变力激发和维持的一种稳定的周期性振动,其振动频率接近于系统的固有频率
按振动的规律分	简谐振动	振动量为时间的正弦或余弦函数,为最简单、最基本的机械振动形式。其他复杂的振动都可以看成许多或无穷个简谐振动的合成
	周期振动	振动量为时间的周期性函数,可展开为一系列的简谐振动的叠加
	瞬态振动	振动量为时间的非周期函数,一般在较短的时间内存在
	随机振动	振动量不是时间的确定函数,只能用概率统计的方法来研究
按系统的自由度分	单自由度系统振动	用一个独立变量就能表示系统振动
	多自由度系统振动	需用多个独立变量表示系统振动
	连续弹性体振动	需用无限多个独立变量表示系统振动
按系统结构参数的特性分	线性振动	可以用常系数线性微分方程来描述,系统的惯性力、阻尼力和弹性力分别与振动加速度、速度和位移成正比
	非线性振动	要用非线性微分方程来描述,即微分方程中出现非线性项

（2）振动的基本参数

振动的幅值、频率和相位是振动的三个基本参数,称为振动三要素。只要测定这三个要素,也就决定了机械的整个振动运动。

① 幅值。振动体离开其平衡位置的位移。幅值的大小是振动强度的标志,可以用不同的方法表示,如峰值、有效值、平均值等。

② 频率。频率为周期的倒数。通过频谱分析可以确定振动信号的主要频率成分及其幅值大小,从而可以寻找振源,采取措施。

③ 相位。振动信号的相位信息非常重要,如利用相位关系确定共振点、振型测量、旋转件动平衡、有源振动控制、降噪等。对于复杂运动的波形分析,各谐波的相位关系是必不可少的。

简谐振动是最基本的周期运动,各种不同的周期运动都可以表示为无穷多个不同频率的简谐运动的组合。简谐振动的运动规律可用简谐函数表示为

$$z = A\sin\left(\frac{2\pi}{T}t + \varphi\right)$$
$$= A\sin(2\pi f t + \varphi) \tag{7.7}$$
$$= A\sin(\omega t + \varphi)$$

式中：z——振动位移；

t——时间；

f——振动频率；

A——位移的最大值，称为振幅；

T——振动周期，为振动频率 f 的倒数；

ω——振动角频率；

φ——初始相位角。

对应于该简谐振动的速度 v 和加速度 a 分别为

$$v = \frac{\mathrm{d}z}{\mathrm{d}t} = \omega A\cos(2\pi f t + \varphi) \tag{7.8}$$

$$a = \frac{\mathrm{d}v}{\mathrm{d}t} = -\omega^2 A\sin(2\pi f t + \varphi) = -\omega^2 z \tag{7.9}$$

在振动测量时，应合理选择测量参数，如振动位移是研究强度和变形的重要依据；振动加速度与作用力或载荷成正比，是研究动力强度和疲劳的重要依据；振动速度决定了噪声的高低，人对机械振动的敏感程度在很大频率范围内是由速度决定的，振动速度又与能量和功率有关，并决定了力的动量。

2）单自由度系统的受迫振动

根据周期信号的分解和线性系统的叠加性，正弦激励对振动系统来说是一个最基本的激励。因此我们首先研究最简单的单自由度振动系统在两种不同激励下的响应。

（1）质量块受力产生的受迫振动

由直接作用在质量上的力所引起的单自由度系统受迫振动如图 7.23 所示，质量 m 在外力的作用下的运动方程为

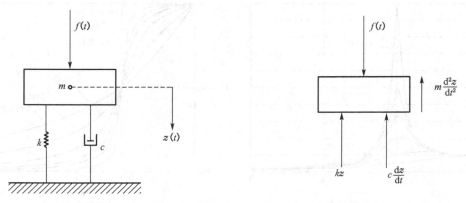

图 7.23 单自由度系统在质量块受力所产生的受迫振动

$$m \frac{\mathrm{d}^2 z(t)}{\mathrm{d}t^2} + c \frac{\mathrm{d}z(t)}{\mathrm{d}t} + kz(t) = f(t) \tag{7.10}$$

式中:c——粘性阻尼系数;

k——弹簧刚度;

$f(t)$——系统的激振力,即系统的输入;

$z(t)$——位移,系统的输出。

这是一个典型的二阶系统,系统的频率响应函数 $H(\mathrm{j}\omega)$ 和幅频特性函数 $A(\omega)$、相频特性函数 $\varphi(\omega)$ 分别为

$$H(\mathrm{j}\omega) = \frac{1}{1 - \left(\frac{\omega}{\omega_\mathrm{n}}\right)^2 + 2\mathrm{j}\zeta \frac{\omega}{\omega_\mathrm{n}}} \tag{7.11}$$

$$A(\omega) = \frac{1}{\sqrt{\left[1 - \left(\frac{\omega}{\omega_\mathrm{n}}\right)^2\right]^2 + 4\zeta^2 \left(\frac{\omega}{\omega_\mathrm{n}}\right)^2}} \tag{7.12}$$

$$\varphi(\omega) = -\arctan \frac{2\zeta\left(\frac{\omega}{\omega_\mathrm{n}}\right)}{1 - \left(\frac{\omega}{\omega_\mathrm{n}}\right)^2} \tag{7.13}$$

式中:ω——基础运动的角频率;

ζ——振动系统的阻尼比,$\zeta = \dfrac{c}{2\sqrt{mk}}$;

ω_n——振动系统的固有频率,$\omega_\mathrm{n} = \sqrt{k/m}$。

系统的幅频和相频特性曲线如图 7.24 所示。在幅频曲线上幅值最大处的频率称为位移共振频率,它和系统的固有频率的关系为

$$\omega_\mathrm{r} = \omega_\mathrm{n} \sqrt{1 - 2\zeta^2} \tag{7.14}$$

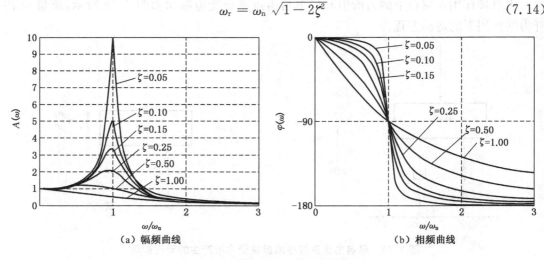

图 7.24　二阶系统的幅频和相频曲线

显然，随着阻尼的增加，共振峰向原点移动；当无阻尼时，位移共振频率 ω_r 即为固有频率 ω_n；当系统的阻尼比 ζ 很小时，位移共振频率 ω_r 接近系统的固有频率 ω_n，可用作 ω_n 的估计值。

由相频图可以看出，不论系统的阻尼比为多少，在 $\omega_r/\omega_n = 1$ 时位移始终落后于激振力 $90°$，此现象称为相位共振。相位共振现象可用于系统固有频率的测量。当系统阻尼不为零时，位移共振频率 ω_r 不易测准。但由于系统的相频特性总是滞后 $90°$，同时，相频曲线变化陡峭，频率稍有变化，相位就偏离 $90°$，故用相频特性来确定固有频率比较准确。同时，要测量较准确的稳态振幅，需要在共振点停留一定的时间，这往往容易损坏设备。而通过扫频，在共振点处即使振幅没有明显的增长，而相位也陡峭地越过 $90°$，因此，利用相频测量更有意义。

在激振力频率远小于系统固有频率时，输出位移随激振频率的变化非常小，几乎和"静态"激振力所引起的位移一样，这时系统响应特性类似于低通滤波器。在激振力频率远大于系统固有频率时，输出位移接近于零，质量块近于静止，这时系统响应特性也类似于低通滤波器。在激振力频率接近系统固有频率时，系统的响应特性主要取决于系统的阻尼，并随频率的变化而剧烈变化。

（2）基础运动产生的受迫振动

在大多数情况下，振动系统的受迫振动是由基础运动所引起的，如道路的不平度引起的车辆垂直振动，如图 7.25 所示。质量块 m 的运动方程为

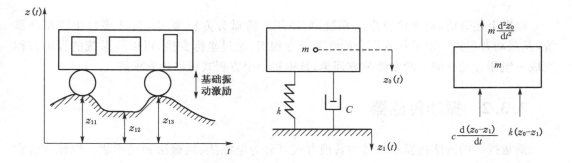

图 7.25　单自由度系统在基础受力所产生的受迫振动

$$m\frac{\mathrm{d}^2 z_0(t)}{\mathrm{d}t^2} + c\frac{\mathrm{d}}{\mathrm{d}t}\left[z_0(t) - z_1(t)\right] + k\left[z_0(t) - z_1(t)\right] = 0 \tag{7.15}$$

令 $z_{01}(t) = z_0(t) - z_1(t)$，则上式为

$$m\frac{\mathrm{d}^2 z_{01}(t)}{\mathrm{d}t^2} + c\frac{\mathrm{d}z_{01}(t)}{\mathrm{d}t} + kz_{01}(t) = -m\frac{\mathrm{d}^2 z_1(t)}{\mathrm{d}t^2} \tag{7.16}$$

系统的幅频特性函数 $A(\omega)$、相频特性函数 $\varphi(\omega)$ 分别为

$$A(\omega) = \frac{(\omega/\omega_n)^2}{\sqrt{\left[1 - (\omega/\omega_n)^2\right]^2 + \left[2\zeta\omega/\omega_n\right]^2}} \tag{7.17}$$

$$\varphi(\omega) = -\arctan\left[\frac{2\zeta\omega/\omega_n}{1-(\omega/\omega_n)^2}\right] \tag{7.18}$$

系统的幅频和相频特性曲线如图 7.26 所示。当激振频率远小于系统固有频率时,质量块相对于基础的振动幅值为零,这意味着质量块几乎跟随基础一起振动,两者相对运动极小。而当激振频率远高于系统固有频率时,$A(\omega)$ 接近于 1,这表明质量块和基础之间的相对运动和基础的振动近于相等,说明质量块在惯性坐标中几乎处于静止状态。

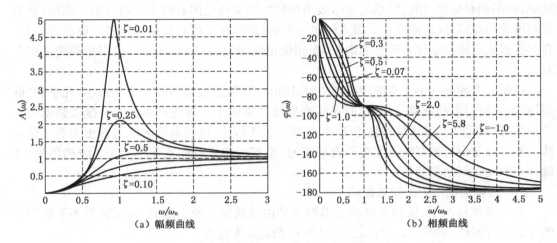

（a）幅频曲线　　　　　　　　　　　（b）相频曲线

图 7.26　基础激振时质量块相对基础位移的幅频和相频曲线

根据上述分析,对于单自由度系统,可以用二阶微分方程描述。对于多自由度振动系统,其振动方程式一般是相互耦合的常微分方程组,通过坐标变换,可以将系统的振动方程变成一组相互独立的二阶常微分方程组,其中每一个方程式可以独立求解。

7.3.2　振动传感器

测量振动的方法按振动信号的转换方式可分为电测法、机械法和光学法。机械方法常用于振动频率低、振幅大、精度不高的场合,光学方法主要用于精密测量和振动传感器的标定,电测法应用范围最广。下面只讨论电测法中常用的一些测振传感器。

测振传感器是将被测对象的机械振动量(位移、速度或加速度)转换为与之有确定关系的电量(如电流、电压或电荷)的装置。测振传感器的分类方法很多。

按照振动测量的参考坐标分为:绝对式(惯性式)传感器、相对式传感器。

按照测量时传感器是否和被测件接触分为:接触式传感器、非接触式传感器。

按照测振参数分为:位移传感器、速度传感器、加速度传感器。

按照变换原理分为:磁电式、压电式、电阻应变式、光学式、电感式、电容式。

1)惯性式测振传感器的工作原理

如图 7.27 所示为惯性式传感器的力学模型,它是一个由弹性元件支持在壳体上的质量块所形成的具有粘性阻尼的单自由度系统。在测量时,传感器的壳体固定在被测体上,传感器内的质量-弹簧系统(即所谓的惯性系统)受基础运动的激励而产生受迫运动。传感器的输出为质量块与壳体之间的相对运动对应的电信号。

由于惯性式传感器内的惯性系统是由基础运动引起质量块的受迫振动。因此,可以用式(7.16)来表示其运动方程,其幅频特性和相频特性可用式(7.17)、(7.18)来表示,幅频和相频曲线如图 7.26 所示。

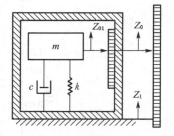

图 7.27　惯性式传感器的力学模型

可以看出:

(1) 对于幅频图,只有当 $\omega/\omega_n \gg 1$ 时,即 $\omega \gg \omega_n$ 的情况下,$A(\omega)$ 接近于 1,表明质量块和壳体的相对运动(输出)和基础的振动(输入)基本相等,也可以说质量块在惯性坐标中几乎处于静止。当 $\omega/\omega_n \ll 1$ 时,即 $\omega \ll \omega_n$ 的情况下,质量块相对于基础的运动接近于零,质量块跟着基础一起振动,相对运动很小。当系统的阻尼比 ζ 接近 0.7 时,$A(\omega)$ 更接近直线。

(2) 对于相频图,没有一条相频曲线为近似斜率为负的直线;只有当 $\omega > (7 \sim 8)\omega_n$ 时,相位差接近 $-180°$,说明质量块和壳体的相对运动(输出)和基础的振动(输入)反相。

根据上述特性,在设计和使用惯性式传感器时需要注意:

(1) 使惯性式传感器的固有频率较低,同时使系统的阻尼比 ζ 在 0.6~0.7 之间,这样可以保证工作频率的下限到 $\omega = 1.7\omega_n$,幅值误差不超过 5%。

(2) 当使用 $\omega > (7 \sim 8)\omega_n$ 进行相位测试时,需要用移相器获得相位信息。

上述惯性式传感器的输入和输出均为位移量,若输入和输出均为速度,基础运动为绝对速度,输出为相对于壳体的相对速度,此时的传感器为惯性式速度传感器,则幅频特性为

$$A(\omega) = \frac{(\omega/\omega_n)^2}{\sqrt{[1-(\omega/\omega_n)^2]^2 + [2\zeta\omega/\omega_n]^2}} \tag{7.19}$$

可以看出式(7.19)和式(7.17)幅频特性一致,这说明惯性式位移传感器和惯性式速度传感器具有相同的幅频特性。若质量块相对于壳体为位移量,壳体的运动为绝对加速度,则惯性式传感器为惯性式加速度传感器,此时的幅频特性为

$$A(\omega) = \frac{(\omega/\omega_n)^2}{\omega^2 \sqrt{[1-(\omega/\omega_n)^2]^2 + [2\zeta\omega/\omega_n]^2}} \tag{7.20}$$

根据式(7.20),可绘制其幅频曲线,如图 7.28 所示。

从图 7.28 中可以看出:

(1) 当 $\zeta = 0.7$ 时,在幅值误差小于 5% 的情况下,传感器的工作频率为

$$\omega \leqslant 0.58\omega_n$$

(2) 当 $\zeta = 0.7$,$\omega = (0 \sim 0.58)\omega_n$ 时,相频特性曲线近似为一过原点的斜直线,满足动态测试相位不失真的条件。而当 $\zeta = 0.1$,$\omega < 0.22\omega_n$ 时,相位滞后近似为 0,接近理想相位测试条件。

由于上述特性,惯性式加速度传感器可用于宽带测振,如用于冲击、瞬态振动和随机振动的测量。

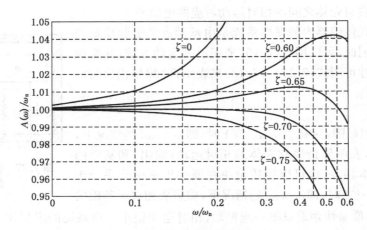

图 7.28　加速度传感器的幅频特性

2）涡流式位移传感器

电涡流式位移传感器是一种非接触式测振传感器，其基本原理是利用金属导体在交变磁场中的涡流效应。涡流传感器已成系列，常用的直径有 8 mm、11 mm、25 mm 等，测量范围从±0.5 mm 至±10 mm 以上，灵敏阈约为测量范围的 0.1%。外径为 8 mm 的传感器与工件安装间隙约 1 mm，灵敏度为 7.87 mV/μm，频响范围为 0～12 000 Hz。图 7.29 为涡流传感器结构图。

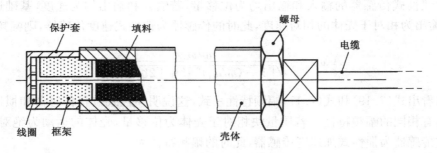

图 7.29　涡流传感器结构图

涡流传感器具有线性范围大、灵敏度高、频率范围宽、抗干扰能力强、不受油污等介质影响以及非接触测量等特点。它属于相对式传感器，能方便地测量运动部件与静止部件间的间隙变化。表面粗糙度对测量结果几乎没有影响，但被测件表面微裂纹以及电导率和磁导率对灵敏度有影响。

3）磁电式速度传感器

磁电式速度传感器是利用电磁感应原理，将传感器的质量块与壳体的相对速度转换为电压输出的装置。当线圈在恒定磁场中作直线运动并切割磁感线时，线圈两端的感应电动势为

$$e = wBlv\sin\theta \tag{7.21}$$

式中：w——线圈匝数；

B——磁感应强度;

l——一匝线圈的有效长度;

v——线圈与磁场的相对运动速度;

θ——线圈运动方向与磁场方向的夹角。

当 $\theta = 90°$ 时,$e = wBlv$,即线圈中的感应电动势与线圈运动速度成正比。

磁电式速度传感器为惯性式速度传感器,有绝对式和相对式两种,前者测量被测对象的绝对振动速度,后者测量两个运动部件之间的相对运动速度。下面仅说明绝对式的结构。

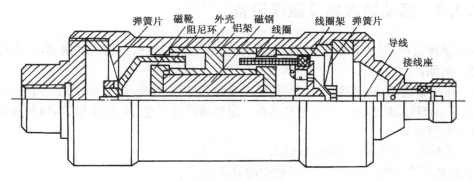

图 7.30　磁电式绝对速度传感器

磁电式绝对速度传感器的结构如图 7.30 所示,在测振时,传感器固定或紧压于被测对象,磁钢与壳体一起随被测对象振动,装在芯轴上的线圈和阻尼环组成惯性系统的质量块并在磁场中运动。弹簧片径向刚度很大、轴向刚度很小,使惯性系统既得到可靠的径向支承,又保证有很低的轴向固有频率。阻尼环一方面可增加惯性系统的质量,降低固有频率,另一方面在磁场中运动产生的阻尼力使振动系统具有合理的阻尼。

线圈作为质量块的组成部分,当它在磁场中运动时,其输出电压与线圈切割磁感线的速度成正比。前面已指出,由基础运动所引起的受迫振动,当 $\omega \gg \omega_n$ 时,质量块在绝对空间中近乎静止,从而被测对象与质量块的相对位移、相对速度就分别近似其绝对位移和绝对速度。为了扩大磁电式绝对速度传感器的工作频率下限,应采用 $\zeta = 0.7$ 左右的阻尼比,在幅值误差不超过 5% 的情况下,工作频率下限可扩展为 $\omega/\omega_n = 1.7$。这样的阻尼比也有助于迅速衰减意外瞬态扰动所引起的瞬态振动。

4) 压电式加速度传感器

压电式加速度传感器是一种以压电材料为转换元件的装置,其电荷或电压的输出与加速度成正比。由于它具有结构简单、工作可靠、量程大、频带宽、体积小、质量小、精确度和灵敏度高等一系列优点。目前,它已成为振动测试技术中使用最广泛的一种传感器。

由于压电式加速度传感器所输出的电信号是很微弱的电荷,而且传感器本身又有很大的内阻,故输出的能量甚微。为此,常将输出信号先输入到高输入阻抗的前置放大器内,使该传感器的高阻抗输出变换为低阻抗输出,然后,再将其输出的微弱信号进行放大、检波,最后驱动指示仪表或记录仪器,以便显示或记录测试的结果。一般前置放大器电路有两种形式,分述如下:

（1）带电阻反馈的电压放大器,其输出电压与输入电压(即压电式加速度传感器的输出)成正比。由于这种电路的灵敏度受连接电缆长度变化的影响,目前已较少使用。

（2）带电容反馈的电荷放大器,其输出电压与输入电荷成正比。使用电荷放大器时,电缆长度变化的影响几乎可以忽略不计,因此电荷放大器的应用日益增多。

在选择测振传感器类型时,要根据测试的要求,如要求测量位移、速度、加速度或力等;被测对象的振动特性,如待测的振动频率范围和估计的振幅范围等;以及使用环境情况,如环境温度、湿度和电磁干扰等;并结合各类测振传感器的各项性能指标综合进行考虑。

7.3.3 振动的激励及激振设备

在振动测量中,很多场合需运用激振设备使被测试的机械结构产生振动,然后进行振动测量。例如：

（1）研究结构的动态特性,确定结构模态参数,如固有频率、振型、动刚度、阻尼等。

（2）产品环境试验,即一些机电产品在一定振动环境下进行的耐振试验,以便检验产品性能及寿命情况等。

（3）传感器及测振系统的校准试验。

（在这些场合,激振设备都是不可缺少的设备）

1）振动的激励

振动的激励方式通常有稳态正弦激振、随机激振和瞬态激振三种。

（1）稳态正弦激振

稳态正弦激振又称简谐激振,它是借助于激振设备对被测对象施加一个频率可控的简谐激振力。它的优点是激振功率大、信噪比高、能保证响应测试的精度。因而是一种应用最为普遍的激振方法。

稳态正弦激振的工作原理就是对被测对象施加一个稳定的单一频率 ω 的正弦激振力,即 $f(t) = F_0 \sin \omega t$,该频率是可调的。在一定频段内对被测系统进行逐点的给定频率的正弦激励的过程称扫描。稳态正弦激振方法的优点是设备通用,可靠性较高;缺点是需要较长的时间,因为系统达到稳态需要一定的时间,特别当系统阻尼较小时,要有足够的响应时间。因此,扫频的范围有限,所以此方法也称为窄带激振技术。

在进行稳态正弦激振时,一般先进行扫频激振,通过扫频激振获得系统的大概特性,而在靠近固有频率的重要频段再进行稳态正弦激振获取严格的动态特性。

随着电子技术的迅猛发展,以计算机和快速傅里叶变换为核心的谱分析仪和数据处理器在"实时"能力、分析精确度、频率分辨力、分析功能等方面提高很快,而且价格也越来越便宜,因此各种宽带激振的技术也越来越受到重视。

（2）随机激振

随机激振一般用白噪声或伪随机信号发生器作为信号源,这是一种宽带激振方法。白噪声发生器能产生连续的随机信号,其自相关函数在 $\tau = 0$ 处会形成陡峭的峰,当偏离时,自相关函数很快衰减,其自功率谱密度函数也接近为常值。当白噪声通过功放并控制激振器时,由于功放和激振器的通频带是有限的,所以实际的激振力频率不再在整个频率域中保持常数,但仍可以激起被激对象在一定频率范围内的随机振动。系统的频率响应函数关系式：

$$S_{xy}(f) = H(f)S_x(f) \tag{7.22}$$

式中：$S_{xy}(f)$——被测系统的输出/输入信号的互谱密度函数；

$\quad$ $S_x(f)$——输入信号的自谱密度函数；

$\quad$ $H(f)$——计算得到系统的频率响应函数。

工程上有时希望能重复试验，就用伪随机信号或计算机产生伪随机码作为随机激振信号。伪随机信号是一种周期性的随机信号，将白噪声在时间 T 内截断，然后按周期 T 重复，即形成伪随机信号。随机激振测试系统具有快速甚至实时测试的优点，但它所用的设备较复杂，价格也较昂贵。

（3）瞬态激振

瞬态激振给被测系统提供的激励信号是一种瞬态信号，它属于一种宽频带激励，即一次激励，可同时给系统提供频带内各个频率成分的能量使系统产生相应频带内的频率响应。因此，它是一种快速测试方法。同时由于测试设备简单，灵活性大，故常在生产现场使用。目前常用的瞬态激振方法有快速正弦扫描、脉冲锤击和阶跃松弛激励等方法。

① 快速正弦扫描激振

激振信号由信号发生器供给，其频率可调，激振力为正弦力。使正弦激励信号在所需的频率范围内作快速扫描（在数秒内完成），激振信号频率在扫描周期 T 内成线性增加，而幅值保持恒定。扫描信号的频谱曲线几乎是一根平滑的曲线，如图 7.31 所示，从而能达到宽频带激励的目的。

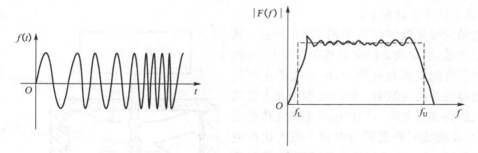

图 7.31 快速正弦扫描信号及其频谱

正弦快速扫描信号的函数形式为

$$f(t) = F_0 \sin[2\pi(at+b)t] \tag{7.23}$$

由式（7.23）可得其频率为

$$f = at + b \tag{7.24}$$

由式（7.24）可知，频率与时间呈线性关系。而对于激振信号的可控参数有幅值 F_0、扫描周期 T 和频率上、下限 f_U、f_L，这些参数和扫描频率参数 a,b 的关系为 $a = \dfrac{f_U - f_L}{T}$；$b = f_L$。扫描频率的上下限频率和周期根据试验要求可以改变，一般扫描时间 1～2 s。

快速正弦扫描的频率除了按线性规律变化外也可按对数规律变化。快速正弦扫描信号的频率具有宽频带的特点,能量集中在 $f_U \sim f_L$ 范围。

② 脉冲激振

理想脉冲信号的频谱等于常数,即在无限频带内具有均匀的能量,这在物理上是无法实现的。实际的脉冲都有一定的宽度,其频谱范围一般与宽度成反比,改变脉冲的宽度,即可控制激振频率范围。

脉冲激振既可以由脉冲信号控制激振器实现,也可以用敲击锤对试件直接施加脉冲力。敲击锤本身带有力传感器称力锤。脉冲宽度或激振频率范围,可以通过不同的锤头材料(如橡胶、塑料、铝或钢等)来控制。力脉冲的幅值可以通过力锤本身的质量和配置来调节。

③ 阶跃激振

阶跃激振信号形如阶跃函数,也是一种瞬态激振方式。在试件激振点由一根刚度大、质量小的张力弦索经力传感器给试件以初始变形,然后突然切断弦索,即可产生阶跃激振力。阶跃激振的特点是激振频率范围较低(通常在 $0 \sim 30\ \text{Hz}$),一般适用于大型柔性结构。

2) 激振器

将所需的激振信号变为激振力施加到被测对象上的装置称为激振器。激振器应能在所要求的频率范围内,提供波形良好、幅值足够和稳定的交变力,在某些情况下还需提供定值的稳定力。交变力可使被测对象产生需要的振动,稳定力则使被测对象受到一定的预加载荷,以便消除间隙或模拟某种稳定力。常用的激振器有电动式和电磁式两种。

(1) 电动式激振器

电动式激振器按其磁场的形成方法可分为永磁式和激磁式两种。前者用于小型激振器,后者多用于振动台上。

电动式激振器的结构如图 7.32 所示。其工作原理是:驱动线圈固定安装在顶杆上,并由支撑弹簧片组支撑在壳体中,驱动线圈正好位于磁极与铁芯的气隙中。驱动线圈中通入经功率放大后的交变电流 i,根据磁场中载流体受力的原理,驱动线圈将受到与电流 i 成正比的电动力的作用,此力通过顶杆传到试件上,便是激振力。应该指出,由顶杆施加到试件上的激振力并不等于驱动线圈所受到的电动力,而是等于电动力和激振器运动部件的弹簧力、阻尼力和惯性力的矢量差。力传递比(电动力与激振力之比)与激振器运动部件的质量、刚度、阻尼和试件本身的质量等有关,它是频率的函数。只有当激振器运动部件的质量与试件的质量相比可忽略不计,且激振器与试件连接刚性好、顶

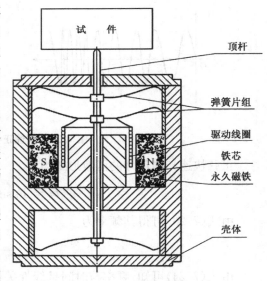

图 7.32　电动式激振器

杆系统的刚性也很好时,才可认为电动力等于激振力。最好使顶杆通过一个力传感器来激励试件,以便通过它能精确地测出激振力的大小和相位。

电动激振器主要用来对试件进行绝对激振,因而在激振时,应让激振器壳体在空间基

本保持静止,使激振器的能量尽量用在对试件的激振上。如图 7.33 所示的激振器安装方法能满足上述要求。在进行较高频率的激振时,其安装方法如图 7.33(a)所示。在进行低频激振时,应将激振器刚性地安装在地面或刚性很好的支架上,如图 7.33(b)所示,并让安装支架的固有频率比激振频率高 3 倍以上。当作水平绝对激振时,为了产生一定的预加载荷,激振器应水平悬挂,悬挂弹簧应与激振器的水平方向垂直的垂线间倾斜 θ 角,安装方法如图 7.33(c)所示。

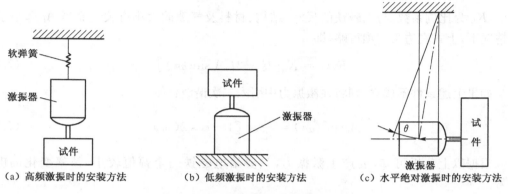

（a）高频激振时的安装方法　　（b）低频激振时的安装方法　　（c）水平绝对激振时的安装方法

图 7.33　绝对激振时激振器的安装

（2）电磁式激振器

电磁式激振器是直接利用电磁力作为激振力,具有体积小、质量小、激振力大的特点,属于非接触式激振,其结构如图 7.34 所示。励磁线圈包括一组直流线圈和一组交流线圈,用力检测线圈检测激振力,用位移传感器测量激振器与衔铁之间的相对位移。当电流通过励磁线圈时,便产生相应的磁通,从而在铁芯和衔铁之间产生电磁力。若铁芯和衔铁分别固定在被测对象的两个部位上,便可实现两者之间无接触的相对激振。

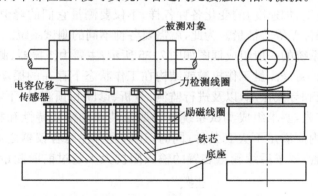

图 7.34　电磁激振器

电磁激振器由通入线圈中的交变电流产生交变磁场,而被测对象作为衔铁,在交变磁场作用下产生振动。由于电磁铁与衔铁之间的作用力 $F(t)$ 只会是吸力,而无斥力,为了形成往复的正弦激励,应该在其间施加一恒定的预载荷吸力 F_0,然后才能叠加上一个交变的谐波力 $f(t)$,其关系为

$$F(t) = F_0 + f(t) \tag{7.25}$$

为此,通入线圈中的电流 $I(t)$ 也应该由直流 I_0 与交流 $i(t)$ 两部分组成,即

$$I(t) = I_0 + i(t) \tag{7.26}$$

式中, $i(t) = A_i \sin(\omega t)$。再由电磁理论可知,电磁铁所产生的磁力正比于所通过电流值的平方,即

$$F(t) = K_b I^2(t) = K_b [I_0^2 + 2I_0 A_i \sin(\omega t) + A_i^2 \sin^2(\omega t)] \tag{7.27}$$

式中, K_b 为比例系数,与电磁铁的尺寸、结构、材料及气隙的大小有关。而当 A_i 远小于 I_0 的情况下,上式右边第三项可略,即

$$F(t) = K_b [I_0^2 + 2I_0 A_i \sin(\omega t)] \tag{7.28}$$

如果上述条件不成立,则将在激振力中引入二次谐波:

$$A_i^2 \sin^2(\omega t) = \frac{1}{2} A_i^2 [1 - \cos 2(\omega t)] \tag{7.29}$$

根据以上分析可知,要产生激振力,只要给电磁铁一个幅值较小,频率变化的电流信号。

电磁激振器的特点是可以对旋转着的被测对象进行激振,它没有附加质量和刚度的影响,其激振频率上限为 $500 \sim 800$ Hz。

7.3.4　振动测试系统及其标定

1) 振动测试系统

由于各类测振传感器的特性不同,它要求的测试系统也各不相同。在机械振动测量中,振动量(位移、速度、加速度)的变化各种各样,不仅要测量它们的峰值,还要测量它们的振动频率、周期和相位差等特征量。为此,就需要各种不同的测试系统。

机械振动测试系统的一般组成框图如图 7.35 所示,主要由激振器、测振器、分析仪和记录仪几个部分组成。若是测量工作机械或结构在工作状态下存在的振动,了解被测对象的振动状态、评定等级和寻找振源,以及进行监测、分析、诊断和预测时,不需要激振系统。对于振动测试系统,首先,要求组成测试系统的各测量装置的幅频特性和相频特性在整个系统的测试频率范围内应满足不失真条件;同时,还应充分注意各仪器之间的匹配。对于电压量传输的测量装置,要求后续测量装置的输入阻抗大大超过前面测量装置的输出阻抗,

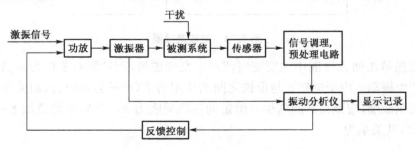

图 7.35　机械振动测试系统的一般组成框图

以便使负载效应缩减到最小。此外,应视环境条件合理地通过屏蔽、接地等措施排除各种电磁干扰,或在系统的适当部位安装滤波器,以排除或削弱信号中的干扰,保证整个系统的测试能稳定可靠地进行。

2)测振装置的标定

在测振传感器出厂前或使用一定年限后,为了保证振动测试的可靠性和精确度,必须对传感器和测振系统进行标定。传感器生产厂对于每只传感器在出厂前都进行检测,并给出其灵敏度等参数和频率响应特性曲线。传感器在使用一段时间后,其灵敏度会发生变化,如压电材料的老化会使灵敏度每年降低 2%~5%。同样,测试仪器在使用一段时间或检修后也必须进行标定。

使用测振传感器,我们主要关心的是灵敏度、幅值线性范围、横向灵敏度和频率响应特性等,这是标定的主要内容。不同类型的传感器,如接触式传感器和非接触式传感器,其标定方法也不相同。标定方法有绝对法和相对法两种。

一般来说,标定部门分为两级:国家级和地方级。国家级标定部门常采用绝对法,标定的精确度很高,可达 0.5%~2.0%。地方级采用相对法,标定精确度一般可达 5%。

(1)绝对法

将测振传感器固定在校准振动台上,由正弦信号发生器经功率放大器推动振动台,用激光干涉振动仪直接测量振动台的振幅,再和被标定传感器的输出比较,以确定被标定传感器的灵敏度,这便是用激光干涉仪的绝对校准法,此方法可以同时测量传感器的频率响应特性,需要首先固定振动台各参量的振幅,然后改变激振频率,测出对应的各个输出数据,绘制频率响应曲线,其原理如图 7.36 所示。

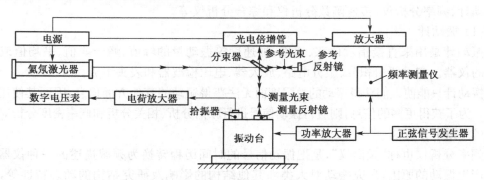

图 7.36 绝对法标定振动传感器原理示意图

激光干涉仪的绝对校准法设备复杂,操作和环境要求严格,只适用于计量单位和测振仪器生产厂使用。

振动仪器厂还使用另一种方法进行传感器的标定。采用一种小型的、经过校准的已知振级的激振器,这种激振器只产生加速度为已知定值的几种频率的激振,读取被标定传感器的输出进行比对。这种装置不能全面标定传感器的频率响应曲线,只能在现场方便地核查传感器在给定频率点的灵敏度。

(2)相对法

这种方法又称为背靠背比较标定法。将待标定传感器和经过国家计量部门严格标定过的传感器同时安装在振动试验台上承受相同的振动,将两个传感器的输出进行比较,就可以计算出在该频率点待标定传感器的灵敏度。这时,严格标定过的传感器起着"振动标准传递"的作用,通常称为参考传感器。这种方法的关键是两个传感器必须感受相同的振动,为了保证这一点,常采用将两个传感器背靠背安装的方式。图 7.37 是这种方法相对校准加速度计的简图。

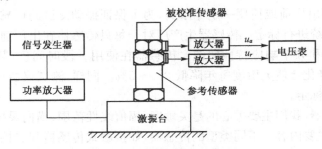

图 7.37　相对校准加速度计简图

7.3.5　振动测试信号的分析及实例

1) 振动信号的分析方法及设备

从测振传感器检测到的振动信号是时域信号,它只能给出振动强度的概念,只有经过频谱分析后,才可以估计其振动的根源和干扰,并用于故障诊断和分析。当用激振方法研究被测对象的动态特性时,需将检测到的振动信号和力信号联系起来,然后求出被测对象的幅频和相频特性,为此需选用合适的滤波技术和信号分析方法。振动信号处理仪器主要有振动计、频率分析仪、传递函数分析仪和综合分析仪等。

(1) 振动计

振动计是用来直接指示位移、速度、加速度等振动量的峰值、峰—峰值、平均值或均方根值的仪器。它主要由积分、微分电路、放大器、电压检波器和表头组成。

振动计只能使人们获得振动的总强度而无法获得振动的其他方面信息,因而其使用范围有限。为了获得更多的信息,则应将振动信号进行频谱分析、相关分析和概率密度分析等。

(2) 频率分析仪

频率分析仪也称"频谱仪",是把振动信号的时间历程转换为频域描述的一种仪器。要分析产生振动的原因,研究振动对人类和其他结构的影响及研究结构的动态特性等,都要进行频率分析。频率分析仪的种类很多,按其工作原理可分为模拟式和数字式两大类。

(3) 频率特性与传递函数分析仪

由频率特性分析仪或传递函数分析仪为核心组成的测试系统,通常都采用稳态正弦激振法来测定机械结构的频率响应或机械阻抗等数据。

(4) 数字信号处理系统

近年来,由于微电子技术和信号处理技术的迅速发展、快速傅里叶变换(FFT)算法的推广,在工程测试中,数字信号处理方法得到越来越广泛的应用,出现了各种各样的信号分析和数据处理仪器。这种具有高速控制环节和运算环节的实时数字信号处理系统和信号处理器,具有多种功能,因此又称为综合分析仪。

数字信号的测试与模拟信号的测试一样,先由传感器获得模拟信号;然后对模拟信号进行抗混滤波(防止频率混叠)、波形采样和模数转换(计算机处理的需要)、加窗(减小对信号截断和采样所引起的泄漏);再进行快速傅里叶变换(由时域到频域的转换和数据计算);最后显示分析结果。其主要优点是:

① 处理速度快,具有实时分析的能力。

② 频率分辨力高,因而分析精度较高。

③ 功能多,既可进行时域分析、频域分析和模态分析,又可进行各种显示。

④ 使用方便,数字信号分析处理由专门的分析仪或计算机完成,显示、复制和存储等各种功能的使用非常方便。

2) 振动筛工作性能测试实例

320 直线振动筛是筑路机械沥青拌和站上的主要设备之一,共有六层,用来对筑路石料进行分级。图 7.38 是 320 直线振动筛的结构示意图。图中筛箱用四组螺旋弹簧支撑在机架上,双轴激振器安装在筛箱上,用两台自同步电机驱动两组偏心块激励筛体,使筛体沿 $Y—Y$ 方向做强迫振动,以完成对石料的筛分。

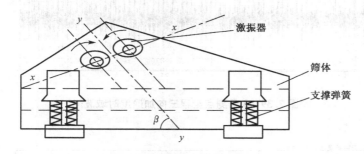

图 7.38 直线振动筛的结构

标准 JB/T 6389—2007 对直线振动筛的整机性能作了具体要求,涉及筛体振幅、筛箱横向摆动、振动频率、振动方向角、噪声、轴承部位最高温度和温升等技术参数。为了检验振动筛是否合格,标准 JB/T 4042—2008 对直线振动筛性能参数的测试方法进行规定。下面就该直线振动筛工作过程中振动状况测试进行说明。

按照 JB/T 4042—2008 的要求,直线振动筛进行了 4 h 的空负荷运行后再进行振动测试。6 个测点为:①筛体电机侧进料端;②筛体电机侧中部;③筛体电机侧出料端;④筛体另一侧进料端;⑤筛体另一侧中部;⑥筛体另一侧出料端。测振传感器选用 BZ114 - 100 三向压电式加速度计,二次仪表采用 DLF 系列电荷放大器,输出信号经采集仪送计算机,利用 DASP 信号采集和分析系统进行处理。

BZ114 - 100 三向压电式加速度传感器灵敏度为:X 向(水平方向)1.231 pC/(m·s^{-2}),Y 向(竖直方向)1.226 pC/(m·s^{-2}),Z 向(垂直于筛箱方向)1.270 pC/(m·s^{-2})。测试时采样频率选择 512 Hz,采样点数 1 024,抗混叠滤波截止频率 256 Hz。图 7.39 为 320 筛体电机侧出料端全程三向加速度时域波形,经快速傅里叶变换后获得 320 筛体电机侧出料端三向加速度自功率谱,如图 7.40 所示,从中可以看出:振动信号包含多个不同的频率成分,20 Hz 为 320 直线振动筛的工作频率。将加速度信号进行两次积分后可以获得振动位移,图 7.41 为 3 号测点水平方向的振动位移。

表 7.6 给出了振动筛各测点的测试结果。

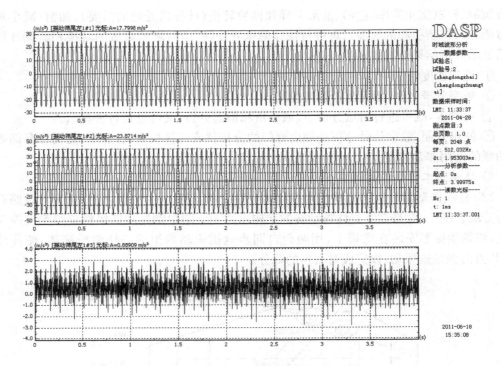

图 7.39   3 号测点全程三向加速度时域波形

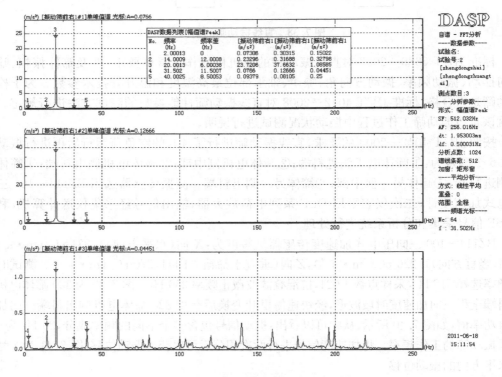

图 7.40   3 号测点三向加速度自谱分析

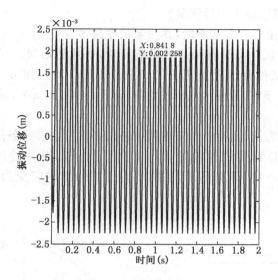

图 7.41　3 号测点 X 向振动位移

表 7.6　振动筛各测点测试结果

测点	X 向位移（mm）	Y 向位移（mm）	Z 向位移（mm）	振动方向（°）	振动幅值（mm）
1	2.36	5.13	0.18	65.3	5.65
2	2.45	5.21	0.13	64.8	5.76
3	2.42	5.43	0.39	65.9	5.94
4	2.68	4.21	0.25	57.5	4.98
5	2.82	4.48	0.23	57.8	5.29
6	2.83	4.57	0.56	58.2	5.37

对 320 直线振动筛测试结果分析可以得出以下结论。

① 320 直线振动筛的"直线"性能比较理想。

② 振动筛各测点的振动幅值在 4.98～5.94 mm 之间。

③ 振动筛各测点的振动方向角在 57.5°～65.9°之间。

④ 振动筛的工作频率为 20 Hz。

320 直线振动筛的各个振动参数基本符合设计要求，满足振动筛的工作条件。但是存在激振力没有通过振动筛质心、振动筛两侧激振力大小和方向不一致、四组支撑弹簧的刚度也有差别等问题。

习　题

7.1　哪些类型的传感器适合于 100 mm 以上的大量程位移测量？

7.2　变极距电容传感器的线性范围如何，它适合高精度微小位移测量吗？还有哪些类型的传感器适合高精度微小位移测量?

7.3 微纳米测量主要有哪些手段,其测量精度是多少?

7.4 一简单拉伸试件上贴有两片电阻应变片,一片沿轴向,一片与之垂直,分别接入电桥相邻两臂。已知试件弹性模量 $E = 2.0 \times 10^{11}$ Pa,泊松比 $\mu = 0.3$,应变片灵敏度 $K = 2$,供桥电压 $U_0 = 5$ V,若测得电桥输出电压 $U_{BD} = 8.26$ mV,求试件上的轴向应力为多少?

7.5 以单臂工作为例,说明电桥实现温度补偿必须符合哪些条件?

7.6 如图所示,悬臂梁弹性模量 $E = 2.0 \times 10^{11}$ Pa,贴片处的抗弯截面系数 $W = 2 \times 10^{-6} m^3$,应变片 $R_1 = R_2$,现用仪器测得 P 力作用的指示应变为 $2\,000$ Mε,求 P 力的大小。

题 7.6 图

7.7 为了测量某轴所承受的扭矩,在其某截面的圆周上沿轴向 ±45° 方向贴了两个电阻应变片,组成半桥。已知轴径 $d = 40$ mm,弹性模量 $E = 2.0 \times 10^{11}$ Pa,泊松比 $\mu = 0.3$。若由静态应变仪测得读数为 $1\,000$ με,求该轴所受的扭矩大小。

7.8 试述旋转轴扭矩测量的原理和方法。

7.9 有一扭矩标定小轴,其轴径 $d = 30$ mm,弹性模量 $E = 2.0 \times 10^{11}$ Pa,泊松比 $\mu = 0.3$,加载力臂 $L = 1000$ mm。若用静态应变仪全桥测其应力,加载 50 N 时,静态应变仪读数为多少 με?用同种材料直径 $D = 300$ mm 的轴进行实测,测试条件与标定完全相同,问当应变仪读数与上面标定值相同时,实测轴所受的扭矩是多少?

7.10 机械振动测试及信号分析的任务是什么?

7.11 简述涡流式、磁电式和压电式传感器的工作原理。

7.12 写出单自由度(简谐振动)系统的传递函数或频响函数的表达式,并画出其频响特性曲线。

7.13 已知某应变式加速度传感器的阻尼比 $\zeta = 0.7$,当 $\omega < \omega_n$ 时,传感器的相频特性可近似的表示为:$\varphi(\omega) \approx -0.5\pi$;设输入信号是一个由多个谐波组成的周期信号:$x(t) = \sum x_n \cos(n\omega_0 t)$,当该信号经过应变式加速度传感器时,其响应为 $y(t) = \sum x_n \cos(n\omega_0 t + \varphi_n)$。式中 n 为整数,试说明输出波形有没有相位失真?

7.14 若某旋转机械的工作转速为 $3\,000$ r/min,为分析机组的动态特性,需要考虑的最高采样频率为工作频率的 10 倍,问:

(1) 应选择何种类型的测振传感器,并说明原因。

(2) 在进行 A/D 转换时,选用的采样频率至少为多少?

参考文献

［1］熊诗波,黄长艺. 机械工程测试技术基础(第3版). 北京:机械工业出版社,2006

［2］贾民平,张洪亭. 测试技术(第2版). 北京:高等教育出版社,2009

［3］黄长艺,严普强. 机械工程测试技术基础(第2版). 北京:机械工业出版社,1995

［4］黄长艺,卢文祥,等. 机械工程测量与试验技术. 北京:机械工业出版社,2000

［5］张洪亭,王明赞. 测试技术. 沈阳:东北大学出版社,2005

［6］陈花玲. 机械工程测试技术. 北京:机械工业出版社,2002

［7］王光铨,毛军红. 机械工程测量系统原理与装置. 北京:机械工业出版社,1998

［8］尤丽华. 测试技术. 北京:机械工业出版社,2002

［9］康宜华. 工程测试技术. 北京:机械工业出版社,2005

［10］梁德沛. 机械参量动态测试技术. 重庆:重庆大学出版社,1987

［11］王伯雄. 测试技术基础. 北京:清华大学出版社,2003

［12］卢文祥,杜润生. 工程测试与信息处理. 武汉:华中科技大学出版社,2002

［13］王建民,等. 机电工程测试技术. 北京:中国计量出版社,1995

［14］郑仲民,于永芳. 动态测试技术. 北京:机械工业出版社,1991

［15］吴正毅. 测试技术与测试信号处理. 北京:清华大学出版社,1991

［16］沈中城. 测试技术. 南京:东南大学出版社,2001

［17］孔德仁,等. 工程测试技术(第2版). 北京:科学出版社,2009

［18］卢文祥,杜润生. 机械工程测试、信息、信号分析. 武汉:华中理工大学出版社,1990

［19］蒋洪明,张庆. 动态测试理论与应用. 南京:东南大学出版社,1999

［20］(美)E. O. 多贝林;孙德辉,译. 测量系统应用与设计. 北京:科学出版社,1991

［21］宗孔德,胡广书. 数字信号处理. 北京:清华大学出版社,1988

［22］雷继尧,等. 工程信号处理技术. 重庆:重庆大学出版社,1990

［23］郑叔芳,吴晓琳. 机械工程测量学. 北京:科学出版社,1999

［24］曹玲芝,等. 现代测试技术及虚拟仪器. 北京:北京航空航天大学出版社,2004